国家级技工教育规划教材
全国技工院校化工类专业教材

新型煤化工生产工艺

李怀亮　陈连勇　主编

中国劳动社会保障出版社

图书在版编目（CIP）数据

新型煤化工生产工艺／李怀亮，陈连勇主编．--北京：中国劳动社会保障出版社，2024. --（全国技工院校化工类专业教材）. --ISBN 978 -7 -5167 -6374 -2

Ⅰ．TQ53

中国国家版本馆 CIP 数据核字第 2024PQ7698 号

中国劳动社会保障出版社出版发行

（北京市惠新东街 1 号　邮政编码：100029）

*

北京市科星印刷有限责任公司印刷装订　新华书店经销

787 毫米×1092 毫米　16 开本　14.25 印张　298 千字
2024 年 7 月第 1 版　　2024 年 7 月第 1 次印刷
定价：39.00 元

营销中心电话：400 -606 -6496
出版社网址：http://www.class.com.cn

版权专有　　侵权必究

如有印装差错，请与本社联系调换：(010) 81211666
我社将与版权执法机关配合，大力打击盗印、销售和使用盗版图书活动，敬请广大读者协助举报，经查实将给予举报者奖励。

举报电话：(010) 64954652

《新型煤化工生产工艺》编审委员会

主　　编　李怀亮　陈连勇

副 主 编　韩　冬　郭尧照

编　　委　（以姓氏笔画为序）

　　　　　王　凡（山东化工技师学院）

　　　　　冯俊凯（山东化工技师学院）

　　　　　许婷婷（山东化工技师学院）

　　　　　李怀亮（山东化工技师学院）

　　　　　张瑞瑞（山东化工技师学院）

　　　　　陈连勇（云南化工技师学院）

　　　　　郭尧照（山东化工技师学院）

　　　　　韩　冬（山东化工技师学院）

主　　审　杨发财（山东化工技师学院）

　　　　　张莹莹（山东化工技师学院）

总前言

为了深入贯彻党的二十大精神和习近平总书记关于大力发展技工教育的重要指示精神,落实中共中央办公厅、国务院办公厅印发的《关于推动现代职业教育高质量发展的意见》,推进技工教育高质量发展,全面推进技工院校工学一体化人才培养模式改革,适应技工院校教学模式改革创新,同时为更好地适应技工院校化工类专业的教学要求,全面提升教学质量,我们组织有关学校的一线教师和行业、企业专家,在充分调研企业生产和学校教学情况、广泛听取教师意见的基础上,吸收和借鉴各地技工院校教学改革的成功经验,组织编写了本套全国技工院校化工类专业教材。

总体来看,本套教材具有以下特色。

第一,坚持知识性、准确性、适用性、先进性,体现专业特点。教材编写过程中,努力做到以市场需求为导向,根据化工行业发展现状和趋势,合理选择教材内容,做到"适用、管用、够用"。同时,在严格执行国家有关技术标准的基础上,尽可能多地在教材中介绍化工行业的新知识、新技术、新工艺和新设备,突出教材的先进性。

第二,突出职业教育特色,重视实践能力的培养。以职业能力为本位,根据化工专业毕业生所从事职业的实际需要,适当调整专业知识的深度和难度,合理确定学生应具备的知识结构和能力结构。同时,进一步加强实践性教学的内容,以满足企业对技能型人才的要求。

第三,创新教材编写模式,激发学生学习兴趣。按照教学规律和学生的认知规律,合理安排教材内容,并注重利用图表、实物照片辅助讲解知识点和技能点,为学生营造生动、直观的学习环境。部分教材采用工作手册式、新型活页式,全流程体现产教融合、校企合作,实现理论知识与企业岗位标准、技能要求的高度融合。部分教材在印刷工艺上采用了四色印刷,增强了教材的表现力。

本套教材配有习题册和多媒体电子课件等教学资源,方便教师上课使用,可以通过技工教育网(http://jg.class.com.cn)下载。另外,在部分教材中针对教学重点和难点制作了演示视频、音频等多媒体素材,学生可扫描二维码在线观看或收听相应内容。

本套教材的编写工作得到了北京、河南、山东、云南、江苏、江西、四川、广西、广东等省(自治区)人力资源社会保障厅及有关学校的大力支持,教材编审人员做了大量的工作,在此我们表示诚挚的谢意。同时,恳切希望广大读者对教材提出宝贵的意见和建议。

本书前言

本教材是以煤化工生产岗位工作任务所需理论与实践能力培养为主线，按照《化工总控工》国家职业标准，以现阶段煤化工企业较先进的生产操作技术为依据，结合技工院校、中等职业院校煤化工专业的教学需要进行编写的。

本书共分三篇，第一篇为原料气的制取，主要包括煤气化技术和空气分离；第二篇为原料气的净化，主要包括脱原料气脱硫、一氧化碳变换、二氧化碳脱除和原料气精制；第三篇为原料气的合成，主要包括氨的合成和甲醇的合成。每章主要内容由基本原理、工艺条件、工艺流程、典型设备、生产操作与控制等部分组成。

本教材适用于技工院校、中等职业院校化工专业的学生，通过学习，掌握甲醇、合成氨生产操作技术，具备上岗操作基本能力。本书也能满足煤化工企业职工岗前培训的需要。

本教材由李怀亮、陈连勇主编。第一、三章由李怀亮、冯俊凯编写，第二章由韩冬编写，第四、六章由许婷婷编写，第五、七章由郭尧照、陈连勇编写，第八章由王凡编写，第九章由张瑞瑞、李怀亮编写。全书由李怀亮统稿，由杨发财、张莹莹主审。

在编写过程中，得到云南天安化工有限公司、联泓（山东）化学有限公司、兖矿国宏化工有限责任公司、山东杭氧气体有限公司等单位和同志的热情支持与大力帮助，在此我们表示衷心的感谢。

鉴于编者水平有限，本书肯定有许多不足之处，恳请读者批评指正。

编者
2024 年 6 月

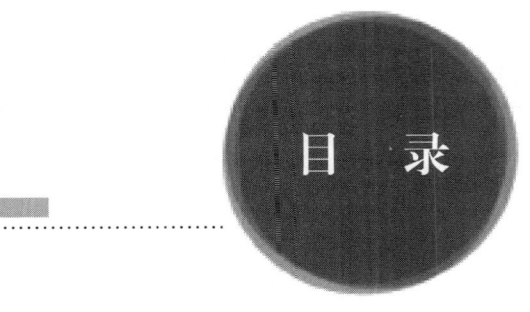

目 录

第一章 绪论 ··· 1

第一篇 原料气的制取

第二章 煤气化技术 ··· 9
第一节 概述 ·· 9
第二节 煤气化原理 ·· 10
第三节 移动床气化工艺 ··· 17
第四节 流化床气化工艺 ··· 19
第五节 气流床气化工艺 ··· 23
实训一 水煤浆加压气化生产原料气 ·· 41

第三章 空气分离 ··· 47
第一节 空气分离技术 ·· 47
第二节 空气分离工艺流程 ·· 50
第三节 空气分离主要设备 ·· 53
第四节 其他空气分离技术简介 ·· 54
第五节 惰性气体的制备 ··· 55
实训二 空气液化分离生产操作实训 ·· 56

第二篇 原料气的净化

第四章 原料气脱硫 ·· 67
第一节 概述 ·· 67

· 1 ·

第二节　湿法脱硫 …………………………………………………………………… 69
　　第三节　干法脱硫 …………………………………………………………………… 76
　　实训三　湿式氧化法脱硫生产操作实训 …………………………………………… 80

第五章　一氧化碳变换 …………………………………………………………………… 86
　　第一节　一氧化碳变换原理 ………………………………………………………… 87
　　第二节　一氧化碳变换催化剂 ……………………………………………………… 88
　　第三节　一氧化碳变换工艺操作条件的选择 ……………………………………… 92
　　第四节　一氧化碳变换工艺流程及主要设备 ……………………………………… 95
　　实训四　一氧化碳变换生产操作实训 ……………………………………………… 98

第六章　二氧化碳脱除 …………………………………………………………………… 103
　　第一节　物理吸收法 ………………………………………………………………… 104
　　第二节　化学吸收法 ………………………………………………………………… 115
　　第三节　变压吸附法 ………………………………………………………………… 123
　　实训五　低温甲醇法生产操作实训 ………………………………………………… 124

第七章　原料气精制 ……………………………………………………………………… 133
　　第一节　铜氨液洗涤法 ……………………………………………………………… 134
　　第二节　甲烷化法 …………………………………………………………………… 137
　　第三节　液氮洗涤法 ………………………………………………………………… 140
　　第四节　双甲精制法 ………………………………………………………………… 144
　　实训六　液氮洗生产操作实训 ……………………………………………………… 146

第三篇　原料气的合成

第八章　氨的合成 ………………………………………………………………………… 153
　　第一节　概述 ………………………………………………………………………… 153
　　第二节　氨合成基本原理 …………………………………………………………… 155
　　第三节　氨合成催化剂 ……………………………………………………………… 160
　　第四节　氨合成工艺条件的选择 …………………………………………………… 163
　　第五节　氨合成工艺流程及主要设备 ……………………………………………… 165
　　第六节　冷冻及液氨的储存 ………………………………………………………… 173
　　实训七　氨合成生产操作实训 ……………………………………………………… 176

第九章　甲醇的合成 ……………………………………………………………………… 184
　　第一节　概述 ………………………………………………………………………… 184

第二节　甲醇合成技术 ·· 188
第三节　粗甲醇精制 ·· 200
实训八　粗甲醇的精馏生产操作实训 ··· 209

参考文献 ·· 214

第一章 绪 论

一、煤化工行业概况

中国是世界上煤炭第一生产大国,我国煤炭产量占全球煤炭产量的一半以上。煤炭能源作为我国能源结构的重要组成部分,对于确保我国能源供应安全具有至关重要的作用。煤化工产业作为实现煤炭资源高效利用的有力手段,直接关系到国家的能源战略发展规划。随着世界石油资源不断减少,将煤通过气化技术获得化工原料、烯烃、氢气,生产合成氨以及甲醇、二甲醚、合成油品等洁净液体燃料,特别是煤作为石油的替代品,是我国未来解决石油资源紧缺的重要途径,因此煤化工生产在能源、化工领域有着广阔的前景。

根据《煤炭工业"十四五"现代煤化工发展指导意见》,"十四五"期间,我国将充分发挥煤炭的工业原料功能,有效替代油气资源,保障国家能源安全,着力打通煤油气、化工和新材料产业链,拓展煤炭全产业链发展空间。预计到2025年,中国煤制油的产能为1 200万 t/a,煤制天然气的产能为150亿 m^3/a,煤制烯烃的产能为1 500万 t/a,煤制乙二醇的产能为800万 t/a,焦炭的产能为6.3亿 t/a,煤化工市场空间巨大。

1. 煤化工分类

煤化工是指以煤为原料,经化学加工使煤转化为气体、液体和固体燃料以及化学品的工业。主要包括煤的气化、液化、干馏以及焦油加工和电石乙炔化工等。

煤化工产业可以分为传统煤化工和现代煤化工。传统煤化工主要包含煤炭炼焦、煤制合成氨、煤制电石-乙炔-聚氯乙烯等。现代煤化工是以生产洁净能源和可替代石油化工产品为主的新兴产业,主要包含煤直接液化、煤制甲醇、煤制二甲醚、煤制烯烃、煤制乙二醇、煤制天然气等,现代煤化工是煤炭清洁高效利用的重要途径。

2. 现代煤化工的特点

(1)以清洁能源为主要产品。通过煤的综合利用,以生产洁净能源和可替代石油化工产品为主,提高煤的利用率和附加值率。如生产柴油、汽油、航空煤油、液化石油气、乙烯原料、聚丙烯原料、替代燃料（甲醇、二甲醚）、电力、热力等，以及煤化工独具优势的特有化工产品，如芳香烃类产品。

（2）煤炭-能源化工一体化。新型煤化工是未来中国能源技术发展的战略方向，依托丰富的煤炭资源，形成能源化工一体化或联产的综合煤化工产业，如煤炭液化、煤气化-合成燃料与化工产品一体化、煤焦化-化工合成联产、煤气化合成-电力联产、煤层气开发与化工利用、煤化工与矿物加工联产等。

（3）建设大型企业和产业基地。新型煤化工发展将以建设大型企业为主，包括采用大型反应器和建设大型现代化单元工厂，如百万吨级以上的煤直接液化工厂、煤间接液化工厂以及大型联产系统等。

（4）环境污染得到有效治理。煤化工产业的一个典型特征是大量"三废"排放。现代煤化工产业走科技含量高、资源消耗低、环境污染少的大型化生产路线，通过资源的充分利用，强化对副产煤气、合成尾气、煤气化及燃烧灰渣等废物和余能的利用及污染的集中治理，实现了环境友好。

3. 煤化工产业链

煤化工按照不同的生产工艺生产出不同的煤化工产品。通过煤焦化、煤气化、煤液化，生产出焦炭、甲醇、烯烃等产品，应用于汽车、冶炼、农业、塑料等行业，煤化工产业链如图1-1所示。

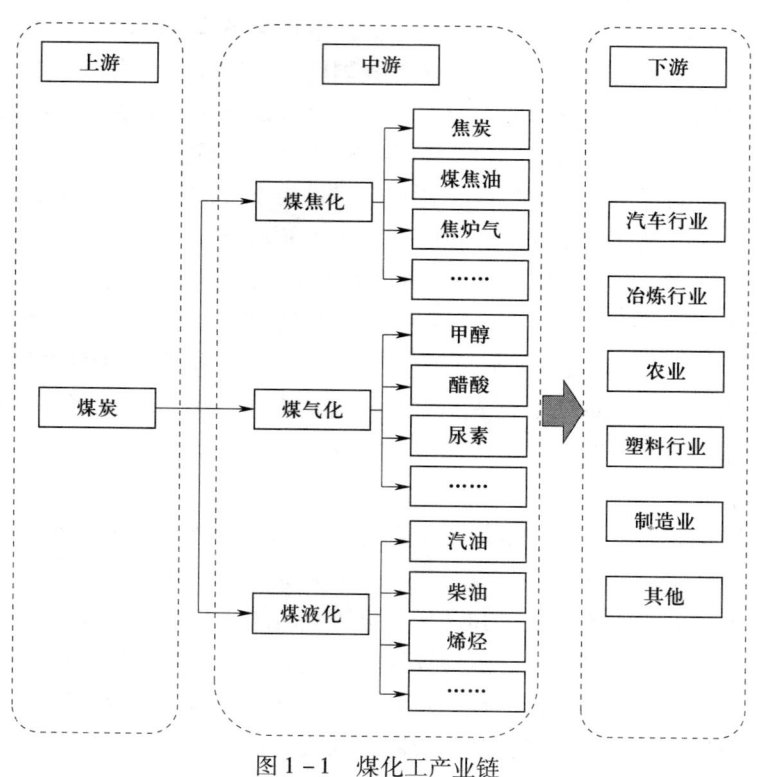

图1-1 煤化工产业链

4. 碳一化工

作为化工行业重要的碳排放领域，煤化工是未来重点的改造、升级产业。对此，现代煤化工应运而生，以煤气化为基础，基于合成气催化转化，有利于污染物集中脱除和治理，是煤炭清洁高效利用的有效途径。其中，碳一化工技术是现代煤化工产业的关键技术，在工业化应用上已取得重大突破。碳一化工产业的主要产品如图1-2和图1-3所示。

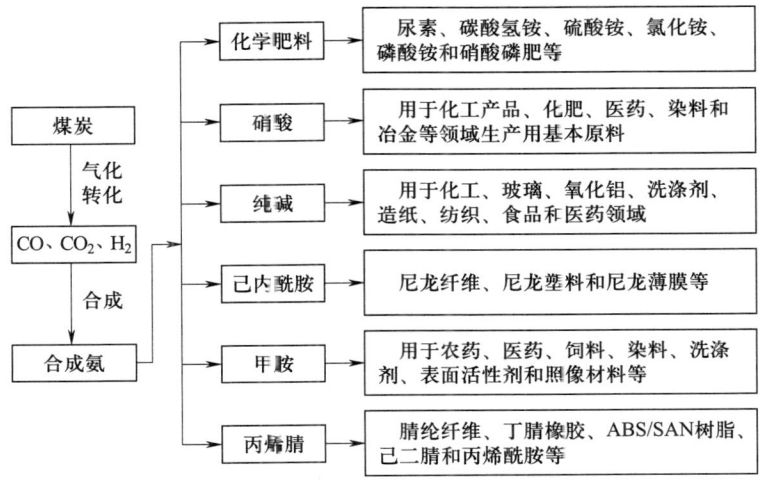

图1-2 碳一化工产业的主要产品（一）

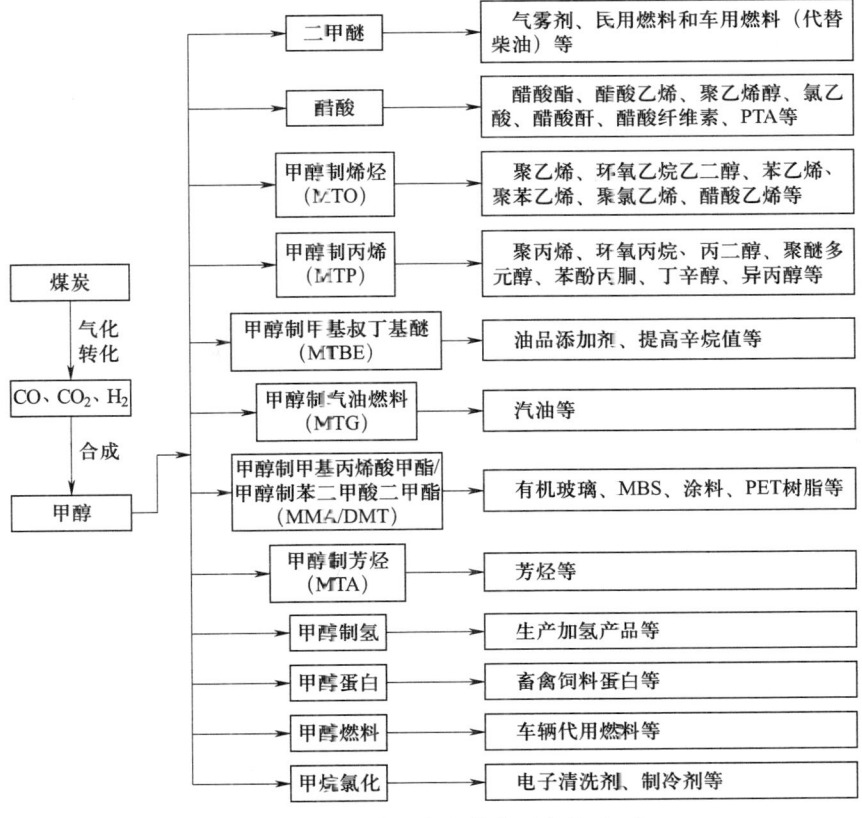

图1-3 碳一化工产业的主要产品（二）

碳一化工是指以一个碳原子化合物（如 CO、CO_2、CH_4、甲醇及甲醛等）为原料，转化合成化工产品、液体燃料或化工材料的过程，特别是以合成气（CO + H_2）为基础原料的现代煤化工产业。碳一化工涉及的产品繁多，工艺路线繁杂，可使许多有机化工产品从对石油的依赖转变到煤上来，还能实现对现有某些工业中的"废气"（如 CO、CO_2 等）合理利用，特别是对煤的利用上，真正实现高附加值化及资源、能源、环保的高度统一。碳一化工的发展，奠定了现代煤化工迅速发展的基础。

二、煤化工发展历程

中国是最早使用煤的国家之一，早在公元前就用煤冶炼铜矿石、烧陶瓷，至明代已用焦炭冶铁。但煤作为化学工业的原料加以利用并逐步形成工业体系，则是在近代工业革命之后。煤中有机物的基本结构单元是以芳香族稠环为核心，周围连有杂环及各种官能团的大分子。这种特定的分子结构使它在隔绝空气的条件下，通过热加工和催化加工能获得固体产品，如焦炭或半焦。同时，还可得到大量的煤气（包括合成气），以及具有经济价值的化学品和液体燃料。因此，煤化工的发展包含能源和化学品生产两个重要方面。

1. 初创时期

初创时期主要为冶金用焦和煤气的生产。18 世纪中叶，由于工业革命的发展，英国对炼铁用焦炭的需求量大幅度地增加，炼焦炉应运而生。1763 年发明了将煤用于炼焦的蜂窝式炼焦炉。18 世纪末，煤开始用于生产民用煤气。1816 年，美国巴尔的摩市建立了煤干馏工厂生产煤气。1840 年，法国用焦炭制取发生炉煤气，用于炼铁。

第一次世界大战期间，钢铁工业高速发展，同时作为火炸药原料的氨、苯及甲苯需求旺盛，这促使炼焦工业进一步发展，并形成炼焦副产化学品的回收和利用工业。

1925 年，石家庄建成了第一座焦化厂。1934 年，上海建成拥有直立式干馏炉和增热水煤气炉的煤气厂，生产城市煤气。

2. 全面发展时期

第二次世界大战前夕及大战期间，煤化工取得了全面而迅速的发展。纳粹德国为了发动和维持战争，大规模开展由煤制取液体燃料的研究工作，加速发展液体燃料的工业生产。1923 年发明了由 CO 和 H_2 合成液体燃料的费托合成法，并于 1933 年开始工业生产。1931 年，F. 柏吉斯成功地将煤高压加氢液化制取液体燃料，于 1931 年获得诺贝尔化学奖。同时，工业上还从煤焦油中提取各种芳烃及杂环有机产品，作为染料、炸药等的原料。此外，由煤直接化学加工制取磺化煤、腐植酸和褐煤蜡的小型工业，及以煤为原料制取碳化钙，进而生产乙炔，从而以乙炔为原料的化学工业也获得发展。

3. 萧条时期

第二次世界大战后，由于大量廉价石油和天然气的开采，除炼焦工业随钢铁工业的发展而不断发展外，工业上大规模由煤制取液体燃料的生产暂时中止，不少工业化国家用天然气代替了民用煤气。以石油和天然气为原料的石油化工工业飞速发展，致使以煤为基础的乙炔化学工业的地位大大降低。

4. 技术开发时期

1973年中东战争以及随之而来的石油大幅度涨价，使由煤生产液体燃料及化学品的方法又重新受到重视。欧美等国对此又进行了开发研究工作，并取得了进展。如在煤直接液化的方法中发展了氢煤法、供氢溶剂法（EDS）和溶剂精炼煤法（SRC）等；从煤间接液化法中研发出了SASOL法，即将煤气化制得合成气，再经合成制取发动机燃料；亦可将合成甲醇再转化生产优质汽油，或直接作为燃料甲醇使用。

由于石油的消耗量大，煤炭作为储量巨大并且可能替代石油的资源重新受到重视。另外，现代煤化工还可以生产石油化工无法生产的油品和化工产品，如特种燃料、长碳链α-烯烃、高档润滑油基础油、萘、蒽、菲、高端碳素材料等。

三、我国现代煤化工发展现状

经过近20年的努力，我国现代煤化工技术和产业规模总体处于国际领先地位，开发了一系列具有自主知识产权的原创性技术，建成一批重大示范工程，成功搭建了从煤炭资源向油气和化工品转化的桥梁。先后掌握了百万吨级煤直接液化、60万t级煤制烯烃、400万t级煤间接液化、千万吨级煤炭分质利用、40万t级煤制乙二醇、10万t级煤化工CO_2捕集与封存等系列技术，奠定了我国在全球煤化工产业的领先地位，为发挥我国煤炭资源优势、降低油气对外依存度、拓展石油化工原料来源、保障国家能源安全开辟了新途径，成为煤炭清洁高效利用的重要技术路径。我国现代煤化工技术不断创新、产业不断壮大发展，被国际能源化工业认为是与美国页岩气化工并列的影响国际能源化工格局的大事件。

我国现代煤化工产业具有以下特点。

1. 产业规模全球最大

截至"十三五"末，我国煤制油产能达到906万t/a，煤制天然气产能达到51.05亿m^3/a，煤（甲醇）制烯烃产能达到1 672万t/a，煤（合成气）制乙二醇产能达到597万t/a。其中，煤（甲醇）路线制乙烯产能占全国乙烯总产能的20.1%，煤（甲醇）路线制丙烯产能占全国丙烯总产能的21.5%，煤（合成气）路线制乙二醇产能占全国乙二醇总产能的38.1%。2022年，我国煤制油、气、烯烃、乙二醇等产品总产量达2 749.1万t，年转化煤炭1.069亿t标准煤。

2. 技术水平国际领先

经过近20年技术攻关，我国已形成较为完备的现代煤化工工程技术体系，总体处于国际领先或先进水平。其中，煤直接液化、粉煤中低温热解及焦油轻质化技术属国际首创，煤制烯烃、煤制芳烃、低温费托合成、煤制乙二醇、煤油共炼技术处于国际领先水平，大型煤气化、高温费托合成技术处于国际先进水平，煤化工制氢产业技术基础雄厚。

3. 运行水平不断提高

以国家能源集团鄂尔多斯百万吨级煤直接液化、包头60万t级煤制烯烃和宁夏煤业400万t级煤间接液化项目为代表的一系列重大示范工程均实现了安全、稳定、清洁、长周期运行，能效持续提升，物耗、能耗、水耗和"三废"排放量不断降低。"十三五"期间建成的现代煤化工项目执行了最严格的大气污染物排放标准，部分项目率先实现了常规污染物的超低排放，西部地区项目实现污水"近零排放"，废渣综合利用率逐步提高。

4. 带动作用显著增强

现代煤化工产业的发展带动了我国化工装备向大型化、高端化发展，突破了 2 000～4 000 t/d 大型气化炉、10 万 m^3/h 空分成套设备、大直径高温高压临氢反应器等关键核心装备制造，研发了一系列特种流程泵、特种阀及特种管材和钢板。以国家能源集团鄂尔多斯百万吨级煤直接液化示范项目为例，装备国产化率达到 99%。现代煤化工项目投资大、附加值高、利税水平高，有力推进了区域经济发展，为解决当地就业、调整当地产业结构发挥了积极作用，成为推动西部大开发战略、促进西部煤炭资源型地区转型升级发展的重要抓手。

四、我国煤化工行业发展趋势

2022 年 3 月，工业和信息化部等六部委联合印发的《关于"十四五"推动石化化工行业高质量发展的指导意见》指出，促进煤化工产业高端化、多元化、低碳化发展；加快煤制化学品向化工新材料延伸，煤制油气向特种燃料、高端化学品等高附加值产品发展；推动现代煤化工产业示范区转型升级，稳妥推进煤制油气战略基地建设，构建原料高效利用、资源要素集成、减污降碳协同、技术先进成熟、产品系列高端的产业示范基地；推进炼化、煤化工与"绿电""绿氢"等产业耦合示范等。

国家"十四五"规划纲要提出，稳妥推进内蒙古鄂尔多斯、陕西榆林、山西晋北、新疆准东、新疆哈密等煤制油气战略基地建设，建立产能和技术储备。国务院《2030 年前碳达峰行动方案》指出，严格项目准入，合理安排建设时序，严控新增炼油和传统煤化工生产能力，稳妥有序发展现代煤化工。国家发展改革委等部门联合发布的《煤炭清洁高效利用重点领域标杆水平和基准水平（2022 年版）》对煤制甲醇、煤制烯烃和煤制乙二醇领域的项目能耗、排放水平提出标杆水平和基准水平要求。

在碳达峰、碳中和的目标任务之下，我国能源朝着绿色低碳的方向发展。大气污染、水污染、土壤污染等专项行动计划的实施推动现代煤化工走科学健康创新发展之路。对于现代煤化工而言，以市场为导向的高端精细化工产品的生产通过引进先进技术、调整产品结构、优化资源配置，生成高附加值化工产品，朝着多元化、高端化、低碳化方向有序健康发展。

复习思考题

1. 简述煤化工的定义和分类。
2. 我国现代煤化工产业的特点有哪些？

第一篇

原料气的制取

第二章

煤气化技术

学习目标

1. 了解煤气化的定义、分类。
2. 熟悉煤气化过程的主要化学反应及影响化学平衡常数的因素。
3. 了解移动床、流化床气化制备煤气的基本原理、典型工艺流程及主要设备的结构以及作用。
4. 熟悉水煤浆加压气化、粉煤气化等典型气流床气化工艺。
5. 掌握水煤浆气化的基本原理、工艺操作条件的选择和典型工艺流程及主要设备的构造、作用。

第一节 概 述

一、煤气化定义

煤气化是指煤在特定的设备内,在一定温度及压力下使煤中有机物与气化剂(如蒸汽、空气或氧气等)发生一系列化学反应,将固体煤转化为含有 CO、H_2、CH_4 等可燃气体和 CO_2、N_2 等非可燃气体的过程。合成氨、甲醇生产中将这一过程称为造气,即制造合成氨、甲醇生产的粗原料气。煤气化制得的可燃气称为煤气,进行煤气化的设备称为煤气发生炉。

二、煤气化分类

煤气化工艺可按压力、气化剂、气化过程供热方式等分类,常用的是按气化炉型和气化剂分类。

1. 按照气化炉型分类

以燃料在炉内的状况可分为移动床气化、流化床气化、气流床气化、熔融床气化。该分类方法是目前国内外应用较为广泛的一种。

（1）移动床气化。在气化过程中，煤由气化炉顶部加入，气化剂由气化炉底部加入，煤料与气化剂逆流接触，相对于气体的上升速度而言，煤料下降速度很慢，甚至可视为固定不动，因此称为固定床气化。而实际上，煤料在气化过程中是以很慢的速度向下移动的，比较准确地应称其为移动床气化。

（2）流化床气化。它又称沸腾床气化，是以粒度为 0～10 mm 的小颗粒煤为气化原料，在气化炉内使其悬浮分散在垂直上升的气流中，煤粒在沸腾状态进行气化反应，从而使得煤料层内温度均一，易于控制，提高气化效率。

（3）气流床气化。它是一种并流气化，用气化剂将粒度为 100 μm 以下的煤粉带入气化炉内，也可将煤粉先制成水煤浆，然后用泵打入气化炉内。煤料在高于其灰熔点的温度下与气化剂发生燃烧反应和气化反应，灰渣以液态形式排出气化炉。

（4）熔融床气化。它是将粉煤和气化剂以切线方向高速喷入温度较高且高度稳定的熔池内，把一部分动能传给熔渣，使池内熔融物做螺旋状的旋转运动并气化。目前此气化工艺已不再发展。

2. 按气化剂分类

根据气化剂不同，煤气化分为富氧气化、纯氧气化、水蒸气气化、加氢气化等。

（1）由氧气、水蒸气作气化剂，反应温度在 800～1 800 ℃，压力在 0.1～4.0 MPa 下生成的发生炉煤气又常分为以下几种。

1）空气煤气：以空气为气化剂制得的煤气，又称"吹风气"。

2）水煤气：以水蒸气（或水蒸气与氧气的混合气）为气化剂制得的煤气。

3）混合煤气：以空气与适量水蒸气（或富氧空气与蒸汽）为气化剂制得的煤气。

4）半水煤气：是混合煤气中组成符合 H_2 和 CO 合计含量与 N_2 之比等于 3.1～3.2 的一个特例，是合成氨的原料气。

（2）由 H_2 作气化剂，是由煤与 H_2 在温度为 800～1 000 ℃，压力在 1～10 MPa 下反应生成甲烷的过程。煤与 H_2 的反应中仅部分碳转变成甲烷。此时可加水蒸气、O_2 与未反应的碳进行气化生成 H_2、CO、CO_2 等。

第二节 煤气化原理

一、煤气化过程

煤的气化过程是热化学过程，是煤或煤焦与气化剂（如空气、水蒸气、O_2、H_2 等）在高温下发生化学反应,将煤或煤焦中的有机物转变为煤气的过程。该过程是在高温、高压下进行的复杂的多相物理及物理化学过程。通过煤气化过程,几乎可以利用煤中所含的全部有机物质,因此,煤气化生产是获得基本有机化学工业原料的重要途径。

煤气化主要包括四个过程,即煤的干燥、干馏、热解、反应。

1. 煤的干燥

煤的干燥是水分从微孔中蒸发的过程,一般增加气体流速、提高气体温度都可以增加干燥速率。煤中水分含量低、干燥温度高、气流速度大,则干燥时间短;反之,干燥时间相对较长;而以吸附方式存在于煤微孔内的内在水分,蒸发时消耗的能量相对较多。被干燥的主要是水蒸气以及被煤吸附的 CO_2 和 CO 等。

2. 煤的干馏

就移动床来说,基本接近于低温干馏(500~600 ℃)。从还原层上来的气体基本不含 O_2,而且温度较高,可以视为隔绝空气加热即干馏。而对于流化床和气流床气化工艺,由于不存在移动床的分层问题,因而情况稍微复杂,尤其对气流床来讲,煤的几个主要变化过程几乎是瞬间同时进行。

3. 煤的热解

煤的热解不仅与煤的品位有关系,还与煤的粒度、加热速率、分解温度、压力和周围气体介质有关系。一般来说,低于 200 ℃,并不发生热解作用,只是放出吸附的气体,如水蒸气等;高于 200 ℃后,才开始发生煤的热解,放出大量的水蒸气和 CO_2,同时,有少量的硫化氢和有机硫化物放出;继续升高温度,达到 400 ℃左右时,煤开始剧烈热解,放出大量的甲烷和同系物、烯烃等,此时煤转变为塑性状态;温度达到 500 ℃时,开始产生大量的焦油蒸气和氢气,此时塑性状态的煤因分解作用而变硬。

4. 煤的反应

煤气化过程的主要反应包括燃烧反应和还原反应。

煤的燃烧反应是通过燃烧一部分燃料来维持气化工艺过程中的热量平衡。不论采用哪种具体的气化工艺,产生的热量基本上都消耗在以下几个方面:

(1)灰渣带出的热量;
(2)水蒸气和炭反应需要的热量;
(3)煤气带走的热量;
(4)传给水夹套和周围环境的热量。

煤的还原反应包括碳和 CO_2 的反应,以及水蒸气和碳之间的反应,主要生成 CO 和 H_2,是制气的主要反应。

二、煤气化基本化学反应

气化炉中的气化反应过程非常复杂,主要是煤中的碳与气化剂中的 O_2、水蒸气和 H_2 的反应,也包括碳与反应产物以及反应产物之间进行的反应。

气化反应按反应物的相态不同分为非均相反应和均相反应。前者是气化剂或气态反应产物与固体煤反应，后者是气态反应产物之间相互反应或与气化剂的反应。

煤气化的总反应式为：

$$C_nH_m + (n/2)O_2 \longrightarrow nCO + (m/2)H_2 \quad (\text{其中}\ C_nH_m\ \text{表示煤的简化分子式}) \quad (2-1)$$

习惯上将气化反应分为以下三种类型。

1. 碳与 O_2 间的反应

以空气为气化剂时碳与 O_2 之间的化学反应为：

$$C + O_2 \longrightarrow CO_2 + Q \quad (2-2)$$

$$2C + O_2 \longrightarrow 2CO + Q \quad (2-3)$$

$$2H_2 + O_2 \longrightarrow 2H_2O(g) + Q \quad (2-4)$$

$$C + CO_2 \longrightarrow 2CO - Q \quad (2-5)$$

其中，碳与 CO_2 的反应式称为 CO_2 还原反应，是较强的吸热反应，需在高温条件下才能进行反应。

2. 碳与水蒸气的反应

在一定温度下碳与水蒸气之间的化学反应为：

$$C + H_2O(g) \longrightarrow CO + H_2 - Q \quad (2-6)$$

$$C + 2H_2O(g) \longrightarrow CO_2 + 2H_2 - Q \quad (2-7)$$

因此，放热的式（2-2）、式（2-3）与吸热的式（2-5）、式（2-6）组合在一起，对自热式气化过程起重要的作用。

以上是制造水煤气的主要反应，均为吸热反应。反应生成的 CO 可进一步和水蒸气发生如下反应：

$$CO + H_2O(g) \longrightarrow CO_2 + H_2 + Q \quad (2-8)$$

式（2-8）称为 CO 变换反应，也称为均相水煤气反应或水煤气平衡反应，该反应为放热反应。在有关工艺过程中，为把 CO 全部或部分转变为 H_2，就在气化炉外利用这个反应来调节原料气中的氢碳比。合成氨厂和甲醇厂一般均设有变换工序，普遍采用宽温耐硫催化剂（钴钼催化剂）进行变换反应。

3. 甲烷（CH_4）的生成

煤气中的 CH_4，一部分来自煤中挥发物的热分解，另一部分则是气化炉内的碳与 H_2 反应以及气体产物之间反应的结果。

$$C + 2H_2 \longrightarrow CH_4 + Q \quad (2-9)$$

$$CO + 3H_2 \longrightarrow CH_4 + H_2O(g) + Q \quad (2-10)$$

$$2CO + 2H_2 \longrightarrow CH_4 + CO_2 + Q \quad (2-11)$$

$$CO_2 + 4H_2 \longrightarrow CH_4 + 2H_2O(g) + Q \quad (2-12)$$

上述生成 CH_4 的反应均为放热反应。

另外，煤中的少量氮和硫在气化过程中产生了含氮和含硫的产物，主要含硫化物是 H_2S、COS、CS_2 等，主要含氮化合物是 NH_3、HCN、NO 等。由于煤气中存在含硫和含氮产物，这些产物会腐蚀设备和管道，排放到大气中还会污染环境，所以在气体净化时必须除去。

煤炭与不同气化剂反应可获得空气煤气、混合煤气、半水煤气、水煤气等，其反应后各种煤气的组成见表2-1。

表2-1　　　　　　　　　各种煤气的组成（体积分数）/%

煤气名称	组分						
	H_2	CO	CO_2	N_2	CH_4	O_2	H_2S
空气煤气	0.5~0.9	32~33	0.5~1.5	64~66	—	—	—
混合煤气	11~15	26~30	5~8	52~56	1.5~3.0	0.1~0.3	—
半水煤气	37~39	28~30	6~12	21~23	0.3~0.5	0.2	0.2
水煤气	47~51	35~40	5~7	3~6	0.3~0.5	0.1~0.2	0.2

三、煤气化的化学平衡

1. 气固相反应概述

在气化炉内，物质以两种相态存在，一是气相，即空气、氧气、水蒸气和气化时形成的煤气；二是固相，即煤炭和气化后形成的固体，如灰渣等。工业上把这种反应称为气固相反应，包括均相反应与非均相反应。均相反应是指气相中的反应，如CO与水蒸气的反应等；非均相反应是指气固相的反应，如碳的燃烧反应、水蒸气与炽热的碳之间的反应等。

2. 煤气化的化学平衡

（1）气化平衡状态。许多气化反应都是可逆反应，在这些可逆反应中，反应不可能达到完全平衡。在工业气化操作条件下，除水煤气变换反应外，其他的气化反应很难达到平衡状态，有的甚至离平衡状态还相当远。研究其平衡状态，可掌握反应进行的方向和限度，通过对反应条件的控制，使反应朝着需要的方向进行，并从理论上预示产物所能达到的最大限度和反应物所必需的消耗量。

（2）化学平衡常数。在一定温度下，当一个可逆反应达到平衡时，生成物浓度幂之积与反应物浓度幂之积的比值是一个常数。这个常数就是该反应的化学平衡常数（简称平衡常数K）。平衡常数K是描述化学反应处于平衡状态时的特性数据。K的数值越大，表示体系达到平衡之后，反应完成的程度越大，反应物转化率也越大。

（3）温度对化学平衡的影响。温度是影响气化反应过程煤气产率和化学组成的决定性因素。

1）对于气化反应式：

$$C + CO_2 \rightleftharpoons 2CO - 173.3 \text{ kJ/mol} \tag{2-13}$$

$$C + H_2O(g) \rightleftharpoons CO + H_2 - 135.0 \text{ kJ/mol} \tag{2-14}$$

两反应过程均为吸热反应，在这两个反应进行过程中，升高温度，平衡向吸热方向移动，即升高温度对制气的主反应有利。C与CO_2反应生成CO，反应在不同温度下CO_2与CO的平衡组成见表2-2。随着温度变化，其还原产物CO的组成也发生变化，温度越高，CO平衡浓度越高。从表2-2可以看到，当温度升高到1 000 ℃时，CO的平衡组成为99.1%。

表 2-2　　　　　　　反应在不同温度下 CO_2 与 CO 的平衡组成

温度/℃	450	650	700	800	850	900	950	1 000
$\varphi(CO_2)/\%$	97.8	60.2	41.3	12.4	5.9	2.9	1.2	0.9
$\varphi(CO)/\%$	2.2	39.8	58.7	87.6	94.1	97.1	98.8	99.1

2）煤气化可逆反应中，有很多是放热反应，温度过高对反应不利。例如：

$$CO + 3H_2 \rightleftharpoons CH_4 + H_2O(g) + 219.3 \text{ kJ/mol} \quad (2-15)$$

在此反应中，如有 1% CO 转化为 CH_4，则气体的绝热温升为 60~70 ℃。在合成气中，CO 的组成为 30%。因此，反应过程中必须将反应热及时移走，使得反应在一定的温度范围内进行。

（4）压力对化学平衡的影响。

1）压力对于液相反应影响不大，而对于气相或气液相反应平衡的影响是比较显著的。

根据化学平衡原理，升高压力，平衡向气体体积减小的方向进行；反之，降低压力，平衡向气体体积增加方向进行。在煤气化的一次反应中，所有反应均为增大体积的反应，故增加压力，不利于反应进行。

2）在式（2-13）的反应中，反应后气体体积或分子数增加，如增大压力，则使平衡向左移动，因此式（2-13）的反应适宜在低压下进行。

气化炉内，在 H_2 的气氛中，CH_4 产率随压力提高迅速增加，发生式（2-15）和下列反应：

$$2CO + 2H_2 \rightleftharpoons CO_2 + CH_4 + 247.3 \text{ kJ/mol} \quad (2-16)$$

$$CO_2 + 4H_2 \rightleftharpoons CH_4 + 2H_2O + 162.8 \text{ kJ/mol} \quad (2-17)$$

上述反应均为缩小体积的反应，加压有利于 CH_4 生成，而 CH_4 生成反应为放热反应，其反应热可作为吸热反应热源，从而减少碳燃烧中 O_2 的消耗。也就是说，随着压力的增加，气化反应中 O_2 消耗量减少；同时，加压可阻止气化时上升气体中所带出物料的量，有效提高鼓风速度，增大其生产能力。

但是，从式（2-14）可知，增加压力，平衡左移，不利于水蒸气分解，降低了 H_2 的生成量。故增加压力，水蒸气消耗量增加。

综上所述，在相同温度下，随着压力的提高，气体中的 H_2O、CO_2 及 CH_4 含量增加，而 H_2 和 CO 的含量减少。所以，欲制得 CO 和 H_2 含量高的优质煤气，从化学平衡的角度分析，应在高温、低压下进行；要生产 CH_4 含量高的高热值煤气，则应在低温、高压下进行。

四、煤的性质对气化的影响

不同的气化工艺对煤的性质要求不同，因此在选择气化工艺时，要考虑气化用煤的特性及其影响。气化用煤的性质主要包括水分、灰分、挥发分、硫分、粒度、灰熔点和结渣性、黏结性、反应性、机械强度和热稳定性等。

1. 水分含量对气化的影响

煤中水分以三种形式存在：游离水（开采、运输和储存时带入的水分）、吸附水（以吸附的方式与原料结合的水分）、化合水（原料中的结晶水）。

对于常压气化，气化用煤中水分含量过高，煤料未经充分干燥就进入气化炉，会降低气化段的温度，使得CH_4的生成反应和CO_2、水蒸气的还原反应速率显著变小，降低了煤气产率和气化效率。

加压气化对炉温的要求比常压气化炉低，而炉身一般比常压气化炉高，能提供较高的干燥层，允许进炉煤的水分含量高。适当的水分对加压气化是有好处的，水分高的煤，一般挥发分较高，进入气化层时，反应气体内容易进行扩散，因而气化的速率加快，煤气质量好。

炉型不同对气化用煤的水分含量要求也是不同的。一般生产中，煤中水分含量为8%~10%（质量分数），采用流化床和气流床气化时，煤的含水量小于5%（质量分数）。对烟煤的气流床气化法采用干法加料时，要求原料煤的水分含量应小于2%（质量分数）。

2. 灰分含量对气化的影响

灰分是煤在800℃的条件下完全燃烧后的残余物，即煤中矿物质含量的大小。常见的灰分有硅、铝、铁、镁、钾、钙、硫、磷等元素和以碳酸盐、硅酸盐、硫酸盐、硫化物等形式的盐类。

煤中灰分高，对气化过程有以下不利的影响：

（1）增加运输的费用；

（2）降低气化效率；

（3）增加炉渣的排出量；

（4）增加随炉渣排出的碳损耗量；

（5）增加气化的各项消耗指标（如氧气、水蒸气和煤的消耗指标），而且净煤气的产率下降。

一般地，从加压气化炉排出的灰渣中碳含量在5%（质量分数）左右，常压气化炉在15%（质量分数）左右，液态排渣的气化炉在2%（质量分数）以下。

3. 挥发分含量对气化的影响

煤在加热时有机物部分裂解、聚合、缩聚，低分子部分呈气态逸出，水分也随着蒸发，矿物质中的碳酸盐分解，逸出CO_2等。除去水分的部分即为挥发分产率。原料中挥发分含量高，则产生的半水煤气中甲烷和焦油量高。

当煤气用作燃料时，要求甲烷含量高、热值大，选用挥发分较高的煤做原料。当煤气用作工业生产的合成气时，要求使用低挥发分、低硫的无烟煤、半焦或焦炭。例如，合成氨用的半水煤气，要求氢气含量高，甲烷变成了一种杂质，含量不能太大，要求挥发分小于9%（质量分数）。

4. 硫分含量对气化的影响

煤中的硫以有机硫和无机硫的形式存在。气化时，其中80%~85%（质量分数）的硫以H_2S和CS_2的形式进入煤气当中，不仅污染环境，而且会影响后段工序的运行，如造成催化剂中毒、加重脱硫的负担,所以气化用燃料中硫含量应是越低越好。在合成氨、甲醇生产中,为防止催化剂中毒,一般要求硫分含量<1%(质量分数)。

5. 粒度对气化的影响

煤的粒度不同,将直接影响气化炉的运行负荷、煤气产率以及气化时的各项消耗指标。

(1) 粒度大小与比表面积间的关系:煤的粒度越小,其比表面积越大。

(2) 粒度大小与传热的关系:粒度的大小对传热的影响尤其显著,粒度越大传热越慢,煤粒内外温差越大,粒内焦油蒸气的扩散和停留时间增加,焦油的热分解加剧。

(3) 粒度与生产能力的关系:煤的粒度太小,当气化速率较大时,小颗粒的煤有可能被带出气化炉外,使炉子的气化效率下降。

(4) 粒度的大小对各项气化指标的影响:煤的粒度减小,相应的 O_2 和水蒸气的消耗将增大。

6. 煤的灰熔点和结渣性对气化的影响

灰熔点是指燃料燃烧后其灰分变软或熔融时的温度。灰熔点越高,灰分越难结渣;相反,灰熔点越低,灰分越易结渣。对固态排渣的移动床气化工艺而言,燃料的灰熔点越高越好;对于液态排渣的气流床气化工艺而言,燃料的灰熔点过高,不容易形成液态渣,排渣难度增加。

在气化炉的氧化层,由于温度较高,灰分可能熔融成黏稠性物质并结成大块,这就是结渣性,其危害性有以下几方面。

(1) 影响气化剂的均匀分布,增加排灰的困难。

(2) 为防止结渣采用较低的操作温度,从而影响煤气的质量和产量。

(3) 气化炉的内壁由于结渣寿命缩短。

7. 煤的黏结性对气化的影响

黏结性煤在气化时,使料层的透气性变差,阻碍气体流动,出现炉内崩料或架桥现象,使煤料不易往下移动,导致操作恶化。

8. 煤的反应性对气化的影响

煤的反应性主要影响气化过程的起始反应温度。反应性越高则发生反应的起始温度越低,气化温度就低,有利于 CH_4 的生成反应,从而降低 O_2 的耗量。当使用具有相同的灰熔点且反应性较高的原料时,由于气化反应可在较低的温度下进行,可有效避免结渣现象。

9. 煤的机械强度和热稳定性对气化的影响

煤的机械强度是指抗碎、抗磨和抗压等性能的综合体现。机械强度差的煤在进入气化炉后,粉状煤的颗粒容易堵塞气道,造成炉内气流分布不均,严重影响气化效率。

煤的热稳定性是指煤在加热时,是否容易碎裂的性质。热稳定性差的煤在气化时,伴随气化温度的升高,煤易碎裂成煤末和细粒,对移动床内的气流均匀分布和正常流动造成严重的影响。

第三节　移动床气化工艺

一、概述

移动床一般以块状无烟煤或烟煤等为原料,从气化炉顶部加入,用蒸汽或蒸汽与空气的混合气体作为气化剂,从气化炉的底部交替进入,生产以 CO 和 H_2 为主要成分的合成气。

在移动床煤气发生炉内,燃料自上而下移动时,发生一系列的物理和化学变化,燃料的分区情况大致分为以下四层。

1. 干燥层

在煤气炉上部,新入炉的燃料与炉下部上升的热煤气接触,热气体使燃料水分蒸发,燃料继续向下移动,温度进一步提高。

2. 干馏层

在干馏层,热气体使燃料受热分解放出挥发分,而燃料本身逐渐焦炭化(若燃料为焦炭则无此层)。

3. 气化层

燃料自干馏层向下移动,到达煤气炉内温度最高区域,在此使固体燃料气化生成煤气,故称气化层,又称火层。气化层又分为还原层和氧化层。

4. 灰渣层

灰渣层是气化后炉渣所形成的灰层,它能预热和均匀分布自炉底进入的气化剂,并起着保护炉条和灰盘的作用。

燃料层里不同区层的高度,随燃料的种类、性质的差别和采用的气化剂、气化条件不同而异。而且各区层之间没有明显的分界,往往是互相交错的。

二、移动床气化工艺、设备及特点

1. 移动床气化工艺

气化剂以较小的速度通过床层时,经过固体颗粒形成的空隙,床内固体颗粒静止不动,这样的床层一般称为固定床。气化过程是连续的,燃料从气化炉的上部加入,形成的灰渣从底部连续排出,燃料以缓慢的速度向下移动,故也称为移动床。

气化燃料主要有褐煤、长焰煤、烟煤、无烟煤、焦炭等。

气化剂有空气、空气与水蒸气、氧气与水蒸气等。

气化燃料和气化剂按照一定的比例,在一定温度和压力条件下发生化学反应,可燃成分转化为气体燃料,即产品煤气,灰分则以灰渣的形式出现。

常压移动床气化技术的缺点是原料煤要求较高,且煤气热值较低,气化强度和生产能力有限,渣中残碳较高。

加压移动床气化随着煤气化技术的不断发展,成为比较成熟的气化模式。其中,鲁奇(Lurgi)加压气化技术是加压移动床气化技术的代表。

2. 移动床气化常见设备

鲁奇气化炉为立式网筒形结构,如图2-1所示,炉体由耐热钢板制成,有水夹套副产蒸汽,煤自上而下移动,先后经历干燥、干馏、气化、部分氧化和燃烧等几个区域,最后变成灰渣由转动炉栅排入灰斗,再减至常压排出。

气化剂则由下而上通过煤床,在部分氧化和燃烧区与该区的煤层反应放热,达到最高温度点并将热量提供气化、干馏和干燥用,粗煤气最后从炉顶引出炉外。鲁奇气化炉加压气化流程示意图如图2-2所示。

煤层最高温度点必须控制在煤的灰熔点以下。煤的灰熔点的高低决定了气化剂 H_2O/O_2 比例的大小。高温区的气体含有 CO_2、CO 和水蒸气,进入气化区进行吸热气化反应,再进入干馏区,最后通过干燥区出炉。煤气出炉温度一般在 250~500 ℃。鲁奇气化炉由于出炉气带有大量水分和煤焦油、苯和酚等,冷凝和洗涤下来的污水处理系统比较复杂。生成气的组成(体积分数):H_2 为 37%~39%、CO 为 17%~18%、CO_2 为 32%、CH_4 为 8%~10%。

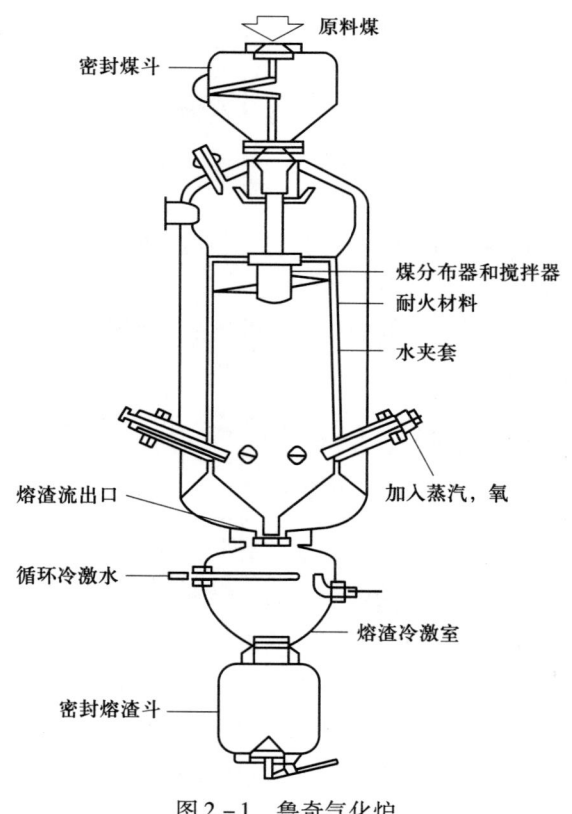

图 2-1 鲁奇气化炉

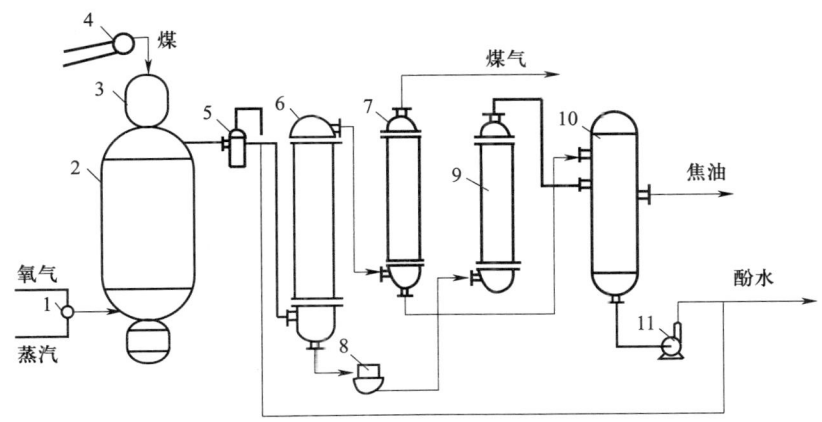

图 2-2 鲁奇气化炉加压气化流程示意图

1—氧和过热蒸汽混合总管；2—煤气发生炉；3—煤箱；4—皮带输送机；
5—喷淋冷却器；6—煤气冷却器；7—煤气分离器；8—分液罐；
9—酚水冷却器；10—酚水中间罐；11—循环酚水泵

3. 移动床气化工艺特点

（1）主要优点。

1）操作安全、稳定、可靠。煤料和气化剂逆流而行，创造了优良的热交换条件和最佳的反应条件。正常运行时，煤能充分燃烧，操作指标稳定。炉内设置的煤分布器，能储存一定煤量以适应输煤系统的波动，也可在加料装置发生故障时，提供一定的检修时间而无须停炉，从而保证了生产的连续性。

2）能耗低。加压气化降低了压缩煤气的动力消耗；充分利用了合成 CH_4 放出的热量，减少了热耗。

3）煤气用途广。采用不同组成的气化剂，可制得各种用途的煤气。

4）生产能力较大，设备结构紧凑，占地面积小。

（2）主要缺点。

1）水蒸气分解率较低，为 40% 左右，故水蒸气耗量高。

2）粗煤气含有一定数量的焦油和酚，对"三废"的处理和排放造成了一定困难。

3）需要耗用工业氧，炉子的机械制造要求较高，需用块煤作为原料等造成加压气化装置建设投资较大，煤气成本较高。

第四节 流化床气化工艺

一、概述

1. 流化床气化定义

粒度为 0~8 mm 的煤粉在气化炉内受到自下而上鼓入气化剂的吹动，燃料呈密相流化状态。当气流速度继续增大，颗粒之间的空隙开始增大、床层膨胀、高度增加，床层上部的颗粒被气流托起，流体流速增加到一定限度时，颗粒被全部托起，颗粒运动剧烈，但仍然滞留在床层内而不被流体带出，床层的这种状态叫固体流态化，即固体颗粒具有了流体的特性，这种气化方法称为流化床气化工艺。

流化床气化炉及其炉内温度分布如图2-3所示。

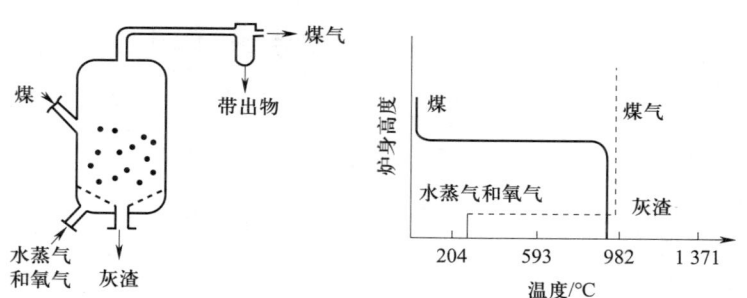

图2-3 流化床气化炉及其炉内温度分布

2. 流化床反应过程特点

（1）气化剂通过粉煤层，使燃料处于悬浮状态，固体颗粒的运动如沸腾的液体一样。

（2）气化用煤的粒度一般较小，比表面积大，气固相运动剧烈。

（3）整个床层温度和组成一致，所产生的煤气和灰渣都在炉温下排出，因而，导出的煤气中基本不含焦油类物质。

二、常见流化床气化工艺

1. 温克勒（Winkler）气化工艺

温克勒气化工艺是最早的以褐煤为气化原料的常压流化床气化工艺。图2-4为温克勒气化炉，该气化炉为钢质立式圆筒形结构，内衬为耐火材料。

温克勒气化炉采用粉煤为原料，粒度为0~10 mm。若煤不含表面水且能自由流动就不必干燥。对于黏结性煤，可能需要气流输送系统，以克服螺旋给煤机端部容易出现堵塞的问题。粉煤由螺旋给煤机加入圆锥部分的腰部，加煤量可以通过调节螺旋给煤机的转数来实现。一般沿筒体的圆周设置2~3个加料口，互成180°或120°的角度，有利于煤在整个截面上的均匀分布。

（1）温克勒气化工艺流程。温克勒气化工艺流程包括原料的预处理、气化、粗煤气的显热回收、煤气的除尘和冷却等，流程示意图如图2-5所示。

1）原料的预处理。首先对原料进行破碎和筛分，制成0~10 mm的炉料，一般不需要干燥，如果炉料含有表面水分，可以使用烟道气对原料进行干燥，控制入炉原料的水分含量为8%~12%（质量分数）。对于有黏结性的煤料，需要经过破黏处理，以保证床内的正常流化。

2）气化。预处理后的原料送入料斗中，料斗中充以N_2或CO_2惰性气体。用螺旋给煤机将煤加入气化炉的底部，煤在炉内的停留时间约为15 min。气化剂送入炉内和煤反应，生

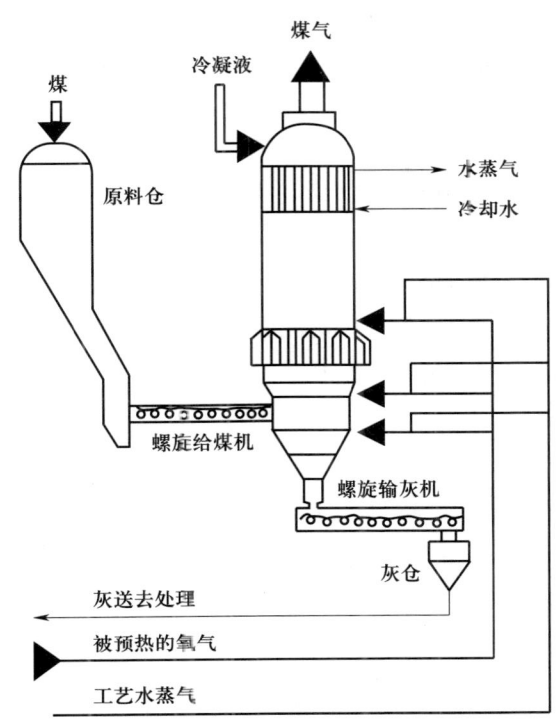

图 2-4 温克勒气化炉

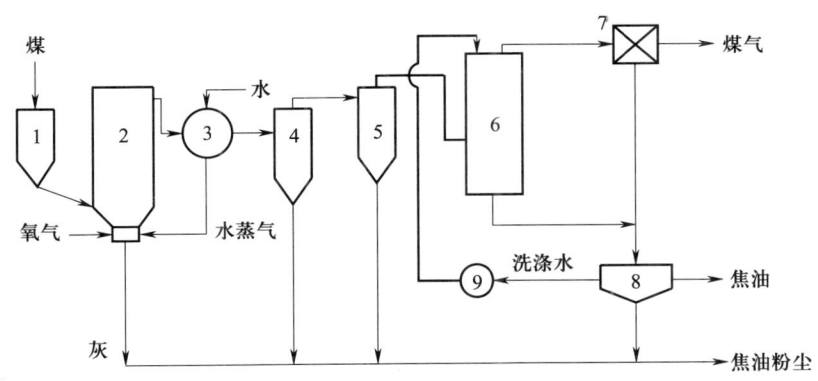

图 2-5 温克勒气化工艺流程示意图
1—料斗；2—气化炉；3—废热锅炉；4、5—旋风除尘器；6—洗涤塔；
7—煤气净化装置；8—焦油、水分离器；9—泵

成的煤气由顶部引出，煤气中含有大量的粉尘和水蒸气。

3）粗煤气的显热回收。粗煤气的出炉温度一般为 900 ℃ 左右。在气化炉上部设有废热锅炉，生产的水蒸气压力为 1.96~2.16 MPa，1 m^3 干煤气生成 0.5~0.8 kg/m^3 水蒸气。

4）煤气的除尘和冷却。出气化炉的粗煤气进入废热锅炉，回收余热，产生水蒸气，然后进入两级旋风除尘器和洗涤塔，除去煤气中的大部分粉尘和水蒸气。经过净化冷却，煤气温度降至 35~40 ℃，含尘量降至 5~20 mg/m^3。

（2）温克勒气化工艺操作条件。

1）操作温度：流化床部分为 800~1 000 ℃，气流段部分为 1 000~1 200 ℃，产品气化炉为 800~1 000 ℃。

2）操作压力为 0.098 MPa。

3）停留时间约 15 min，停留时间的长短，取决于贫气的产量要求和煤的进料速度。

4）原料煤粒度为 0~10 mm 的褐煤、不黏煤、弱黏煤、长焰煤以及中等黏结性烟煤。

5）二次气化剂的用量与组成必须精确地与被带出的未反应碳量成比例。

（3）温克勒气化工艺的特点。单炉生产能力大，直径 5.5 m 温克勒炉产气量为 34 000~40 000 m³/h，气化炉结构简单，造价低，操作维修费较低，每年该项目费用只占总投资的 1%~2%，炉子使用寿命长。

2. 高温温克勒（HTW）气化工艺

高温温克勒气化工艺是采用较高的压力和温度的一种气化技术。除了保持常压温克勒气化工艺的简单可靠、运行灵活、氧耗量低和不产生液态烃等优点外，主要采用带出煤粒再循环回床层的做法，提高了碳的利用率。图 2-6 是高温温克勒示范工作流程图。

与低温温克勒气化炉相比较，高温温克勒气化炉的主要特点是出炉粗煤气直接进入两级旋风除尘器，一级除尘器分离的含碳量较高的颗粒返回到床内进一步气化；出二级除尘器的气体入废热锅炉回收热量，再经水洗塔冷却除尘。

整个气化系统是在一个密闭的压力系统中进行的，加煤、气化、出灰均在压力下进行。含水分 8%~12%（质量分数）的褐煤进入压力为 0.98 MPa 的密闭料锁系统后，经过螺旋给煤机输入炉内。为提高煤的灰熔点而按一定比例配入的添加剂（主要是石灰石、石灰或白

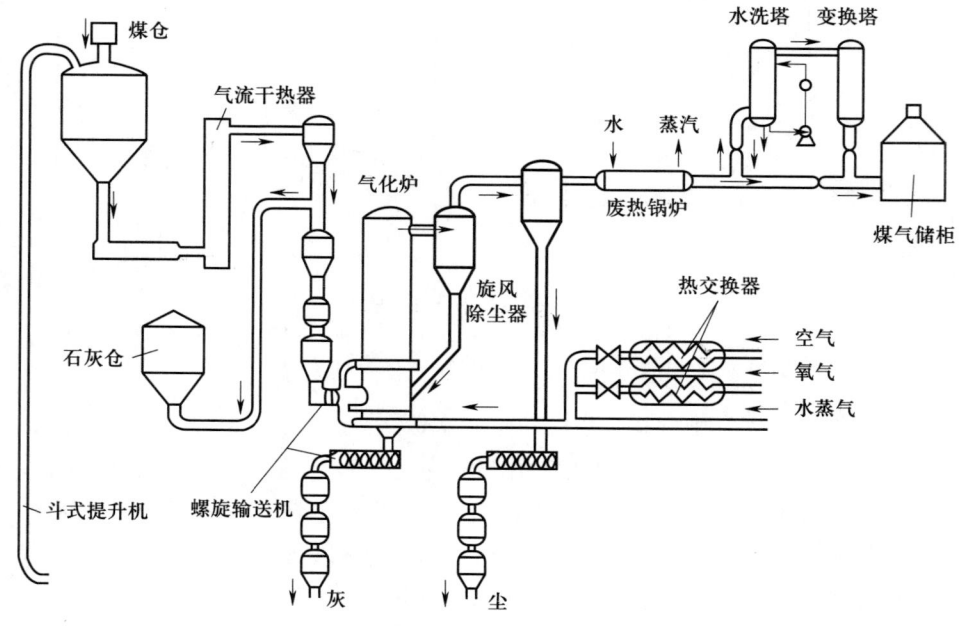

图 2-6 高温温克勒示范工作流程图

云石）也经螺旋给煤机加入炉内。经过预热的气化剂（O_2、水蒸气或空气、水蒸气）从炉子的底部和炉身适当位置加入气化炉内，和由螺旋给煤机加入的煤料并流气化。

三、流化床气化工艺特点

1. 主要优点

由于在流化床中煤和气体呈现流态化，因而向气化炉加料或由气化炉出灰都比较方便。整个床内的温度均匀，容易调节。

和移动床相比较，流化床的特点是气化的原料粒度小，相应的传热面积大，传热效率高，气化效率和气化强度明显提高。

2. 主要缺点

采用这种气化途径，当原料煤的性质很敏感，煤的黏结性、热稳定性、水分含量、灰熔点变化时，易使操作不正常。

第五节　气流床气化工艺

当气体通过床层的速度超过某一数值时，则床层不再能保持流态化，固体煤粒将被带出床层，此时床层即为气流床。气流床炉型如图 2-7 所示。

气流床气化是将煤制成粉煤或煤浆，通过气化剂夹带，由特殊的喷嘴喷入炉内进行瞬间气化。煤与气化剂并流加料。微小的煤粒在火焰中经部分氧化提供热量，然后进行气化反应，火焰中心区温度高达 2 000 ℃。由于温度高，煤气中不含焦油等物质，剩余的煤渣以液态的形式从炉底排出。

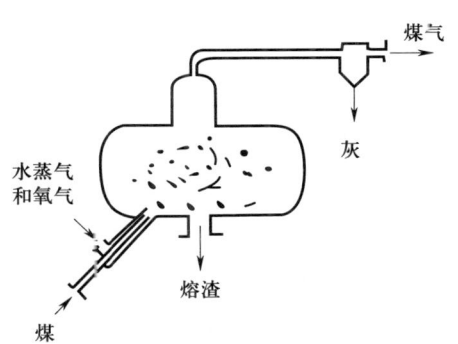

图 2-7　气流床炉型

根据进料状态不同，气流床气化有水煤浆加压气化和粉煤气化。

一、水煤浆加压气化

水煤浆加压气化是指煤或石油焦等固体碳氢化合物以水煤浆或水炭浆的形式与气化剂一起通过喷嘴，气化剂高速喷出与料浆并流混合雾化，在气化炉内进行火焰型非催化部分氧化反应，生成 H_2 和 CO 合计含量达 75% 以上（体积分数）的水煤气。高温煤气与熔融态煤渣，自炉下部排出，降温后，煤气与灰渣分离。煤气经进一步除尘后，送后工序。

水煤浆加压气化具有代表性的工艺技术有美国德士古公司开发的水煤浆加压气化技术、道化学公司开发的两段式水煤浆气化技术、中国自主开发的多喷嘴对置式水煤浆气化技术，它们当中以德士古公司水煤浆加压气化技术开发最早，在世界范围内的工业化应用最为广泛。

1. 水煤浆加压气化原理

质量分数为60%~70%的水煤浆与纯氧经喷嘴并流向下喷入气化炉，水煤浆被O_2雾化，同时水煤浆中的水遇热急速气化成蒸汽。煤与O_2及蒸汽充分混合，在1 300~1 500 ℃高温下，煤进行部分氧化反应，生成以H_2和CO为主的水煤气。

由于反应温度高于灰熔点，因此煤灰以熔融态小颗粒分散于煤气中。煤气与熔渣的混合物自炉底部排出。

在气化过程中，煤粒夹带在气流中，煤粒之间被气体隔开，难以相互碰撞，各煤粒独立进行着燃烧与气化反应。这些反应在高温火焰中数秒内完成。气化炉内大致可分为以下三个区域。

（1）裂解及挥发分燃烧区。煤浆与O_2喷入气化炉后，迅速被加热至高温，煤浆中水分急速气化为蒸汽，而煤粉发生干馏及热裂解，释放出挥发分，煤粉变为焦炭。由于此区域O_2浓度高，在高温下挥发分又迅速完全燃烧，因此放出大量热。制得的煤气中含CH_4一般小于0.1%（体积分数）。

（2）燃烧区。在此区域，煤焦一方面与残余O_2发生燃烧反应生成CO_2和CO，放出热；另一方面煤焦在高温下又与蒸汽及CO_2发生气化反应生成H_2和CO。同时，H_2及CO又与残余O_2发生燃烧反应，放出更多热，使燃烧区内的反应维持在1 300~1 500 ℃高温下进行。

（3）气化区。在此区域，主要是煤焦、CH_4等与蒸汽、CO_2进行气化反应，生成H_2和CO。

由此可知，水煤浆加压气化过程非常复杂。生成的煤气中，除含H_2、CO、CO_2及残余的水蒸气四种组分外，还含有少量CH_4和H_2S。

2. 水煤浆加压气化工艺操作条件的选择

在生产中应选择有利于气化反应进行的操作条件，以提高水煤气的产量，降低原料煤及氧消耗。影响水煤浆加压气化的主要因素有煤粉粒度、水煤浆浓度、氧煤比、气化温度及操作压力等。

（1）煤粉粒度。煤浆气化属于高温气流式反应，煤粉粒度对气化效率影响很大。煤粒小，与气化剂接触面积大，反应速度快，碳转化率高，故煤粒越小，对气化反应越有利。但煤粒过小，会使水煤浆的黏度增加，流动性变差，不利于制备较高浓度的水煤浆。当煤粉中有80%~90%（质量分数）煤粒可以通过200目筛时，制成的水煤浆黏度大，无法输送。

实际生产中，煤的粒度既要满足气化反应需要，又要满足水煤浆制备需要。实践证明，当煤粉中有50%（质量分数）煤粒可以通过200目筛时，可同时满足上述要求。

（2）水煤浆浓度。水煤浆浓度对气化效率、煤气质量、原料消耗、水煤浆的输送及雾化等均有较大影响。若浓度过低，则随煤浆入炉的水分量过多，水分被加热蒸发吸热量增加，使炉温下降，导致气化效率和煤气中有效成分降低。一般地，随着水煤浆浓度的提高，煤气中的有效成分增加，气化效率提高，氧气的消耗量下降。

而煤浆浓度过高时,黏度急剧增加,流动性变差,不利于输送和雾化。同时,若煤浆浓度过高,易发生分层现象,故煤浆浓度不宜过高。选择原则应在保证不沉淀、流动性好、黏度小的条件下,尽可能提高水煤浆浓度,生产中一般控制在60%~70%(质量分数)为宜。

(3) 氧煤比。氧煤比是指气化1 kg干煤所需O_2的体积。单位为m^3/kg。

增加氧煤比,O_2与煤燃烧反应多,气化炉温度随之升高,有利于气化反应进行,煤气中有效成分则增加,碳转化率显著升高。氧煤比与气化温度和碳转化率的关系分别如图2-8、图2-9所示。

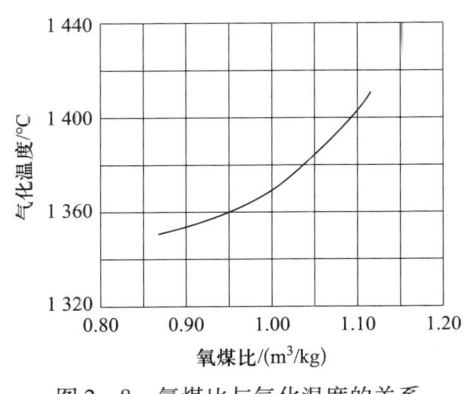

图2-8 氧煤比与气化温度的关系

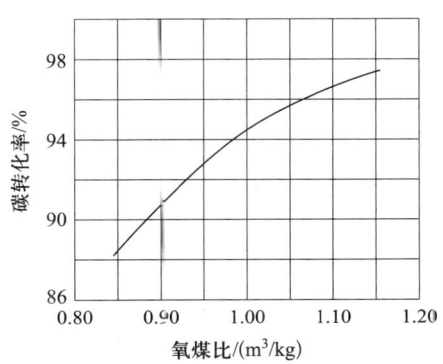

图2-9 氧煤比与碳转化率的关系

若氧煤比过高,氧过量使煤气中二氧化碳含量增加,反而使煤气化效率降低;若氧煤比过低,气化炉温度则低,不利于气化反应进行,碳转化率及煤气效率降低。此外,若炉温低于煤的灰熔点,将无法进行液态排渣,故氧煤比也不能过低。实践证明,当氧煤比为0.7 m^3/kg时,煤气中CO_2含量最低,而煤的气效率最高,这是最适宜的氧煤比。生产中,氧煤比一般控制在0.68~0.71 m^3/kg为宜。

(4) 气化温度。煤的气化为吸热反应,温度高有利于气化反应的进行。为提高炉温,必须提高氧煤比,使氧耗直线上升。同时由于O_2用量增大,将会有较多的碳生成CO_2,使煤气质量直线下降,故气化反应温度不能过高。若气化温度过低,则影响液态排渣,故操作温度大于煤的灰熔点。气化温度选择原则是在保证液态排渣的前提下,尽可能维持较低操作温度。具体的确定方法是:使液态灰渣的黏度略低于250 mPa·s时的温度为最适宜操作温度。不同煤的灰熔点与灰渣黏温特性不同,工业生产中气化温度一般控制在1 300~1 500 ℃为宜。

(5) 操作压力。水煤浆加压气化反应是气体体积增大反应,提高压力,对气化反应的化学平衡不利。但生产中普遍采用加压气化,其优点有如下几种。

1) 加压操作可提高反应速度,提高气化效率和气化炉的生产能力。

2) 加压操作有利于水煤浆的雾化,提高碳转化率。

3) 在产气量不变情况下,加压气化可减小设备容积。

4) 加压气化可节省30%~50%压缩功耗。但压力过高,对设备要求更严格,故压力不可过高,生产中一般为3~9 MPa。

3. 水煤浆加压气化工艺流程

德士古水煤浆加压气化工艺流程分为水煤浆制备、水煤浆加压气化和灰处理三部分。

（1）水煤浆制备工艺流程。水煤浆制备工序的任务是为气化过程提供符合质量要求的水煤浆。

水煤浆制备工艺流程方框图和示意图分别如图2-10、图2-11所示。

1）煤斗中的煤经称量给料器入磨煤机。

2）同时向磨煤机中加入软水，煤被湿磨成高浓度水煤浆。

3）为降低水煤浆的黏度，提高其稳定性，用添加剂泵加入添加剂。

4）NaOH溶液由NaOH储槽经泵送入磨煤机，将水煤浆pH值调至7~8。

5）助熔剂石灰由石灰储斗和石灰给料输送机加入磨煤机，以降低煤的灰熔点。制备合格的水煤浆，其质量分数约为65%，经过滤除去大颗粒煤后，进入带有搅拌功能的磨煤机出口槽，再经泵送至水煤浆振动筛。

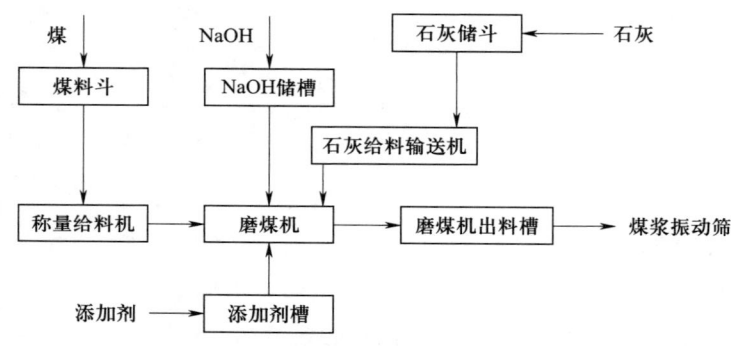

图2-10 水煤浆制备工艺流程方框图

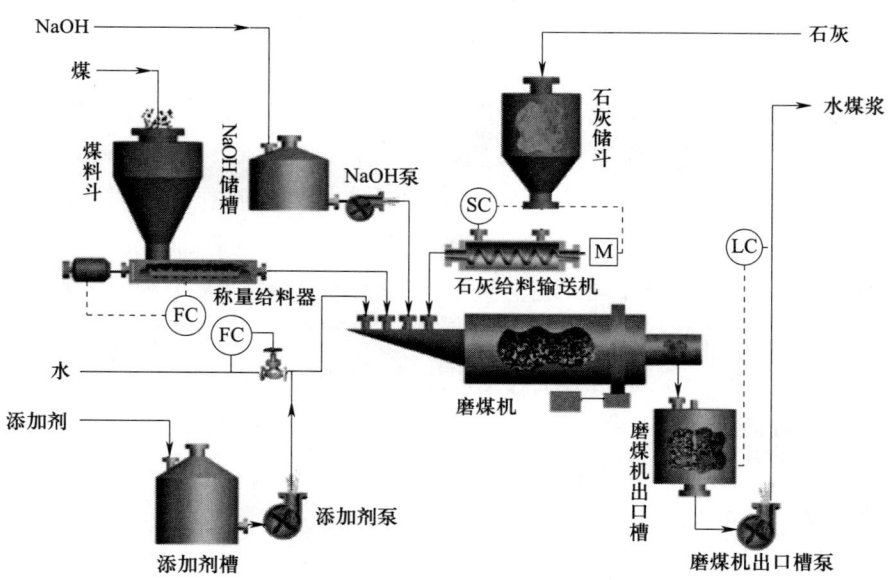

图2-11 水煤浆制备工艺流程示意图

（2）水煤浆加压气化工艺流程。水煤浆加压气化工艺流程按废热回收方式的不同可分为激冷式、废热锅炉式和混合式三种，其中，激冷式工艺在生产中应用比较广泛。

水煤浆加压气化激冷式工艺流程方框图和示意图如图2-12、图2-13所示。

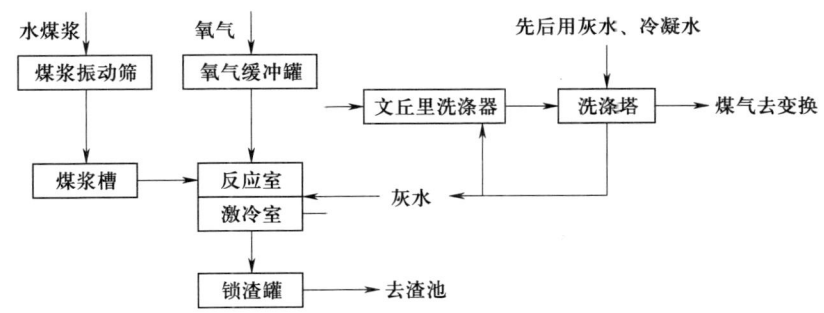

图2-12 水煤浆加压气化激冷式工艺流程方框图

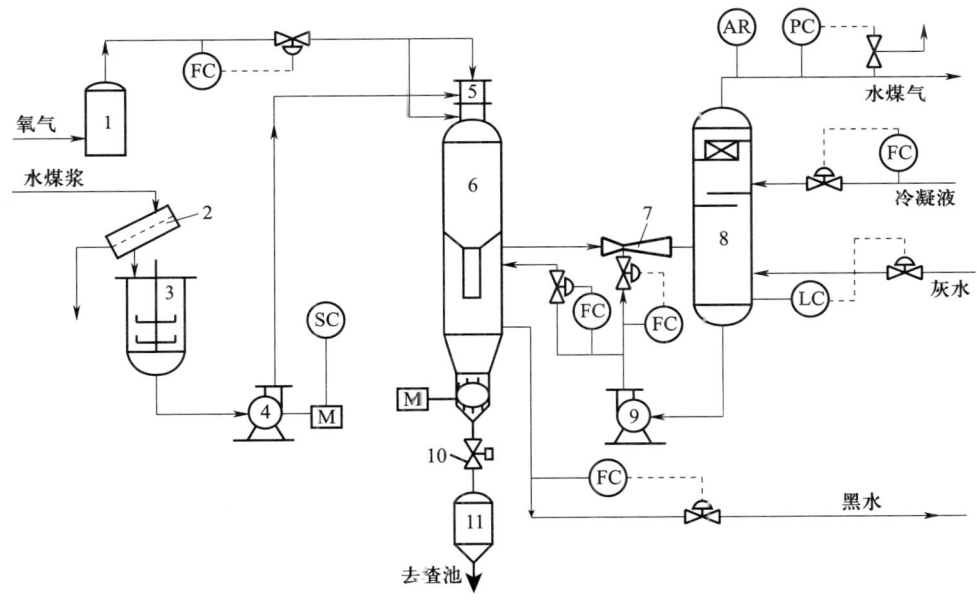

图2-13 水煤浆加压气化激冷式工艺流程示意图
1—氧气缓冲罐；2—煤浆振动筛；3—煤浆槽；4—煤浆泵；5—喷嘴；6—气化炉；
7—文丘里洗涤器；8—洗涤塔；9—激冷水泵；10—锁渣阀；11—锁渣罐

质量分数为65%的水煤浆，经振动筛除去机械杂质后入煤浆槽，用煤浆泵加压后送入德士古喷嘴。由空分来的高压氧气，经氧气缓冲罐，入喷嘴对水煤浆进行雾化后进入气化炉。氧煤比通过自动控制系统控制。气化反应在1300~1500℃，6.5 MPa左右下迅速完成，生成以H_2和CO为主的水煤气。

离开反应室下部的高温水煤气入激冷室，用洗涤塔来的水直接进行激冷，温度降至210~260℃，同时激冷水大量蒸发，煤气被蒸汽饱和，可满足CO变换反应之需。气化过程产生的大部分煤灰及少量未反应碳，以灰渣的形式从煤气中除去。根据粒度大小的不同，灰渣以两种方式排出，粗渣在激冷室中沉积，经水封锁渣罐，定期与水一同排出；细渣以黑水的形式从激冷室连续排出。

离开激冷室的水煤气，依次通过文丘里洗涤器及洗涤塔，用灰处理工段送来的灰水及变换工序来的冷凝液进行洗涤，彻底除去煤气中夹带的细灰及未反应的炭粒。净化后的水煤气离开洗涤塔，送往变换工序。为了保证气化炉安全操作，设有压力为 7.6 MPa 的高压氮气系统。

（3）灰处理工艺流程。灰处理工序的任务是将气化工序送来的灰渣与黑水进行分离，分离出的水循环使用，灰渣及细灰送渣场。灰处理工艺流程方框图和示意图分别如图 2-14、图 2-15 所示。

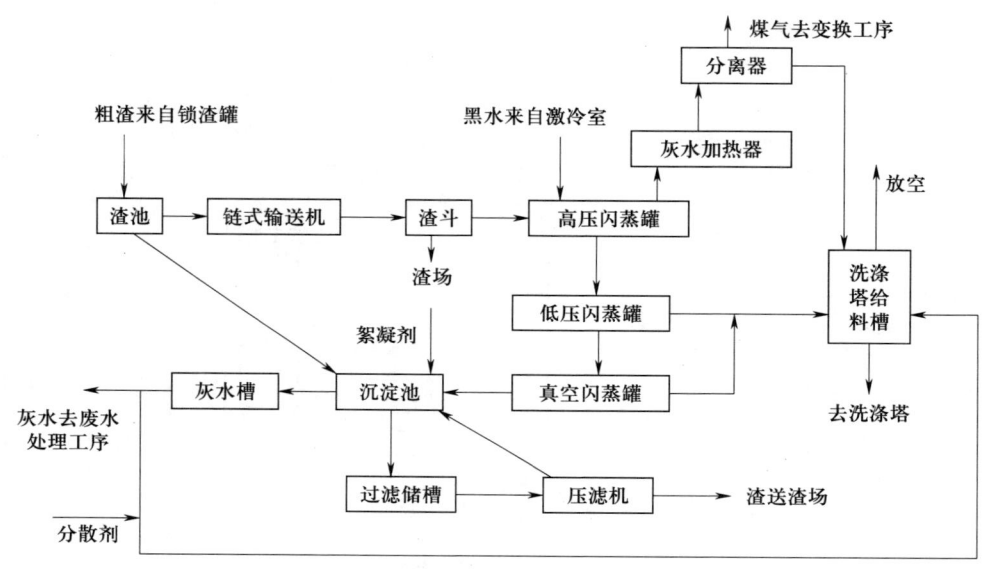

图 2-14 灰处理工艺流程方框图

由锁渣罐与水一起来的粗渣入渣池，经链式输送机加入渣斗，送渣场。池内分离出的含细灰的水，用渣池泵输送至沉淀池，进一步进行沉淀分离。

由激冷室来的含细灰黑水，经减压阀入高压闪蒸罐，高温黑水在罐内降压膨胀，闪蒸出水蒸气、CO_2 及 H_2S 等气体，闪蒸气经灰水加热器降温后，闪蒸气被冷凝，经分离器分离出的水，送洗涤塔给料槽待用。分离出的 CO_2、H_2S 等气体送变换工序。

黑水再入低压闪蒸罐，进行二级减压膨胀，闪蒸气入洗涤塔给料槽冷凝其中的蒸汽，不凝气放空。黑水送真空闪蒸罐，在负压下进一步闪蒸出 CO_2 及水蒸气等。

自真空闪蒸罐底部排出的黑水，固体含量约为 1%（质量分数），用沉淀给料泵送沉淀池。为了加快固体粒子在沉淀池中的沉降速度，从絮凝剂管式混合器前加入阴、阳离子絮凝剂。黑水中的固体物几乎全部沉降于沉淀池底部，沉降物中固体含量达 20%~30%（质量分数），用沉淀池底泵送至过滤给料槽，再经过滤给料泵送至压滤机，滤渣作废料送渣场，

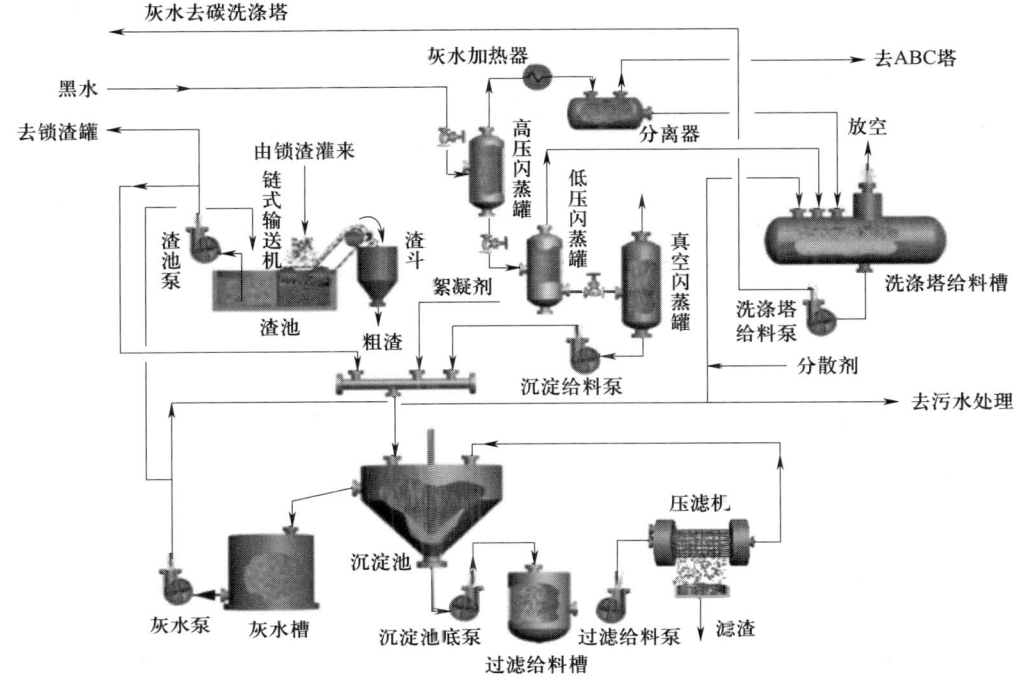

图 2-15 灰水处理工艺流程示意图

滤液返回沉淀池循环利用。

在沉淀池澄清后的灰水,溢流至立式灰水槽,大部分经灰水泵送至洗涤塔给料槽。在洗涤塔给料槽的灰水管线上加入适量分散剂,防止灰水在管道及换热器内沉积。洗涤塔给料槽的灰水,经洗涤塔给料泵送至灰水加热器,加热后送至碳洗涤塔。少部分循环加入渣池,另有部分灰水作为废水送废水处理工序,防止有害物质在系统内积累过量而影响生产。

多喷嘴水煤浆气化与德士古水煤浆加压气化工艺之间的区别主要在气化炉结构不同。

对置式多喷嘴水煤浆气化工艺流程示意图如图 2-16 所示,多喷嘴水煤浆气化炉 4 个喷嘴沿气化室周边均匀布置,每一喷嘴的煤浆与氧设置独立控制系统,经三通道喷嘴射出,在炉膛中心形成撞击区,强化热质传递与混合过程,加快反应速率并提高碳转化率,生成的煤气与熔渣并流,沿炉内轴线方向自上而下,经渣口进入激冷室,熔渣淬冷,经锁斗排至炉外。煤气经下降管折返进入上升管,因与激冷水接触,除去大部分灰渣,经文氏管洗涤器进一步除去煤气中的灰渣,再进入洗涤塔进一步净化除尘,使煤气中含尘量小于 5 mg/m^3。来自气化炉激冷室与洗涤塔的黑水经高压、低压、真空三级闪蒸,所得蒸汽用于加热循环洗涤水;闪蒸器残余黑水在沉降槽中经絮凝剂作用分为淤浆与灰水,前者去压滤机,后者经闪蒸蒸汽加热循环使用。

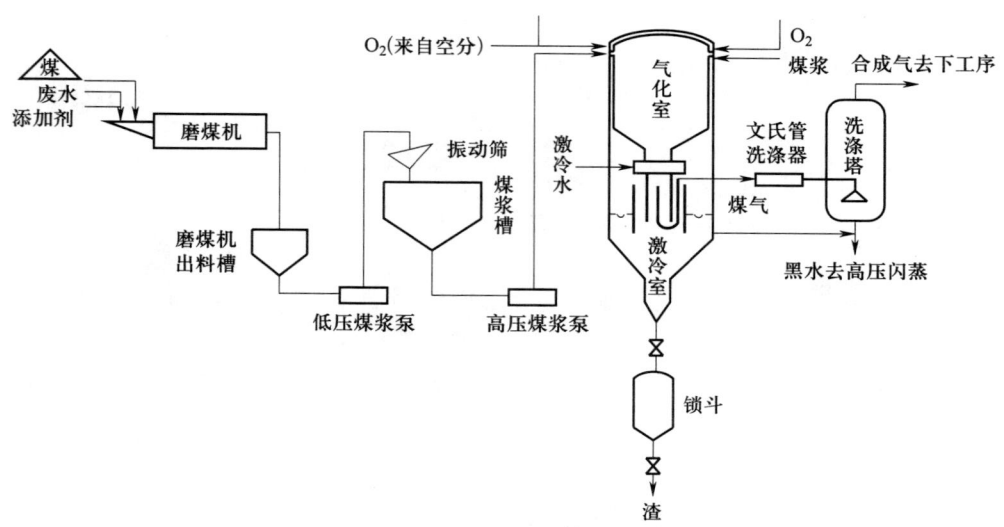

图 2-16 对置式多喷嘴水煤浆气化工艺流程示意图

4. 水煤浆加压气化主要设备

（1）气化炉。气化炉是水煤浆加压气化的核心设备，其作用使水煤浆与 O_2 在炉内反应室进行气化反应，生成高温水煤气；高温水煤气与熔融态灰渣在炉的激冷室内被水激冷，水受热蒸发，使水煤气为蒸汽所饱和，从而获得 CO 变换所需要的蒸汽，并除去煤气中大部分灰渣。

1）德士古激冷加压煤气炉结构如图 2-17 所示。

该气化炉是内衬耐火保温材料的压力容器，炉体是用钢板制成的立式圆筒，由上部反应室和下部激冷室两部分构成，炉顶部安装有炉嘴。

由反应室下部出来的高温煤气入激冷室。激冷室上部煤气出口处设有激冷环，喷出的激冷水沿下降管流下，形成一层下降水膜。此水膜可防止反应室来的高温煤气中夹带的熔融渣粒附着在下降管内壁上。

激冷室内保持一定的液位，夹带着大量熔渣的高温煤气通过下降管时，直接与水接触，被水冷激迅速冷却，水吸热后汽化使煤气达到饱和，从激冷室上部经挡板除沫后排出炉外，入洗涤塔进一步冷却除尘。熔渣淬冷成粒，与气体分离，约98%（质量分数）的渣被收集在激冷室下部。激冷室底部设有旋转式灰渣破碎机，将大块灰渣破碎后由锁渣斗定期排出。

炉体上部反应室的炉壳内衬，由里向外共分四层。第一层为向火面砖，起抵抗侵蚀和磨蚀作用。第二层为支撑砖，用作支撑拱顶的内衬，也具有抗渣能力。第三层为绝热砖。第四层为可压缩耐火塑料，作用是吸收原始烘炉时的热膨胀量及砌筑误差。

为防止向火面砖破裂后，炉体受到高温损坏，在炉体外壁设置一定数量的表面温度计。炉壁外表面焊有数以千计的螺钉来固定测温导线。通过每一小块面积上的温度测量，可迅速得到炉壁外表面上任一热点温度，从而可判断出炉内衬的侵蚀情况。同时，一旦超温，便自动报警，可及时处理。

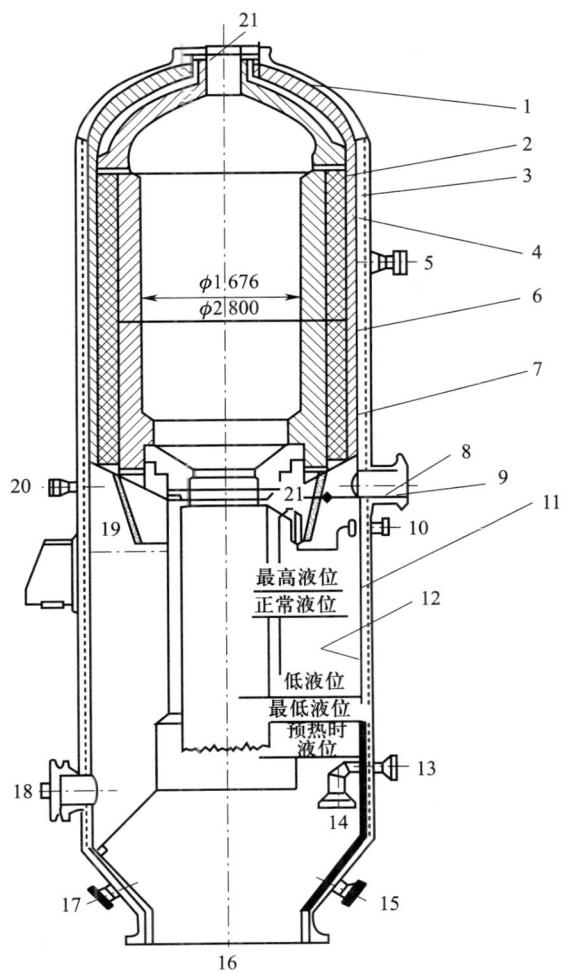

图 2-17 德士古激冷加压煤气炉结构

1—浇注料；2—向火面砖；3—支撑砖；4—绝热砖；5—热电偶口；6—可压缩耐火塑料；
7—燃烧室段炉壳；8—出气口；9—仪表孔；10—激冷水入口；11—急炉段炉壳；12—堆焊层；
13—排放水出口；14—仪表孔；15—锁斗再循环；16—渣水出口；17—再循环口；18—人孔；
19—液位指示联箱；20—吹氮口；21—烧嘴口

2）多喷嘴对置式水煤浆气化炉。多喷嘴对置式水煤浆气化炉可分为两部分，上半部分为燃烧室，是进行气化反应的空间，其内壁衬有耐火材料；在燃烧室中上部有四个水平对置的烧嘴室，用来安装工艺喷嘴；燃烧室的顶部是气化炉预热口，用来对耐火材料进行预热；燃烧室内还安装有若干用来测量反应温度的高温热电偶；外壁上则安装有测量炉壁温度的表面热电偶。

气化炉的下半部为激冷室，其作用是对高温合成气进行激冷、洗涤、饱和水蒸气。激冷室内有合成气下降管，将洗涤冷却水及高温合成气引入激冷室液面下；在下降管的顶部是激冷环，可以将洗涤冷却水均匀地喷淋到下降管的内壁，以保护下降管不被烧坏；在激冷室内还安装有数层破泡条，用来防止合成气大量鼓泡而影响洗涤效果，提高激冷室液位的稳定性。

3) 德士古激冷加压煤气炉和多喷嘴对置式水煤浆气化炉对比。德士古气化工艺煤浆与高压 O_2 通过置于气化炉顶部的工艺烧嘴进入气化炉，在气化炉内部形成三个不同的流场分区，即回流区、射流区、管流区，炉内流场示意图如图 2-18 所示。

多喷嘴对置式气化工艺是将煤浆和 O_2 通过四个在同一个水平面的工艺烧嘴，对喷进入气化炉，对喷撞击形成六个特征各异的流动区，即射流区、撞击区、撞击流股、回流区、折返流区、管流区，炉内流场示意图如图 2-19 所示。

多喷嘴对置式水煤浆气化炉与德士古激冷加压煤气炉相比，流场上具有如下优越性。

①从流场结构看，每一股射流都形成一个回流区，四喷嘴对置就有四个回流区。另外撞击之后的向上与向下流股各形成一个回流区，即多喷嘴对置式水煤浆气化炉共有六个回流区，它们对提高热质传递与稳定火焰具有极大作用。

②多喷嘴对置式水煤浆气化炉内湍流强度较德士古激冷加压煤气炉有较大的提高，表明其热质传递能力增加，有利于提高气化速率和碳转化率。

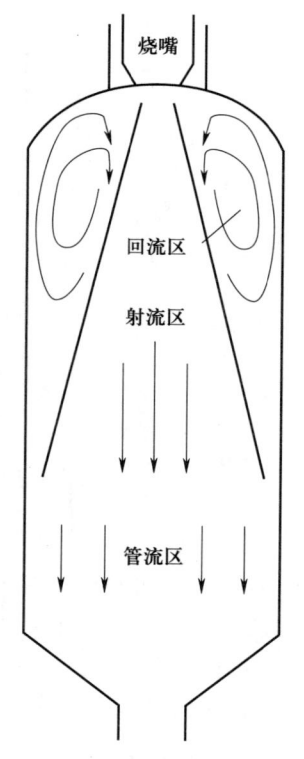

图 2-18 德士古激冷加压煤气炉炉内流场示意图

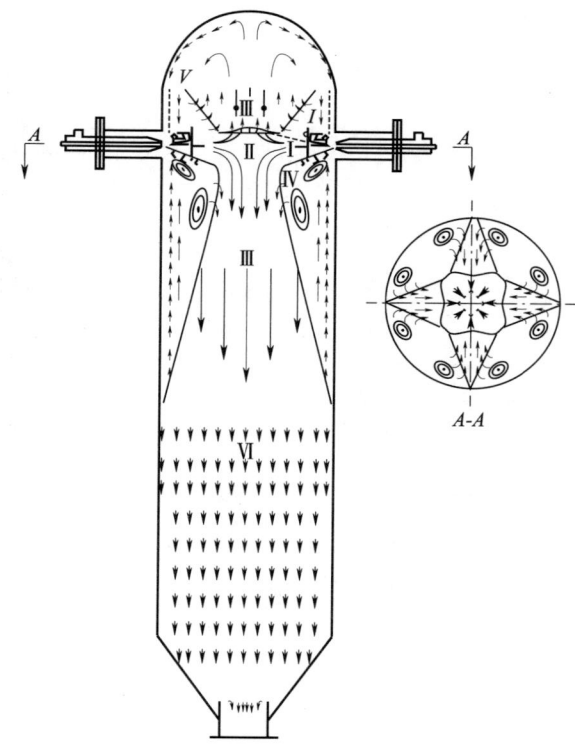

图 2-19 多喷嘴对置式水煤浆气化炉炉内流场示意图

Ⅰ—射流区；Ⅱ—撞击区；Ⅲ—回流区；
Ⅳ—撞击流股；Ⅴ—折返流区；Ⅵ—管流区

③对于大型工业装置来讲，采用多喷嘴对置式水煤浆气化炉，有利于煤浆雾化，能提高

反应速率和碳转化率。

④多喷嘴对置式水煤浆气化炉上段（喷嘴所在平面至炉顶）沿壁存在折返流，因在其中进行的气化反应是吸热反应，有利于保护耐火砖。

⑤停留时间分布的测试结果表明短路流股比德士古激冷加压煤气炉大为减少，煤渣中可燃物将显著下降。

（2）喷嘴又称烧嘴，作用是将水煤浆充分雾化，使水煤浆与 O_2 混合均匀。烧嘴是煤浆气化的关键设备之一，它的雾化性能的好坏直接影响合成气的有效气含量和碳转化率。烧嘴的使用周期长短影响到气化炉的运行周期长短，生产中要求喷嘴使用寿命长，雾化效果好，特别是要设计好雾化角，防止火焰直接喷射到炉壁上，或火焰过长，燃烧中心伸至出渣口，使煤燃烧不完全。

目前工业上常用三套管喷嘴，如图 2-20 所示。

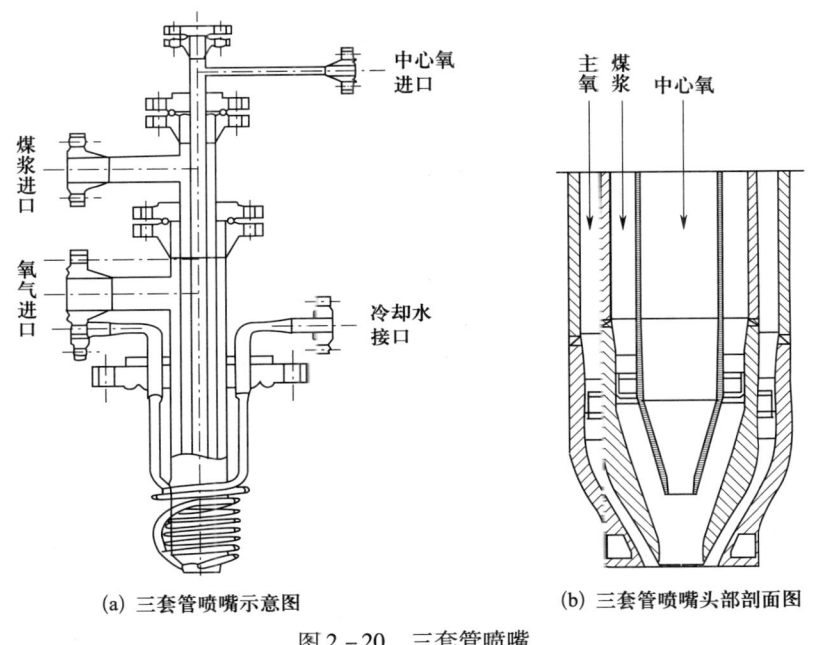

(a) 三套管喷嘴示意图 (b) 三套管喷嘴头部剖面图

图 2-20 三套管喷嘴

（3）磨煤机是采用水煤浆加压气化或气流层气化的装置。通常使用球磨机或棒磨机磨煤。煤靠硬质研磨体冲击与研磨作用而被粉碎。磨煤机结构如图 2-21 所示。

磨煤机主要由钢制筒体、端盖、轴承、传动齿轮等构成。筒体内装有直径 25~150 mm 的钢球磨介，其装入量为筒体容积的 25%~45%。筒体两端有端盖，端盖中部有中空的圆筒形颈部，支承在轴承上。筒体上固定有大齿轮，电动机通过联轴器及小齿轮而带动大齿轮及筒体缓慢转动。当筒体转动时，磨介随筒体上升到一定高度后，呈抛落或泻落下滑。物料自左侧中空轴颈入筒体，在由左向右运动过程中，受钢球的冲击研磨而逐渐被粉碎后，从右侧排出。

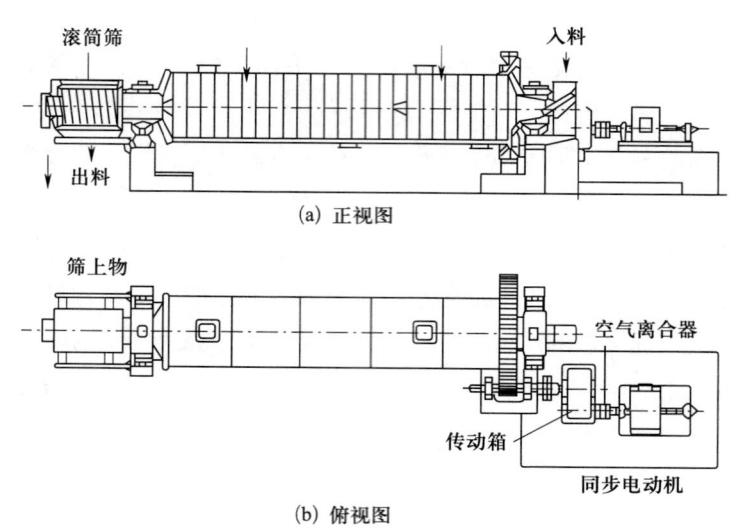

图 2-21 磨煤机结构

【知识链接】

一、煤的质量

煤的性质对气化过程有很大影响,其中影响较大的是煤的变质程度和煤灰黏温特性。变质程度较浅的煤,化学活性高,气化反应性能好。

煤灰黏温特性是指煤的灰分在不同温度下熔融时所表现的流动性,一般用熔融态煤灰的黏度来表示。

煤灰黏温特性是确定气化操作温度的重要依据。实践证明,为使煤灰从气化炉中以液态形式顺利排出,熔融态煤灰的黏度以不超过 25 Pa·s 为宜。

当以黏度较高的煤为原料时,为使气化炉顺利排渣,操作温度必须控制得高些。但炉温过高,不仅煤耗与氧耗高,且易烧坏气化炉的耐火衬里、喷嘴及测温元件的套管。为改善煤灰黏温特性,降低熔融态灰渣的黏度,在水煤浆中加入石灰(或 CaO)作助熔剂,可收到良好的效果。

当水煤浆中加入石灰后,能改善煤灰黏温特性的原因是 CaO 在灰渣中作为氧化剂,破坏了硅聚合物的形成,从而使液态灰渣的黏度降低。但当石灰的添加量超过 30%(质量分数)时,融态灰渣的黏度将随添加量的增加而增大,原因是添加大量石灰后,灰渣中高熔点的正硅酸钙(熔点为 2 130 ℃)生成量增多,反而使灰渣熔点升高。故石灰石的添加量不宜过多,一般小于 20%(质量分数)为宜。

二、影响水煤浆浓度的主要因素

1. 煤的内在水分含量

煤的内在含水量是影响水煤浆浓度的关键因素。煤的内在含水量越低,制得的水煤浆黏度则越小,流动性能也越好,故可制成浓度较高的水煤浆。原因是煤的内在含水量低,说明煤的内表面小,且吸附水的能力差,故在成浆时煤粒上吸附的水量小,形成的水化膜较薄,占用的水量少。在水煤浆浓度相同条件下，固定于煤粒上的水量减少，水煤浆具有流动性的自由水量相对增多，使得水煤浆具有较好流动性。因此煤的内在水分含量越低越好。内在水分含量高的煤，不能用作制备水煤浆的原料。一般要求小于10%（质量分数）。

2. 添加剂

水煤浆制备过程中，加入木质素磺酸钠、腐殖酸钠、硅酸钠或造纸废液等添加剂，可明显降低水煤浆的黏度，改善流动性和稳定性，从而提高水煤浆的浓度。煤粉越细，添加剂的作用越显著，黏度及流动性改善也越明显。

添加剂在水煤浆中起分散剂的作用，可降低煤粒表面的亲水性和电荷量，从而降低煤粒表面的水化膜和煤粒间作用力，使固定在煤粒表面上的水逸出。同时，因煤粒间作用力减弱，使煤粒团聚体破坏，将部分包裹在煤粒表面上的水转变为自由水，导致水煤浆变稀。煤粒越细，颗粒表面积越大，添加剂的作用越显著。

适宜的添加剂的种类和加入量与煤种、水煤浆浓度、粒度等因素有关，通常要通过试验决定。添加剂加入量一般为干煤量的1%（质量分数）左右。可单独加一种添加剂，也可两种或两种以上混合使用。

三、水煤浆加压气化的三种流程

1. 激冷流程

从气化炉出来的高温水煤气与大量冷却水直接接触，水煤气被急速冷却，并除去大部分灰渣。同时水迅速蒸发进入气相，煤气中的蒸汽含量达饱和状态。需要将煤气中CO全部变换为H_2的合成氨厂，适宜采用激冷流程。

2. 废热锅炉流程

出气化炉的高温水煤气入废热锅炉，煤气被冷却，同时副产蒸汽。此流程适用于不必调整或只要略加调整煤气中H_2与CO比值的生产，如煤气用于发电或某些化工产品的生产。

3. 混合流程

出气化炉的高温水煤气，先经废热锅炉冷却，除去灰渣和副产蒸汽，再经激冷室用水冷激，使煤气中增加一定量蒸汽，利于下一步变换反应。此流程适用于甲醇的生产。

二、粉煤气化

气流床气化的另一种典型生产方法是以粉煤为原料，由气化剂将粉煤夹带入炉的生产工艺。该工艺的特点是煤种适应性强、反应时间短、气化温度高、碳转化率高、液态排渣、煤气中CH_4含量少、煤气热值低，适用于化工生产合成气。

20世纪70年代后期，荷兰、德国相继开发了粉煤加压气化炉，如Shell炉、GSP炉、K-T炉和Prenflo炉。粉煤气流床气化装置在我国也得到较快发展，国内许多高校和科研院所在消化吸收国外技术的同时，不断开发出适合我国国情的具有自主知识产权的产品，如航天炉、新型（多喷嘴对置式）气流床粉煤加压气化炉和清华炉等。

1. 粉煤气化基本原理

粉煤气化是以粒度小于 0.1 mm 的粉煤为原料,由气化剂夹带粉煤吹入气化炉,在高温火焰中进行并流气化,炉内火焰中心温度达到 2 000 ℃ 左右,生成 H_2 和 CO 合计含量大于 80%(体积分数)煤气的过程。在炉内几乎同时进行着煤粉及释放出的气态烃的燃烧反应、高温焦炭粉分解、蒸汽及 CO_2 还原的吸热反应。

2. 粉煤气化工艺流程

(1)科柏斯-托切克气化法工艺。科柏斯-托切克气化法(简称 K-T 气化法)属于常压气化,是气流层气化法中比较成熟的一种方法。

K-T 气化法工艺流程方框图和示意图分别如图 2-22、图 2-23 所示。粗煤在风吹磨系统中同时进行粉碎和干燥。在粉碎时利用干燥介质空气的显热使煤快速干燥。随后夹带着煤粒进入分级器,小颗粒再去旋风分离器,大颗粒返回风吹磨。合格的煤粉经叶轮给粉机送入煤粉料仓。干燥后的烟煤水分控制在 1%(质量分数),褐煤水分控制在 8%~10%(质量分数)。煤粉粒度要求达到 70%~85%(质量分数)通过 200 目。

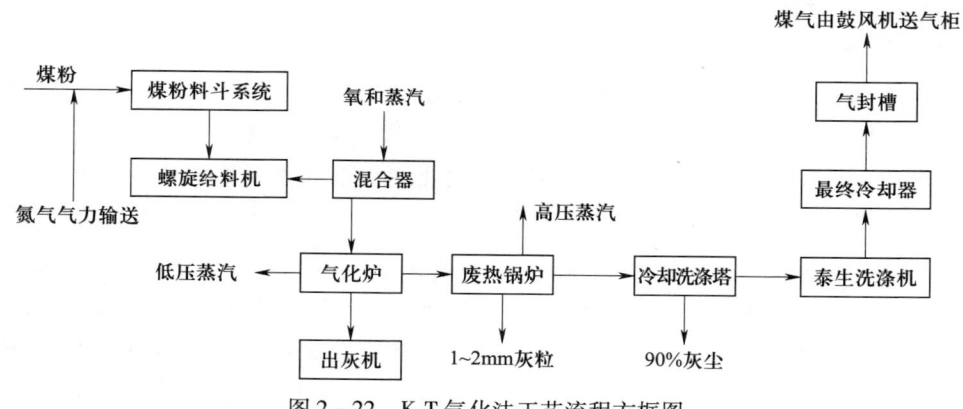

图 2-22 K-T 气化法工艺流程方框图

从旋风分离器出来的气体,用轴流式鼓风机送往电除尘器,随后一部分排入大气,另一部分气体返回风吹磨系统循环使用。电除尘器回收的煤粉也送入煤粉料仓中。成品煤粉从煤粉仓底部出来,用 N_2 通过气力输送系统送至气化炉的煤粉料斗系统。系统用 N_2 充压,以防止 O_2 进入而发生爆炸。煤粉匀速加入螺旋给料机。螺旋给料机将煤粉送至混合器。在混合器内 O_2 和蒸汽流携带煤粉由短管经烧嘴入炉。

从烧嘴喷出的 O_2、蒸汽及煤粉,并流入高温炉内,发生激烈的氧化反应,产生高达 2 000 ℃ 的火焰区。同时碳与蒸汽的吸热反应使火焰温度降低。火焰末端,即炉中部温度达 1 500~1 600 ℃。灰渣在高温火焰区被熔化。大部分灰分以熔渣的形式沿炉壁下流,入熔渣水淬槽,经出灰机送出。炉出口水煤气温度为 1 400~1 500 ℃,经废热锅炉利用其显热产生高压蒸汽。首先经废热锅炉下部的辐射段冷却至 1 100 ℃ 以下,然后入废热锅炉上部对流段。在辐射段冷却固化的粒度为 1~2 mm 的灰粒,在重力作用下落入下灰管。

出废热锅炉的煤气,在喷射冷却洗涤塔内用软水洗涤,除去气体中约 90%(体积分数)

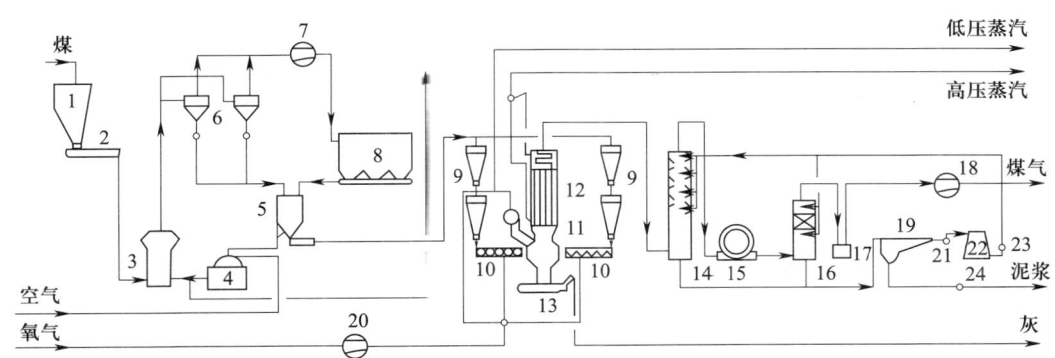

图 2-23 K-T 气化法工艺流程示意图

1—原料煤料仓；2—原煤给料机；3—球磨机；4—热气体发生器；5—旋风分离器；6—粉煤料仓；
7—风机；8—电除尘器；9—粉煤料斗系统；10—螺旋给料机；11—气化炉；12—废热锅炉；
13—出灰机；14—冷却洗涤塔；15—泰生洗涤机；16—最终冷却器；17—气封槽；18—煤气鼓风机；
19—洗涤水沉降；20—氧气鼓风机；21、23—洗涤水泵；22—洗涤水冷却塔；24—泥浆泵

的灰尘，同时气体冷却至 35 ℃，再经两个串联的泰生洗涤机，最终冷却器洗涤后，含尘量约 10 mg/m³，H_2 和 CO 合计含量大于 80%（体积分数）的水煤气送入气柜。

(2) 壳牌（Shell）粉煤加压气化工艺。壳牌粉煤加压气化工艺是一种比较先进的粉煤气化工艺，该工艺用纯氧作气化剂，采用干煤粉进料，用 N_2 将煤粉送到气化炉，液态排渣，最后生成合成气，即 CO 和 H_2 的混合物。合成气可以用来制造纯氢，生产合成氨、甲醇、含氧化合物以及尿素，还可用于电厂供热、蒸汽和发电的燃料，并可作为城市用气。壳牌煤气化技术使煤炭得以充分利用，硫化物被还原成纯硫黄，可以作为原料出售给化工行业；灰分则被回收为清洁炉渣，用来制造建筑材料。整个工艺只有约 5% 的能量流失，用水量极低，废水也很容易净化。壳牌煤气化技术的另一个优势在于它适用于不同种类的煤，包括劣质的次烟煤和褐煤。

1) 工艺特点。

① 气化炉结构较简单，内部为膜式水冷壁，无任何耐火砖，烧嘴使用寿命长，故气化炉坚固耐用，操作可靠。

② 煤种适应性广，灰熔点高时只需加入助熔剂石灰石，干粉进料，气化效率高，氧耗低。

③ 效率高，原料煤所含能量 80%~83% 以合成气形式回收，另外 14%~16% 以蒸汽形式回收，因而热能利用率高。

④ 对称式多烧嘴混合效果好，碳转化率高。

⑤ 熔渣气化，熔渣可保护膜式水冷壁，并确保产生无毒废渣及灰。

⑥ 高温气化，煤粉粒度细，炉内停留时间短（3~10 s），气化反应进行充分，碳转化率大于 99%，有效成分 H_2 和 CO 合计含量高达 90%（体积分数），CO_2 含量低，CH_4 微量。环境污染的副产物少，故该气化工艺属于"洁净煤"工艺。

2）工艺流程。典型壳牌粉煤加压气化工艺有废热锅炉工艺流程（见图2-24）、上行全水激冷工艺流程（见图2-25）、下行全水激冷工艺流程（见图2-26）。

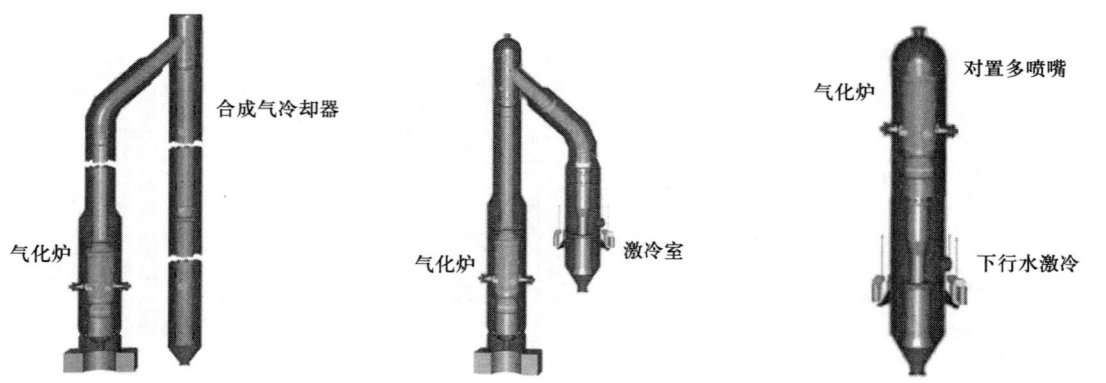

图2-24 废热锅炉工艺流程　　图2-25 上行全水激冷工艺流程　　图2-26 下行全水激冷工艺流程

下文主要介绍壳牌废热锅炉工艺流程。

壳牌废热锅炉工艺流程共分七个系统，即磨煤及干燥系统，煤粉加压及输送系统，气化、激冷及煤气冷却系统，脱渣系统，干灰脱除（干洗）系统，湿灰脱除（湿洗）系统，初步水处理系统。壳牌废热锅炉工艺流程方框图和示意图分别如图2-27、图2-28所示。

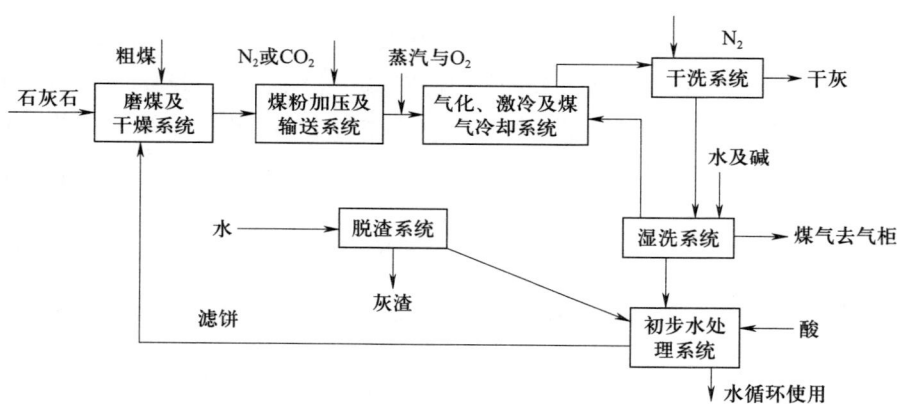

图2-27 壳牌废热锅炉工艺流程方框图

①磨煤及干燥系统。该系统是将原煤送入磨煤机，磨成符合要求的煤粉，同时对煤粉进行干燥。该系统主要设备是磨煤机、煤粉袋式过滤器、循环风机和热风炉。原料煤在微负压和热惰性气体条件下，在磨煤机中粉磨与干燥。热惰性气体由热风炉提供。循环气和煤粉在煤粉袋式过滤器中分离，循环风机则提供整个循环回路的动力。煤粉经输送系统送至煤粉加压及制气系统。

②煤粉加压及输送系统。该系统的作用是将煤粉加压并送至气化炉喷嘴，主要设备有煤粉储仓、煤粉锁斗、煤粉给料仓和煤粉仓装料袋滤器。来自磨煤机的煤粉首先入煤粉储仓，

再入煤粉锁斗,经加压后送入煤粉给料仓。煤粉锁斗和煤粉给料仓的排放气进入煤粉仓装料袋滤器,收集下来的煤粉再排入煤粉储仓。两台煤粉给料仓把煤粉分别送入四个对称布置的气化炉喷嘴。

③气化、激冷及煤气冷却系统。该系统的作用是将送入气化炉的煤粉气化,把渣排出气化炉并把制得的煤气降温后送入后系统。该系统中主要设备有气化炉、激冷管、输气管和煤气冷却器。

来自加压及输送的煤粉与 O_2 和蒸汽混合后,进入气化炉四个对称布置的喷嘴,在炉内燃烧气化,形成的熔渣沿水冷壁向下流入底部渣池,激冷成固体出气化炉。煤气携带大量灰分,在炉上部激冷管段被来自循环气压缩机的激冷气降温至 900 ℃后,由炉顶排出,经激冷管、输气管入煤气冷却器(依次经过中压蒸汽过热器、中压蒸汽蒸发器)降温后进入后系统。

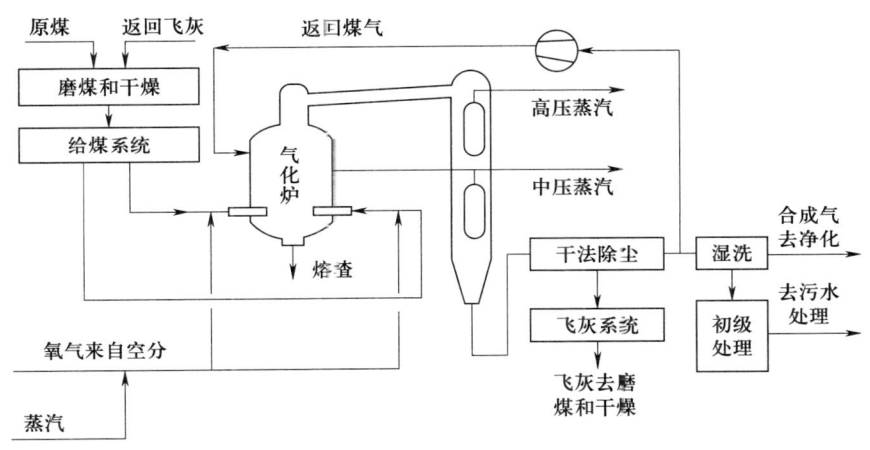

图 2-28 壳牌废热锅炉工艺流程示意图

④渣脱除系统。该系统的任务是熔渣的冷却、粉碎和排放,主要设备包括渣池、破渣机、渣收集器、旋液分离器、渣池冷却器、锁渣斗、捞渣机、输送皮带等。

从气化炉底部渣池随水流下的固态渣,首先经破渣机入渣收集器,再向下进入锁渣斗,由锁渣斗将渣排入捞渣机,将渣捞出后送上输送皮带,经输送皮带送往渣场。

⑤干灰脱除系统。该系统的任务是脱除煤气中夹带的飞灰,主要设备有飞灰过滤器、飞灰排放罐、飞灰冷却罐、中间飞灰储罐、排放仓泵、灰库等。

来自煤气冷却器的煤气首先进入飞灰过滤器,大部分干灰在此分离下来,定时向下排入飞灰排放罐。出排放罐的灰进入飞灰冷却罐,经冷却后入中间飞灰储罐,随后定期排入排放仓泵,间歇送至灰库。

⑥湿灰脱除系统。该系统的任务是进一步脱除粗煤气中的飞灰,主要设备有文丘里洗涤器、洗涤塔和循环水泵等。

来自干灰脱除系统的粗煤气,进入文丘里洗涤器被激冷饱和后,入洗涤塔底部,出洗涤塔的煤气送气柜。

⑦初步水处理系统。该系统与多喷嘴对置式水煤浆气化的灰水处理部分在工艺及流程上基本相同,此处不再赘述。

【知识链接】

新的粉煤气化方法简介

1. 航天炉

航天炉又名 HT-L 粉煤加压气化炉,是航天十一所借鉴国外煤气化工艺中先进技术,配置自主研发的盘管式水冷壁气化炉而形成的一套结构简单、有效实用的煤气化工艺。航天炉的主要特点是具有较高的热效率(可达95%)和碳转化率(可达99%);气化炉为水冷壁结构,能承受1 500 ℃至1 700 ℃的高温;对煤种要求低,从烟煤、无烟煤到褐煤均可,可实现原料的本地化。

据报道,2021年,火箭院航天工程公司首台3 500 t航天炉在山东省一次点火投料成功。该航天炉是航天工程公司为国家重点研发专项"大规模粉煤气流床气化技术开发及示范"项目设计研发的超大型粉煤气化炉,日处理粉煤量为世界最大级别,具有日投煤量更大、技术指标更优、一次性投资更省、运行成本更低、环保水平更高等优势,代表了现代煤化工先进的煤气化技术水平。

3 500 t航天炉开发了半废锅+水激冷技术,利用气化显热副产高压蒸汽,使气化装置的热效率提高到5%,年余热回收折合标准煤8万t。优化了炉内反应和流场调控,有效保证了气化性能,使碳转化率大于99%,产生的有效气体中 CO 和 H_2 含量大于90%(体积分数)。优化了合成气除尘、渣水闪蒸等工艺流程,使装置的废水、废气量均减少20%。

3 500 t航天炉的投入使用,提高了煤炭清洁高效利用效率,对我国煤化工行业转型升级,实现碳减排、碳中和目标,走绿色低碳的发展道路起到积极的助推作用。

2. 罗麦尔气化法

罗麦尔气化法所用气化炉有两种,即单筒式和双筒式。其中,单筒式已实现工业化生产。单筒式炉型为一立式圆柱体,下部沿圆周设有一圈喷嘴(4~6个),与炉体成切线方向安置。炉体底部与中央熔渣排出口之间形成一较高的环形熔渣床,喷嘴末端设在熔渣床层水平线以下。气化剂(O_2和蒸汽)与煤粉交替地从喷嘴中高速(6~7 m/s)喷入炉内,把部分动能传给熔渣,使熔渣作螺旋状旋转运动。煤气由炉顶引出,熔渣由炉下部排出。此法气化强度比 K-T 气化法更高,碳利用率可达99%。

3. 住友式气化法

住友式气化法所用气化炉由罗麦尔单筒式气化炉改进而成。其不同点如下:

(1)不用熔融床而采用液态排渣,通过加入助熔剂[常用黄铁矿渣,含 Fe_2O_3 85%(质量分数)]降低灰渣熔点至1 200~1 300 ℃。

(2)改变混合物入炉方式,即煤、氧和蒸汽混合入炉。

(3)将炉身改为下小、中大、上部更大的形式,使未气化的煤粉旋转而上,以延长停留时间，加速还原反应的进行。

实训一　水煤浆加压气化生产原料气

一、冷态开车

1. 开车前准备工作

（1）系统内所有设备验收合格，设备及管道清理干净。

（2）各仪表、联锁、阀门调试正常，达到安全要求。

（3）各辅助设施已开车，高低压蒸汽、仪表空气、中压氮气、预热用煤气、点火用燃料气、水、电及化学药品等供应已齐全，并送入本工序管网截止阀前。

（4）水煤浆制备系统已开车，水煤浆已合格，储于煤浆槽中待用。

（5）空分装置已开车，并提供合格的 O_2 和 N_2。循环冷却水系统及废水处理系统已开车，并达到要求。

（6）转动设备单体试车合格，处于备用状态。

（7）系统送入 N_2，使压力升至正常操作压力下，进行试压试漏，并用肥皂水检查泄漏处，压力降在 1 h 内不超过 0.1 MPa。

2. 烘炉

（1）激冷室热水循环回路的建立。

1）给渣池和洗涤塔加清水至正常液位。

2）启动预热水循环泵，投用黑水过滤器，向激冷室加热水，使其沿黑水管道流入渣池。

（2）开工抽引器启动。

1）给开工抽引器分离器加水至正常液位。

2）给抽引器引入低压蒸汽，启动抽引器，调节蒸汽流量，使炉内维持负压（引蒸汽时注意暖管）。

（3）烘炉。

1）将预热烧嘴安装在气化炉内，用耐压软管将预热喷嘴和燃料气管连接起来，稍开预热喷嘴风门。

2）在炉外点燃长明灯，确保炉内负压情况下，将长明灯插入预热烧嘴，打开燃料气阀门，进行烘炉。

3）调节燃料气流量及风门开度，按照耐火材料厂提供的升温曲线，给耐火衬里预热升温。适当调节炉内负压，保证火焰稳定不回火、不熄火。升温至 800 ℃ 更换高温热偶。当气化炉预热至最终温度后,将炉温维持在1 200 ℃以上,等待投料开车。

4)在升温过程中,要及时增加激冷水量,防止因高温而损坏激冷室。渣池水温不能超过70 ℃,防止离心泵发生高温汽蚀。

3. 灰水循环回路的建立

(1)启动真空泵,使真空闪蒸系统呈负压状态。

(2)将系统热水加入沉淀池及灰水槽。

(3)启动灰水泵,向洗涤塔给料槽供水。

(4)启动洗涤塔给料泵向洗涤塔供水。

(5)启动激冷水泵向激冷室供水,停预热水泵并调节液位至正常。出激冷室的水进入真空闪蒸罐,真空闪蒸罐水开泵送向灰水槽,建立起灰水循环回路。

4. 投用锁斗系统和喷嘴冷却水系统

使锁斗系统和喷嘴冷却水系统投入运行。

5. 投料点火

(1)将高压灰水供水系统调至正常运行流程,做好开车准备工作。

(2)火炬系统点燃常明小火炬。

(3)当气化炉预热至1 200 ℃后,拆除预热喷嘴,装好工艺喷嘴,关闭开工抽引器的蒸汽阀。

(4)用N_2置换气化炉至洗涤塔间的设备及管道,洗涤塔后置换气中O_2含量小于2%(体积分数)为置换合格。

(5)启动煤浆泵,使煤浆经循环回路返回煤浆槽,达到开工所需煤浆流量。

(6)将空分工序送来的合格O_2,调至生产规定的正常压力后放空,并达到开工所需O_2流量。

(7)投料点火。

1)打开喷嘴中心管氧气阀,使O_2流量为总量的20%(体积分数)左右。

2)打开煤浆阀,控制煤浆流量为正常生产流量的65%(质量分数)左右,使煤浆经喷嘴喷入炉内,煤浆与O_2入炉后则立即点火燃烧,此时若气化炉温度上升,火炬管有大量气体排出,则投料点火成功。

若点火不成功,应立即按停车步骤,关闭氧气阀和煤浆阀,用N_2置换系统。当炉温在1 000 ℃以上时,重新按上述步骤投料点火。

3)投料点火成功后,调节入炉煤浆及O_2流量,将炉温控制在1 300 ℃左右(操作温度根据入炉煤浆灰熔点确定),调节激冷室及洗涤塔液位至正常,检查喷嘴冷却水系统是否正常,并使各项工艺指标保持稳定。

6. 升压、切黑水、向后系统供气

(1)逐渐提高背压控制器给定值,使系统逐渐升压,按0.1 MPa/min的速率升至规定压力。升压过程要注意炉温及炉压等工况变化,出现问题及时处理。

(2)当炉压升至1 MPa时,检查系统的密封情况。

(3) 当炉压升至 1 MPa 时，将气化炉黑水、旋风分离器黑水、水洗塔黑水分别切换至闪蒸系统运行，逐步调节闪蒸系统各设备液位，保持压力正常。

(4) 稍开锁斗充压阀前阀。

(5) 通知现场冲洗煤浆循环管线，及时调整煤浆制备负荷。

(6) 逐步提高水洗塔合成气出口背压放空阀设定值，系统继续升压，每升高 1 MPa 对系统进行查漏一次。

(7) 调整气化炉的负荷：增加负荷时应先增加煤浆流量，随后增加 O_2 流量，气化炉压力、温度稳定后，再次提高气化炉负荷。新型气化炉系统的二对烧嘴负荷应一致。

(8) 增加气化炉负荷的同时相应增加系统水循环的流量。

(9) 系统压力、煤气温度到达正常指标后，现场打开合成气出工段手动阀，控制室打开均压阀，当水洗塔出口压力和合成气管网压力接近时，控制室渐开合成气主切断阀，向变换系统送气，送气正常后关闭均压阀。

(10) 后系统产生冷凝液后接入系统使用。

(11) 后系统全部接气，系统压力稳定后，将背压放空阀压力设定值设定为高于系统压力 0.1 MPa。

(12) 投用合成气在线分析仪。

(13) 激冷水流量正常后，备用黑水循环泵（激冷水泵）投自启动，激冷水管线事故补水阀投备用。

7. 启动压滤系统

打开沉淀池的底泵，给压滤机供料，压滤机系统投入运行。

8. 开车结束，转入正常生产

开车结束后，生产负荷由 65% 逐渐增加至满负荷。同时，将系统各项指标调至正常。待洗涤塔出口气体成分达到要求后，送后系统，即转入正常生产。

【注意】

增加负荷时，应先增煤浆量，再增 O_2 量，且每次增加量不宜过大，确保炉温平稳。

短期停车后的开车称为热态开车。热态开车时，则省略检查、置换、烘炉等过程。若干车时炉温在 1 000 ℃ 以上，可直接投料点火；若炉温低于 1 000 ℃ 时，需要先加热至 1 000 ℃ 以上，再按投料点火步骤进行开车。

二、正常操作管理及事故处理

1. 正常操作管理

(1) 精心调节 O_2 流量，保持适宜的氧煤比，使炉温控制在规定范围内，确保气化过程的正常运行。

(2) 调节磨煤机的生产能力，确保气化炉煤浆需用量。定期进行煤浆分析，颗粒分布及煤浆浓度必须符合要求。

(3) 经常检查炉渣的排放,确保气化炉顺利排渣。

(4) 分析煤气中的含尘量,若超指标,应加大文氏洗涤器及洗涤塔水量。

(5) 检测沉降池灰水中颗粒的沉降速率,根据检测结果调整絮凝剂用量。

(6) 检查和调节喷嘴、激冷室、文氏洗涤器、洗涤塔的冷却水量及水温,并进行水质分析,使各项工艺指标达标。

2. 事故的查找及处理方法(见表2-3)

表2-3　　　　　　　　　常见事故现象原因及处理方法

序号	现象	原因	处理方法
1	煤浆浓度过大	(1) 磨煤岗位加煤量增大或水量减少 (2) 煤浆温度过低	(1) 减小煤量或增加水量 (2) 向煤浆槽内加水稀释至要求浓度 (3) 向煤浆槽蒸汽夹套通蒸汽加热
2	煤浆黏度增大,输送及雾化造成困难	(1) 煤浆添加剂减少 (2) 煤粉粒度过细 (3) 煤浆浓度过高	(1) 增加添加剂量 (2) 调整煤粉粒度 (3) 降低煤浆浓度
3	煤浆管道堵塞	(1) 管道内物料静止时间过长 (2) 管道内进入杂物	(1) 用水冲洗 (2) 拆开管件疏通
4	气化炉出渣口堵塞	(1) 炉温低于煤的灰熔点 (2) 液态煤渣黏温特性不好,流动性差	调整氧煤比,提高炉温,保证液态排渣
5	炉渣中夹带大量未燃烧的碳,气体成分有波动,碳转化率低	(1) 喷嘴磨损,发生偏喷现象,雾化效果差 (2) 中心管氧量调整不当,氧煤比不合适,炉温过低	调整氧煤比和中心管氧量,提高炉温,必要时更换喷嘴
6	气化炉壁温过高	(1) 局部耐火衬里脱落,高温气沿砖缝串气 (2) 炉温过高	(1) 必要时停车检查耐火衬里 (2) 降低炉温,检查表面热电偶的准确性
7	破渣机超载停车	(1) 炉内有大块落砖 (2) 破渣机出现机械故障	停车查找原因,及时排除
8	氧气管线着火燃烧	氧气管线有油脂或其他杂质	(1) 迅速关闭阀门,切断氧气 (2) 用高压氮气吹除着火氧气管线,进行灭火 (3) 火熄灭后,对氧气管线进行脱脂处理,并清除管内杂质
9	煤浆流量不稳定或无流量	(1) 泵吸入口压力过低 (2) 泵入口阀未开 (3) 煤浆温度过高 (4) 泵内有空气 (5) 泵出口管道堵塞	(1) 提高煤浆槽液位 (2) 打开泵入口阀 (3) 降低煤浆温度 (4) 向泵内补加液体排气 (5) 用水冲洗管道

续表

序号	现象	原因	处理方法
10	气化炉内过氧爆炸	(1) 投料时氧气先入炉 (2) N_2 吹除及置换不完全,使炉内可燃性气体与 O_2 混合而爆炸	(1) 在投料时要先加煤浆,后加氧气 (2) 开、停车前用氮气充分吹除和置换系统 (3) 发生爆炸后,用高压 N_2 吹除,查找原因及损坏程度,及时处理
11	出洗涤塔气体带水,温度不稳定	(1) 洗涤塔液位过高 (2) 洗涤液分布不均 (3) 有拦液现象 (4) 除沫器堵塞	降低洗涤塔液位,适当减少洗量,必要时停车处理
12	锁渣罐某个阀不到位,自动控制系统停止运行	锁渣罐某个阀不到位	(1) 迅速查找原因,及时处理,使锁渣罐继续运行 (2) 若短期无法恢复,应停车处理

三、停车

1. 长期停车

(1) 通知调度室、空分及净化工序,准备停车,通知气化系统各岗位做停车前准备。

(2) 逐渐减负荷至50%左右,先减 O_2、后减煤浆,分阶段平稳进行。

(3) 适当增加氧煤比,使炉温升至比正常操作温度高 100~150 ℃,维持 30 min 左右,以除掉炉壁挂渣。

(4) 逐渐打开煤气入火炬系统阀门,将煤气全部送入火炬系统。

(5) 停车步骤如下:

1) 关闭氧气阀。

2) 关闭煤浆阀,停煤浆泵。

3) 开冷灰水吸入阀,冷灰水送激冷室,防止洗涤塔内黑水因压力降低造成闪蒸而使泵抽空。

4) 打开喷嘴冷却水阀,以保护喷嘴。

5) 用高压 N_2 吹除喷嘴处的 O_2 管道及煤浆管道。

6) 逐渐打开系统去火炬的背压放空阀,以 0.1 MPa/min 的速率卸压(严防卸压速度过快,造成设备及火炬损坏)。

7) 当炉压低于 1.2 MPa 时,激冷室和洗涤塔排出的黑水排入真空闪蒸罐。

8) 当激冷室水温达到 190 ℃时,关入真空闪蒸罐阀门,将黑水排入地沟。

9) 启动预热水循环泵,向激冷室供水,打开渣池新鲜水补充阀,给激冷室供新鲜水。

10) 停激冷水泵、洗涤塔给料泵、渣池泵、灰水泵、破渣机、锁渣罐循环泵及锁渣罐自动控制系统,用水冲洗煤浆管道。

11）当炉压降至常压后，用 N_2 置换气化炉系统。置换气经放空阀排入火炬。置换气中的 CO 和 H_2 合计含量小于 0.5%（体积分数）为合格。

12）开启开工抽引器，使炉真空度保持在 4 kPa 左右。拆下工艺喷嘴，停喷嘴冷却泵。

13）通过自然通风，将炉温度降至 50 ℃ 以下，停开工抽引器。打开人孔，检修人员入炉检修。

2. 紧急停车

气化炉系统设有安全联锁装置。当有下列任一情况出现时，气化系统会自动停车：

（1）煤浆流量过低。

（2）煤浆泵转速过低。

（3）O_2 流量过小。

（4）激冷室出口气体温度过高。

（5）激冷室液位过低。

（6）仪表用空气中断。

（7）停电。

（8）喷嘴及冷却水泵系统故障。

当需要紧急停车的情况发生后，自动停车装置将会动作，造气系统将按照规定停车步骤停车。停车后操作人员要立即查找原因，及时排除故障，然后按开车步骤重新开车。

短期停车时，需要对气化炉保温。其保温方法：换上预热喷嘴，维持气化炉温度。开车时，应再换上生产喷嘴。

思考与练习

1. 简述煤气化定义和分类。
2. 煤气化基本化学反应有哪些？
3. 简述温度和压力对气化化学平衡的影响。
4. 什么是燃料的灰熔点？它对气化的影响有哪些？
5. 简述移动床气化炉的燃料分层情况，并说明各层的主要作用。
6. 什么是流化床气化？该气化工艺的特点有哪些？
7. 什么是气流床煤气化？工业生产中常见哪两种工艺？
8. 水煤浆加压气化过程中，气化炉内分哪三个区？分别发生了哪些反应？
9. 水煤浆加压气化中温度、压力对气化过程有何影响？
10. 多喷嘴对置式水煤浆气化炉的结构分哪两部分？作用分别是什么？
11. 简述水煤浆加压气化激冷工艺流程。
12. 壳牌粉煤加压气化典型工艺有些？其中废热锅炉工艺流程包括哪七个系统？

第三章

空气分离

》学习目标

1. 了解空气分离的方法、步骤。
2. 掌握空气分离的原理、工艺流程及主要设备的构造和作用。
3. 掌握空气液化精馏分离的原理。
4. 了解惰性气体制备原理、工艺流程。
5. 熟悉解变压吸附、气体膜分离技术在空气分离中的应用。

在化工生产中，空气分离的主要目的是获得 O_2 和 N_2，为煤气化过程提供所需要的 O_2，也可提供氨合成所需要的 N_2。此外，N_2 又是化工生产中理想的惰性气体，用于系统的置换及仪表保护等。空气分离装置广泛用于冶金、化工、石油、机械、采矿、食品、军事等工业部门。

第一节　空气分离技术

空气分离简称空分，是利用空气中各组分物理性质不同，采用深度冷冻、吸附、膜分离等方法从空气中分离出 O_2、N_2，或同时提取 He、Ar 等稀有气体的过程。空气分离最常用的方法是深度冷冻法，即液化精馏法，分为空气的净化、空气的液化、空气的分离三个工序。

一、空气的净化

空气是多种气体的混合物,其主要成分是 N_2 和 O_2,还含有极少量惰性气体(包括 He、Ne、Ar、Kr、Xe)和 CO_2、水蒸气、灰尘及微量乙炔等。干燥空气的组成见表 3-1。

在空气液化分离过程中,灰尘能磨损压缩机,堵塞管道;水蒸气、CO_2 在低温下会凝固成冰和干冰,堵塞管道及设备;烃类化合物,特别是乙炔在含氧介质中受到摩擦、冲击或静电作用,会引起爆炸。为保证分离装置长期安全运转,必须将空气中杂质彻底清除。

表 3-1　　干燥空气的组成

组分	分子式	体积分数/%	组分	分子式	体积分数/%
氮	N_2	78.09	氪	Kr	1×10^{-4}
氧	O_2	20.95	氙	Xe	8.5×10^{-6}
氩	Ar	0.93	二氧化碳	CO_2	0.03
氖	Ne	1.7×10^{-3}	氢	H_2	5×10^{-5}
氦	He	5.1×10^{-4}	臭氧	O_3	1.5×10^{-6}

1. 除尘

空气除尘的方法多以过滤为主,以惯性或离心式为辅来处理。大中型空分均使用无油干式除尘器,如惯性除尘器、电动卷帘式干带过滤器、脉冲袋式过滤器、动环袋式过滤器、脉冲"纸"筒式过滤器。目前使用较多的是脉冲"纸"筒式过滤器(或称脉冲反吹自洁式空气过滤器),它是精滤器的一种,由脉冲"纸"纤维素混合物制成厚约 0.5 mm 的滤"纸"作为基材,将这种滤"纸"反复折叠成 50 mm 的带状,然后再将此带围成类似于百褶裙状的圆筒,如图 3-1 所示。

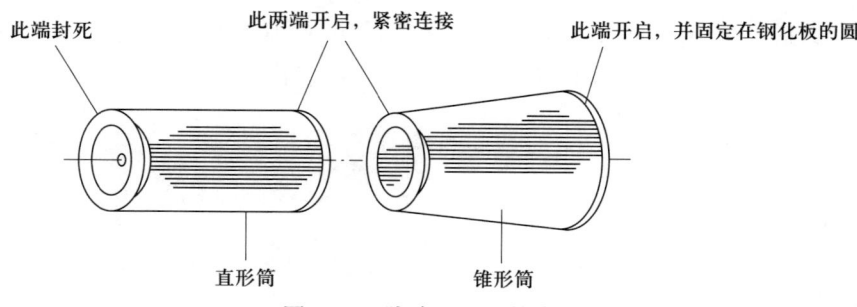

图 3-1　脉冲"纸"筒式过滤器

"纸"筒分直形筒和锥形筒两种,其内外壁均用金属网加以保护,每两种圆筒合在一起组成一个完整的过滤单元。用金属构架将两筒紧密连接并固定在垂直安装的钢化板上,而过滤筒则呈水平放置。其工作原理是空气自滤筒外部进入,通过筒壁的过滤作用将灰尘留在筒外,而洁净的空气则自筒内流出。当筒外灰尘积聚到一定程度时,将一小部分滤筒与主气流隔离，同时自内向外反吹空气，将滤筒外表面所积灰尘吹落，以使滤筒可以重新工作。此种过滤器过滤效率高，对 5 μm 以上的灰尘的过滤效率可达 100%，对 2 μm 灰尘的过滤效率大于 93%。

2. CO_2 及水蒸气、乙炔的脱除

过去，脱除空气中 CO_2 及水蒸气一般采用吸附法和冻结法，乙炔的清除采用硅胶吸附法。自从分子筛吸附法被成功运用到空分净化系统后，空气进入冷箱之前的净化（前端净化）主要采用分子筛吸附方法，使各种有害气体杂质清除干净。

分子筛即人工合成沸石，它是一种强极性吸附剂，对极性分子有很强的吸附力。沸石化学性质稳定，热稳定性好，使用寿命长，但价格较高。常用的沸石分子筛组成及孔径见表 3-2。

表 3-2　　　　　　　　常用的沸石分子筛组成及孔径

型号	SiO_2/Al_2O_3 分子比	孔径 $/\times 10^{-10}$ m	典型化学组成
3A（钾A型）	2	3~3.3	$\frac{2}{3}K_2O \cdot \frac{1}{3}Na_2O \cdot Al_2O_3 \cdot 2SiO_2 \cdot 4.5H_2O$
4A（钠A型）	2	4.2~4.7	$Na_2O \cdot Al_2O_3 \cdot 2SiO_2 \cdot 4.5H_2O$
5A（钙A型）	2	4.9~5.6	$0.7CaO \cdot 0.3Na_2O \cdot Al_2O_3 \cdot 2SiO_2 \cdot 4.5H_2O$
10X（钙X型）	2.3~3.3	8~9	$0.8CaO \cdot 0.2Na_2O \cdot Al_2O_3 \cdot 2.5SiO_2 \cdot 6H_2O$
13X（钠X型）	2.3~3.5	9~10	$Na_2O \cdot Al_2O_3 \cdot 2.5SiO_2 \cdot 6H_2O$
Y（钠Y型）	3.3~5	9~10	$Na_2O \cdot Al_2O_3 \cdot 5SiO_2 \cdot 6H_2O$
钠丝光沸石	3.3~6	约5	$Na_2O \cdot Al_2O_3 \cdot 10SiO_2 \cdot 6H_2O$

吸附剂被吸附质饱和以后就失去了吸附的能力，通过降压、加温、吹冷、升压、切换等过程进行再生，可以把所吸附的水分、乙炔和 CO_2 解吸出来再继续使用。

二、空气的液化

1. 液化原理

空气的主要成分是 N_2 和 O_2，其他组分含量甚微，故可把空气近似地看作氧-氮二元混合物。常温常压下，N_2 和 O_2 为气态物质，常压（0.1 MPa）下，氧被冷却到 -183 ℃，氮被冷却到 -196 ℃ 时，两者相继被液化成液体。两者相比，氮更易挥发，因此可以采用精馏的方法将氧、氮分离为较纯的组分。对空气进行精馏，需将空气液化。空气的液化，就是把空气加压至临界压力（3.89 MPa）以上，再降温至临界温度（-140.6 ℃）以下，空气则可转变为液体。空气中各组分的临界温度、临界压力及沸点见表 3-3。

表 3-3　　空气中各组分的临界温度、临界压力及沸点

气体名称	临界温度/℃	临界压力/MPa	沸点 (0.101 MPa)/℃
空气	-140.6	3.89	-192~195
氮	-146.9	3.51	-195.8
氧	-118.4	5.25	-182.9
氢	-239.6	1.34	-252.9
氩	-122.4	4.86	-185.7
氦	-267.9	0.23	-268.9
氖	-228.7	2.75	-245.9
氪	-62.5	5.50	-151.7
氙	16.6	5.88	-108.1
二氧化碳	31.0	7.63	-78.2
氨	132.4	11.30	-33.4
水蒸气	347.2	22.77	100.0

2. 空气液化方法

工业上通常将获得 -100 ℃ 以下温度的方法称为深度冷冻法，简称深冷法。空气的液化必须采用深冷法。

工业上深度冷冻一般是利用高压气体进行绝热膨胀来获得低温的。常用的方法有两类，一是对外做功的节流膨胀，二是对外不做功的等熵膨胀。

节流膨胀是指连续流动的高压气体，在绝热和不作外功情况下，经节流阀急剧膨胀到低压的过程。节流过程是不可逆过程。气体在节流膨胀过程中，既无能量收入，又无能量支出，节流前后能量不变，故节流膨胀为等焓过程。气体经节流膨胀后，温度降低。

等熵膨胀是指压缩后的气体经膨胀机在绝热下膨胀为低压，同时向外输出功的过程。等熵膨胀过程是可逆的。等熵膨胀的降温效果比节流膨胀的降温效果好，但膨胀机的结构要比节流阀复杂得多。

三、空气的分离

空气经低温液化后，产生了汽-液两相平衡的氧氮混合物，利用液体精馏的原理即可将液体空气中的 N_2 与 O_2 分离。

利用 N_2 与 O_2 沸点的不同，经多次部分蒸发和部分冷凝后，将液态空气分离为纯氮和纯氧的过程称为液态空气的精馏。精馏过程是在具有若干层塔板的精馏塔内进行的。在精馏塔内上升的蒸汽经过多次部分冷凝，向下流动的液体经过多次部分蒸发，最后在塔顶得到纯氮，在塔底得到纯氧。

第二节　空气分离工艺流程

空分流程根据操作压力的不同，可分为高压法 (7.1~20.3 MPa)、中压法 (1.5~

2.5 MPa）和低压法（一般为 0.6 MPa 左右）三种类型。目前大、中型空分装置，普遍采用低压流程。空分装置简易流程图如图 3-2 所示。

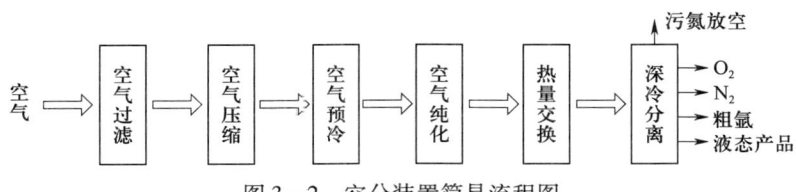

图 3-2 空分装置简易流程图

图 3-3 为 KDON-60 000/28 000 型低压空分装置流程图。

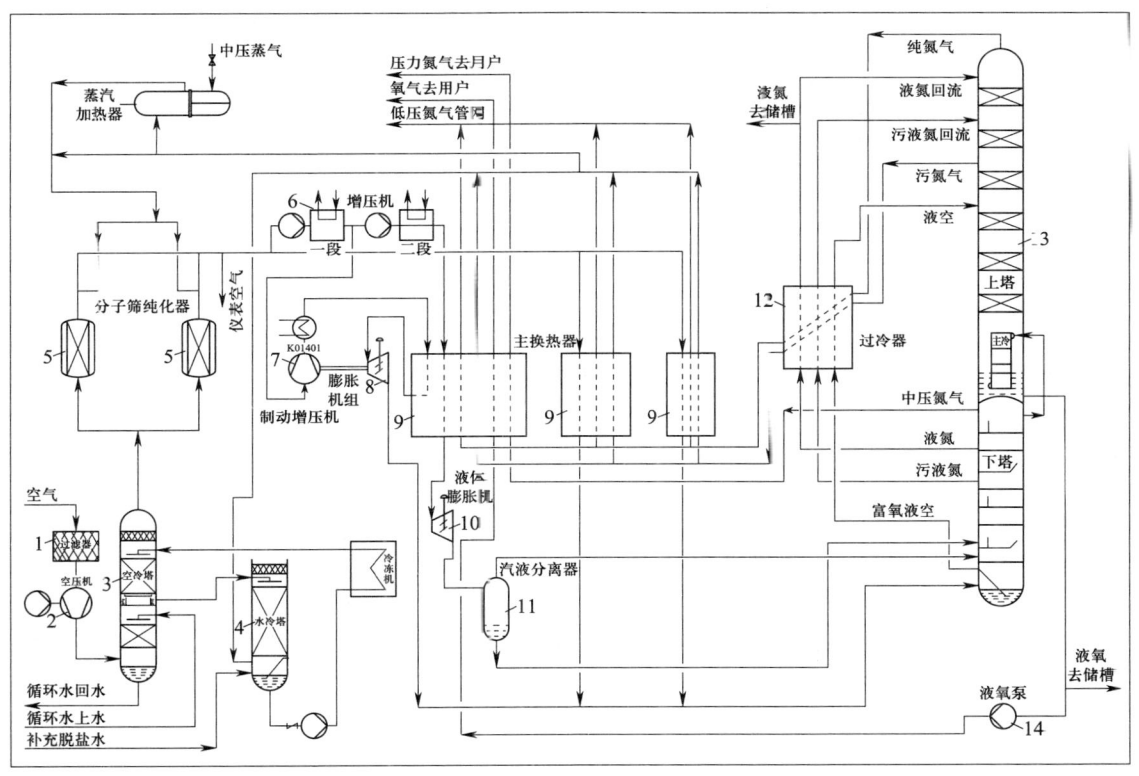

图 3-3 KDON-60000/28000 型低压空分装置流程图
1—空气过滤器；2—空气压缩机；3—空冷塔；4—水冷塔；5—分子筛纯化器；6—空气增压机；
7—制动增压机；8—气体膨胀机；9—主换热器；10—液体膨胀机；11—汽液分离器；
12—精馏塔；13—过冷器；14—液氧泵

一、空气压缩与预冷

空气通过空气过滤器除去尘埃和其他机械杂质后进入空气压缩机压缩至 0.4~0.5 MPa。温度低于 100 ℃后进入空冷塔，在空冷塔内用喷淋水（5~16 ℃）喷淋和洗涤，将空气冷却至 5~18 ℃。

二、空气纯化

从空冷塔出来的气体去分子筛纯化器吸附空气中的 H_2O、CO_2、SO_2、SO_3 及部分碳氢化合物。

三、空气深度冷冻

纯化后的干燥空气分三路进入后系统：第一路作仪表空气送入仪表空气管网；第二路直接进入主换热器换热后（温度降至 -169～-173 ℃）进入中压塔；第三路进入空气增压机一段增压至 1.8～2.0 MPa 后分两部分，一部分进入制动增压机，将压力增至 2.7～3.0 MPa，进入主换热器将温度降至 -113～-118 ℃ 然后进入气体膨胀机，膨胀后空气压力降至 0.41～0.45 MPa，温度为 -169～-173 ℃，与第二路空气混合后进入中压塔，另一部分进入增压机二段继续增压至 5.9～6.3 MPa 后进入主换热器，在主换热器内与高压液氧换热液化成液态空气（简称液空）进入液体膨胀机，膨胀后将温度降至 -175～-176 ℃，压力降至 0.45～0.47 MPa，经中压气液分离器分离出气液两相后分别进入中压塔下部参加精馏。

四、空气的精馏分离

深冷后的空气进入双级精馏塔进行精馏分离。

1. 出中压塔物料

富氧液空：从中压塔下部抽出的富氧液空经过过冷器过冷后进入低压塔中上部参加精馏。

污液氮：在中压塔中上部抽出污液氮，经过过冷器过冷进入低压塔上部作回流液。

液氮：在中压塔顶部分离出的中压 N_2（纯度为 99.99%）被主冷中的液氧冷凝为液氮，抽出后，经过过冷器过冷后，一部分进入低压塔的顶部作为回流液，另一部分送液氮储槽。

中压 N_2：在中压塔上部的中压 N_2（0.40～0.45 MPa）被抽出经主换热器复热至常温进入中压 N_2 管网。

2. 出低压塔物料

液氧：从主冷底部抽出的液氧分两路进入后系统，第一路经高压液氧泵加压到 4.5～6.0 MPa，经主换热器复热气化后作为高压产品氧气送气化装置；第二路作为产品液氧输出进液氧储槽。

污 N_2：从低压塔上部抽出的污 N_2，依次经过冷器、主换热器复热后去水冷塔冷却来自空冷塔的回水。

纯 N_2：从低压塔顶部抽出的 99.99% 的纯 N_2 依次经过冷器、主换热器复热后作为低压氮气产品送入管网。

第三节　空气分离主要设备

空气分离的主要设备之一是精馏塔。板式精馏塔的塔板有筛板、泡罩板等形式，目前空分装置多采用筛板塔。空气的精馏一般可分为单级精馏和双级精馏。单级精馏操作方便，但所得产品纯度差，且能耗高，故目前普遍采用双级精馏。

双级精馏塔的结构如图3-4所示。主要由上塔、下塔和上下塔之间的冷凝蒸发器组成。在上塔和下塔中均设有一定数量的筛板，其结构示意图如图3-5所示。冷凝蒸发器为列管式换热器，管内与下塔相通，管间与上塔相通。被预冷过的高压空气入下塔底部的蛇管冷凝为液体，经节流阀减压后，入下塔中部，节流后气化的蒸汽上升，液体沿塔板向下流动。在下塔内，上升蒸汽中氧含量逐渐减小，在下塔顶部得到纯N_2。N_2入冷凝蒸发器的管内被冷凝为液氮，一部分作为下塔的回流液，自上而下沿塔板逐块流下，下塔塔釜得到含氧36%～40%（体积分数）的液态富氧空气。故下塔的作用是将空气初步分离，分别得到液氮和液态富氧空气。另一部分液态氮聚集在液氮兜槽，经节流阀减压后送上塔顶部，作上塔回流液。

下塔底部的液态富氧空气，经节流阀减压后送往上塔中部，沿塔板向下流动，与上升蒸汽逆流接触，使液体中氧含量增加，在上塔底部得到纯液氧。纯液氧在冷凝蒸发器的管间蒸发，部分O_2引出塔外作为产品，其余沿塔上升。在上塔内上升的蒸汽中，氮含量逐渐增加，在加料口以上，蒸气被塔顶加入的液氮冲洗，在塔顶得到纯N_2。故上塔的作用是将液态富氧空气进一步分离，得到纯氧和纯氮，故称为双级精馏。

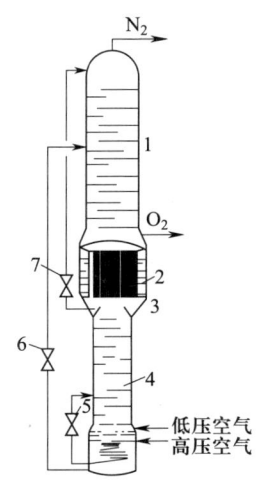

图3-4　双级精馏塔的结构
1—上塔；2—冷凝蒸发器；3—液氮储槽；
4—下塔；5~7—节流阀

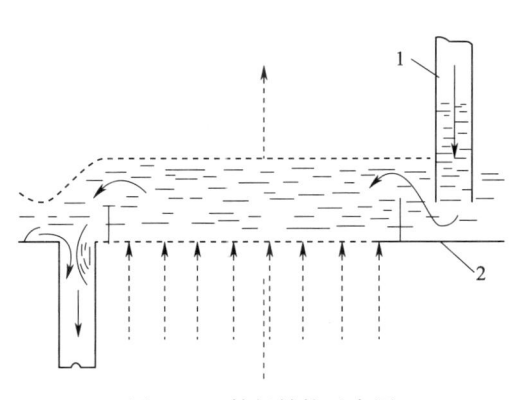

图3-5　筛板结构示意图
1—溢流管；2—筛板

在冷凝蒸发器中，管间的液氧吸热蒸发，成为上塔的上升蒸气，管内的 N_2 放热冷凝，成为下塔回流液，故冷凝蒸发器既是上塔的蒸发器，又是下塔的冷凝器。当液氧的蒸发压力和 N_2 的冷却压力相等时，液氧的蒸气温度总是高于 N_2 的冷却温度，即在压力相同情况下，不能通过冷凝蒸发器用液氧使 N_2 冷凝为液氮。由于气体的冷凝温度随压力升高而升高，因此为使 N_2 的冷凝温度高于液氧的蒸发温度，必须使 N_2 的冷凝压力高于液氧的蒸发压力。

因此，下塔的压力必须高于上塔的压力。上、下塔压差越大，其温差也越大。在生产中，为克服氮、氧产品在流经各换热器和管道时的阻力，上塔操作压力略高于大气压，其压力（绝对）一般为 0.132～0.152 MPa。为使冷凝的 N_2 和蒸发的液氧之间形成所需要的温差，下塔的操作压力（绝对）一般为 0.51～0.66 MPa。

第四节　其他空气分离技术简介

一、气体膜分离技术

气体膜分离技术是指由两种或两种以上的气体组成的气体混合物通过高分子膜时，由于各种气体在膜中的溶解和扩散系数的不同，导致气体在膜中的相对渗透速率有差异。在驱动力——膜两侧压力差作用下，渗透速率相对较快的气体，如水蒸气、H_2、CO_2 和 O_2 等优先透过膜而被富集；而渗透速率相对较慢的气体，如 CH_4、N_2 和 CO 等气体则是在膜的滞留侧被富集，从而达到混合气体分离、提纯的目的。工业生产中，气体膜分离技术已应用于分离空气中的 O_2 和 N_2、从合成氨尾气中回收 H_2、从石油裂解的混合气中分离 H_2 和 CO 等。

二、变压吸附

变压吸附（简称PSA）是一种新型的气体吸附分离技术，它利用吸附剂对气体的吸附有选择性，即不同的气体（吸附质）在吸附剂上的吸附量有差异和一种特定的气体在吸附剂上的吸附量随压力的变化而变化的特性，实现气体混合物的分离和吸附剂的再生。

1. 变压吸附制氧

通过选择对 N_2 和 O_2 具有不同吸附选择性的吸附剂，设计适当的工艺过程，使 N_2 和 O_2 分离制得 O_2。N_2 在沸石分子筛上的吸附能力比 O_2 强，当空气在加压状态下通过装有沸石分子筛吸附剂的吸附床时，N_2 被分子筛吸附，O_2 因吸附较少，在气相中得到富集并流出吸附床，使 O_2 和 N_2 分离获得 O_2。当分子筛吸附 N_2 至接近饱和后，停止通空气并降低吸附床的压力，分子筛吸附的 N_2 可以解吸出来，分子筛得到再生并重复利用。双塔（或多塔）循环工作，从而实现吸附-脱附循环操作，连续制取纯度90%～95%（体积分数）的 O_2。

变压吸附制氧始创于20世纪60年代初,并于20世纪70年代实现工业生产。在此之前,传统的工业空分装置大部分采用深冷精馏法。与深冷空分装置相比,PSA过程具有启动时间短、开停车方便、能耗较小、运行成本低、自动化程度高、维护简单、占地面积小、土建费用低等特点,在不需要高纯氧的中小规模O_2生产中,比深冷法更具有竞争优势。

2. 变压吸附制氮

来自空气压缩机的压缩空气,首先进入冷干机脱除水分,然后进入由两台吸附塔组成的PSA制氮装置,利用塔中装填的专用碳分子筛选择性地吸附掉O_2、CO_2等杂质气体组分,而作为产品气的N_2将以99%(体积分数)的纯度由塔顶排出。在降压时,吸附剂吸附的O_2解吸出来,通过塔底逆放排出,经吹洗后,吸附剂得以再生。完成再生后的吸附剂均压升压后和升压后的产品又可转入吸附。两塔交替使用,达到连续分离空气制氮的目的。

第五节　惰性气体的制备

大型合成氨厂在开停车及正常生产时,需要氮含量大于99.5%(体积分数)的惰性气体。如在开车时需用惰性气体置换系统内的空气,停车时需置换系统内的工艺气,用惰性气体对催化剂进行保护等。对于以煤、重油为原料的大型合成氨厂设有空分装置,可提供生产过程所需要的惰性气体。而以气态烃、轻油为原料的合成氨厂无空分装置,所以需要制备惰性气体。

一、惰性气体制备原理

以NH_3和空气为原料,在催化剂作用下,NH_3在空气中发生以下反应:

$$4NH_3 + 3O_2 \Longrightarrow 2N_2 + 6H_2O + Q \tag{3-1}$$

NH_3燃烧所用的催化剂有铜催化剂、钯催化剂和镍催化剂等。反应温度控制在800 ℃,反应压力为常压,NH_3与空气体积比为1:3.57,生成的水蒸气被冷凝分离后,得到惰性气体,其组成(干基)体积分数为:$N_2 \geqslant 99.5\%$,$H_2 \leqslant 0.5\%$,$O_2 \leqslant 0.05\%$。

二、惰性气体制备工艺流程

惰性气体制备工艺流程图如图3-6所示。空气由空气鼓风机加压、冷却器冷却后,经流量调节阀进入反应器。液氨首先进入液氨蒸发器的蛇管内,被管外的热水加热后蒸发为NH_3,经油分离器、缓冲器、流量调节阀后进入反应器。鼓风来的空气与NH_3的体积比在3.55~3.57。NH_3与空气中的O_2在催化剂的作用下进行燃烧反应生成N_2和水蒸气。二者经高温气体冷却器冷却后,进入氮气洗涤塔,被水冷却至常温,并除去N_2中残余的NH_3而得到产品N_2。

在惰性气体制备中需要注意的事项有以下两种。

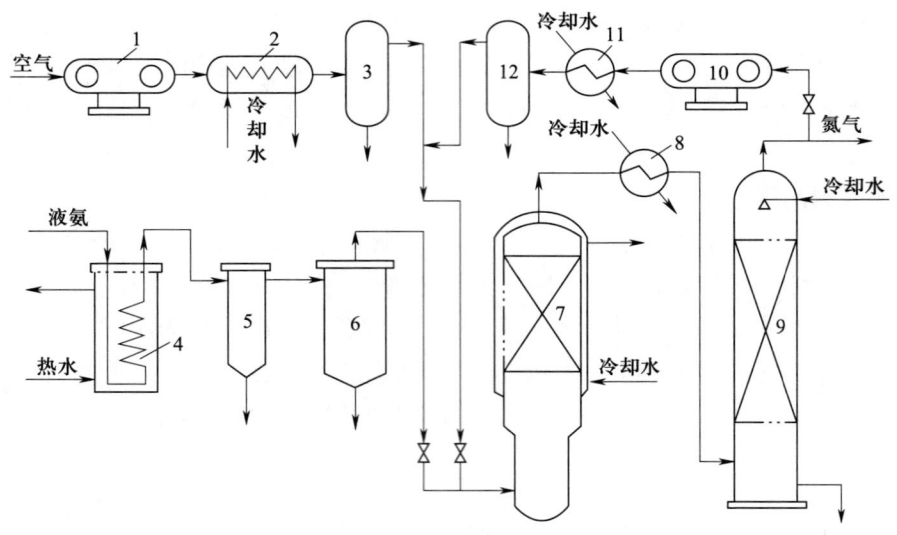

图3-6 惰性气体制备工艺流程图

1—空气鼓风机；2—空气冷却器；3—空气储槽；4—液氨蒸发器；5—油分离器；
6—缓冲器；7—反应器；8—高温气体冷却器；9—氮气洗涤塔；
10—循环气鼓风机；11—循环气冷却器；12—循环气储罐

1. 反应温度的调节

反应温度的调节，一般是使一部分经循环气鼓风机、冷却器、循环气储槽后的 N_2，再返回反应器。

2. 生产负荷的确定

停车时需要惰性气体（N_2）多，可按100%负荷生产，而正常生产时可以适当地减少生产负荷，一般按25%负荷生产。

三、惰性气体制备的新技术

采用碳分子筛分离工艺将空气中的 N_2 与 O_2 分离制 N_2 的技术得到了广泛的应用，基本原理是根据 O_2、N_2 的分子直径不同，大多数氧分子被吸附在碳分子筛表面，余下的 N_2 由吸附塔顶流出而得到氮气。

实训二 空气液化分离生产操作实训

一、冷态开车操作

1. 开车前准备工作

（1）检查。检查所有设备、管道及阀门、分析取样点、仪表等正常完好。

（2）校验。自动阀、安全阀及仪表全部校验调试至合格。

（3）单体试车。膨胀机、空气压缩机、液氧泵及水泵单体试车至合格。

2. 系统吹扫

系统吹扫的目的是除去遗留在设备、管道内的杂物及水分。吹扫时，中压系统与低压系统分别进行。按先中压、后低压、最后全系统顺序进行。

（1）用 0.45~0.5 MPa 的压缩空气吹扫中压系统，当排出气体中无水分及杂质后为合格。

（2）用 0.04~0.05 MPa 的空气，吹扫低压系统，当排出气体中无水分及杂质后为合格。

（3）冷箱吹扫。

1）用足够气量吹扫各排气出口，以保证吹扫干净。

2）拆下安全阀、孔板、各压力表、液位计等表头，表管与设备一起吹扫。

3）冷箱外碳钢管线吹扫合格后，再吹冷箱内。

3. 气密性试验

气密性试验的目的是检查设备、管道、法兰、焊接处是否泄漏。

（1）向中压系统加入 0.6 MPa 的空气，再逐渐向低压系统加入空气，使上塔压力保持在 0.06 MPa。

（2）用肥皂水检查所有法兰、焊缝等密封点。若发现泄漏，卸压处理，直至完全消除泄漏为止。

（3）对自动阀进行试漏检验。

上述工作进行完毕，保持下塔压力在 0.6 MPa，若 4h 内压力降小于 0.02 MPa 为合格。同时保持上塔压力在 0.06 MPa，保压 8 h，压力降小于 0.01 MFa 为合格。

4. 常温干燥

空气经压缩机加压后，对所有设备、管道进行吹扫干燥 2~4 h。

5. 一次裸冷

裸冷是指在冷箱未装保温材料之前，进行的开车冷冻过程。其目的是检查设备在低温条件下的性能及缺陷。

（1）空分设备安装完毕或检修后，未装珠光砂之前，按正式开车程序启动膨胀机，使冷箱内低温设备及管道温度低于 -100 ℃，保持 2~3 h。

（2）在低温下检查设备有无变形、法兰接头及焊缝等安装质量，若泄漏及时处理，上紧所有螺钉。

6. 一次加热干燥

将空气经干燥器除水后，再经加热器加热至 70 ℃左右，送入系统进行加热干燥 2~4 h。

7. 二次裸冷

目的是检验设备是否能够耐冷热变化，其方法同一次裸冷。

8. 二次加热干燥

方法同一次加热干燥。

9. 二次气密试验

经加热干燥后,在未装填保冷材料之前,对系统再进行一次气密性试验,其方法同 3。

10. 装填硅胶及珠光砂

(1) 在过滤吸附器和液氧吸附器内,加入 $\phi 4 \sim 8$ mm 细孔的球形硅胶,装满后封加入口,并用干燥空气吹扫。

(2) 打开冷箱顶部人孔,将保温材料珠光砂装入冷箱。严防出现漏装、死角及空洞等现象,防止杂物掉入冷箱内。

11. 系统启动

系统启动是指空分装置自膨胀机启动到转入正常运转的整个过程。主要利用膨胀机获得的冷量,将所有设备及管道,逐渐冷却至生产所需要的低温,并在精馏塔内积累足够量的液体,从而转入正常生产。

启动阶段,系统内的物料、温度、压力将发生剧烈变化,把握好此变化,才能转入正常生产。故启动操作是空分操作的重要环节。

(1) 启动前准备工作。

1) 空压机、透平膨胀机等做好运转准备。

2) 空分装置经充分加热干燥,并吹至常温,启动干燥器处于备用状态。

3) 检查仪器、仪表,并投入使用;检查各阀门开关状况。

4) 启动空压机,调至正常工作压力。

5) 启动干燥器,仪表送空气。

6) 启动切换装置,检查是否正常,启动空分装置。

(2) 启动操作。对可逆式换热器的全低压空分装置,采用分段冷却法启动。

采用分段冷却的原因:在 0.5 MPa 压力下,水分在 $-60 \sim -40$ ℃时基本冻结,而在 -130 ℃以下时,CO_2 开始冻结,直至 $-170 \sim -165$ ℃全部冻结,故在 $-130 \sim -60$ ℃区间为干燥区。在启动操作中,设备的冷却过程分为以下四个阶段进行。

1) 第一阶段冷却过程。为了充分发挥透平膨胀机的制冷能力,以最短的路线、最快速度,集中冷却可逆式换热器,迅速通过水分冻结区($-60 \sim -40$ ℃),使膨胀机在水分可能冻结阶段运转时间最短。当可逆式换热器冷端温度达到 -60 ℃时,此阶段结束。

冷却流程:自压缩机来的空气入空气冷却塔,温度降至 30 ℃以下,经气水分离除去夹带的液滴,再入启动干燥器,进一步除去水分后入可逆式换热器的空气通道,与返流气体换热降温后,入透平膨胀机,使空气温度降低,经旁通阀入可逆式换热器的污氮通道,与正流空气换热后经冷却塔排入大气。

2) 第二阶段冷却过程。在透平膨胀机出口温度降至 CO_2 析出温度 -130 ℃之前,将空分装置内各容器有计划的冷却至尽可能低的温度。冷却介质是经可逆式换热器除水干燥后的空气。因空气温度高于 CO_2 析出温度,故水分及 CO_2 均不会在膨胀机及设备内析出,可充分发挥膨胀机的制冷能力,将设备逐渐冷却,直至膨胀机出口温度降至 -130 ℃为止。

冷却空气流程需经过下精馏塔、冷凝蒸发器、上精馏塔、过冷器、液化器,最后环流。

【注意】

第二阶段冷却过程中，为保证可逆式换热器出口气体温度不回升，在接通各设备时：①通气要缓慢进行；②调节环流空气量，使可逆式换热器冷端温差小于7 ℃；③增减空气量时要缓慢，以防系统超压或空气冷却塔发生液泛现象。

3）第三阶段冷却过程。此阶段在 -165～-130 ℃进行，要充分发挥膨胀机制冷潜力，以最短的路线和最快的速度集中冷却可逆式换热器，使其迅速渡过 CO_2 冻结区，为液化空气创造条件。

当可逆式换热器冷端温度达到 -165 ℃时，此阶段结束。其空气流程同第一阶段。此阶段的关键是使 CO_2 不入膨胀机或很少在膨胀机内析出。

4）第四阶段冷却过程。用已除水分及 CO_2 的空气继续冷却所有设备，降至操作温度，并在设备内积累一定量的液体，逐步调整上、下塔内产品纯度，使精馏工况达正常状态。

①随着可逆式换热器自清除工况的稳定，将切换时间由 2 min 逐渐延长为 4 min。当可逆式换热器冷端温度降至 -170～-168 ℃时，液化器开始投入工作，液化后的液态空气靠位差流入下塔。当塔内液位升至 150 mm 时，经吹除阀排净后关闭。然后再有液位时，取样分析乙炔含量，若乙炔质量浓度超过 0.24 mg/L，应再次将液排净，直至乙炔质量浓度小于 0.24 mg/L 为止。

②当上塔液面达 50 mm 时，全部排净。重新积液，取样分析乙炔含量。控制液氧中乙炔质量浓度小于 0.12 mg/L。

③当上塔液氧的液面达到 1 000 mm 时，预冷并启动液氧泵和液氧吸附器。

④当设备全部启动投入工作后，上塔液面不断上涨时，认真调节系统压力和温度，调节纯氧和纯氮质量达合格后，开出口阀，在保证质量前提下，逐渐增加出口量，直至系统稳定。

二、正常生产操作管理

空分装置启动趋于正常生产工况后，要注意系统中压力、温度、液面、流量及产品纯度的变化，并注意运转设备的声音、温度及切换系统的工况，以确保优产、高产、低消耗。

1. 可逆式换热器的调节

调节目的是借助正、逆气流的更换，使正气流中冻结下来的水分及 CO_2 被返气流的污氮气带走，从而实现自清除。

（1）切换周期调节。首先必须将可逆式换热器冷端温度控制在一定温度范围内。若切换周期短，则空气与返气流温差小，对水分及 CO_2 的自清除有利。随着正常温度工况的建立，应逐渐延长切换周期，以减少空气损失。各种空分装置，根据流程及结构特点，规定了其切换周期的最佳时间，若冷端温度差过大或通道阻力过大时，应缩短切换周期。

（2）中部温度调节。可逆式换热器采用环流法以保证其不冻结性，即将换热器出口的空气引出一部分返回环流管，将换热器冷端的空气冷却至更低的温度，从而达到缩小冷端温差的目的。

对可逆式换热器温度的调节，主要是调节中部温度。中部温度随空气、污氮、纯氮、纯氧、环流等流量及温度的变化而变化。中部温度的调节，主要是调节正、逆气流量的比例，常用的方法有以下几种。

1) 改变环流气量法。加大环流气量，则冷端温差减小，中部温度下降，故环流气量不可过大，以免冷端空气液化；当中部温度偏低，冷端温差偏小，热端温差偏大时，说明环流总量过大，应适当减小。

2) 改变产品气量分配法。可逆式换热器各单元均有产品调节阀，中部温度偏高的单元，应开大调节阀，适当提高气体流量；而中部温度偏低的单元，应关小调节阀，适当减小气流量。气体流量的分配调整既不可过大，也不可过小，一般在2%（体积分数）左右为宜。

【注意】

在增加气流量时，防止热端跑冷；而在减小气体流量时，防止冷端和中部温差的扩大，必要时以环流调节。调节过程中，产品的产量要求不变。

3) 改变空气入口流量法。当换热器的大组之间中部温度有偏差时，可调节空气入口阀。中部温度偏低时，开大入口阀；反之，关小入口阀。

总之，影响可逆式换热器的因素较多，应首先判断其影响因素，再采取相应的调节方法。当某一工艺条件调节后，会对其他工况造成影响。例如，当调节环流温度时会影响膨胀机入口温度，故在调节中部温度时，应几个方面相应地、反复地逐步调节。

(3) 冷端及热端温差的控制。为保证空分装置内冷量平衡，应将可逆式换热器的热端温差控制在2~3℃，将冷端温差控制在3℃左右。

影响冷端及热端温差的因素有温度、环流气量和正、逆气流量比等。当中部温度控制在要求范围内时，其冷端及热端温差亦随之固定下来。当中部温度偏低时，冷端温差小，而热端温差大。冷端温差的调节，是改变返气流量和环流量。

(4) 污氮及通道阻力增大的调节。当阻力增加不大时，采用缩短切换周期，增大环流量和减小冷端温差进行调节。若阻力过大，必须停车加温。

2. 空分精馏工况的调节

空分精馏工况的调节主要是调节回流比、液面控制和产量及产品纯度的调节。全低压空分装置，一般采用有副塔的双级精馏塔，在下塔得到液空、液氮及污液氮；在上塔得到纯氧、纯氮及污氮气。回流比是指塔内回流液量与上升蒸汽量之比。

(1) 下塔精馏工况的调节。下塔精馏是上塔精馏的基础，调整下塔精馏工况的目的是为上塔提供合格的液空、液氮和污液氮。控制液空、液氮纯度的目的在于提高氧、氮的纯度和产量。

1) 液空和液氮纯度的调节。液空和液氮纯度的调节与下塔回流比有关。增大下塔回流

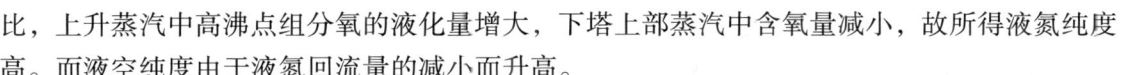

比，上升蒸汽中高沸点组分氧的液化量增大，下塔上部蒸汽中含氧量减小，故所得液氮纯度高。而液空纯度由于液氮回流量的减小而升高。

下塔回流比的大小又与液氮节流阀及污氮节流阀的开度有关。关小液氮节流阀，送入上塔的液氮量减小，下塔回流液多，则回流比增大，污液氮的纯度则下降，液空纯度提高。在生产中，调节好液氮和污氮节流阀的开度，使液空、液氮的纯度控制在规定范围内。

2）下塔液面的调节。下塔液面可通过其节流阀来调节。

若液面控制过低，经液空节流阀的液体将会夹带气体，导致下塔上升气量减少，回流比增大，液空中氧含量降低，给上塔氧气浓度带来较大影响。故应控制好下塔液空的液面，确保精馏过程的正常进行。

（2）上塔精馏工况的调节。主要是对氧、氮产量和纯度进行调节。

1）氧纯度的调节。氧纯度下降的原因主要有以下几种。

①氧取出量增大。当产品氧取出量过大时，其氧纯度则下降。原因是氧取出量过大，使上塔精馏段上升蒸气量减小，回流比增大，液体中氮蒸发不充分，使氧纯度下降，此时可适当关小出氧阀，开大污氮取出阀。

②富氧液空中氧含量变化。决定氧纯度最重要的部位是上塔提馏段。

若富氧液空中氧含量低，则液空量大，一是增大了上塔提馏段的分离负荷；二是因回流液增多，难以使氮蒸发充分，从而造成氧纯度降低。此时应调节下塔精馏工况，适当提高液空含氧量。

③膨胀空气量变大。当入上塔的膨胀空气量过大时，则破坏上塔的正常精馏工况，使氧纯度下降。此时若塔内冷量过剩，应减少膨胀机的冷量。

④入塔空气量波动。当入塔空气量增加或减少时，要相应增加或减少氧、氮的取出量，否则会发生液泛或液漏等现象，破坏精馏工况，造成氧纯度下降。此时应根据具体情况，防止液泛或液漏现象。

⑤冷凝蒸发器液氧液位上升。当冷凝蒸发器液氧面上升时，说明下流液量大于蒸发量，则提馏段的回流比增大，回流入冷凝蒸发器的液体含氮量增加，造成氧纯度下降。此时应使膨胀机减量生产。

2）氮纯度的调节。氮纯度下降的原因主要有以下两个。

①副塔回流比的影响。当副塔回流比减小时，产品氮的纯度则降低。此时应适当关小出氮阀，减少液氮取出量，以增加副塔的回流比。

②下塔液氮纯度低。此时应调下塔氮纯度，待下塔液氮纯度提高后，再调上塔氮纯度。略降氮取出量。

3. 液悬的处理

液悬又称液泛，是精馏操作中常见事故之一。在精馏塔内，由于某些因素的影响，使上升气体不仅从筛孔上升，且经溢流装置而升至上一块塔板，使回流液不能正常下流，造成气塞。当塔板上的液体聚积过多而超过气压时，液体又从溢流装置和筛孔中同时倾泻下来。此现象称为液悬。

当下塔发生液悬时，富氧液空纯度波动，忽高忽低，液氮纯度很差，无法调整，阻力明显增大，并周期性波动。当上塔发生液悬时，阻力明显增大，压力上升，液氧面和液氧纯度波动大，氮纯度不稳定。液悬严重时，会造成过冷器、液化器、返流气体入可逆式换热器的温度下降，甚至从上述设备及管道的吹除阀流出液体。

（1）液悬发生的原因。

1）在设计、制造或安装中造成设备缺陷，如进料口位置不正确、溢流口过小、塔板相对位置差错、检修或安装时将溢流口阻塞等。设备缺陷引起的液悬一般发生在开工初期。

2）水分及CO_2堵塞筛孔。

3）操作不当，使上升蒸气量或回流液量突然增加。

（2）消除液悬的方法。

1）若因设备缺陷，必须停车检修。

2）若因加温不良，造成水分冻结，或长期运转水分及CO_2积累过多而堵塞筛孔时，应停车加热。

3）若因操作不当，则恢复操作状态。若仍不能消除，应减少加空气量，一般即可消除。若经上述处理仍不能消除时，应停车，待塔板上的液体全部流下来，再次缓慢启动。

三、空分工序常见事故及处理方法

空分工序常见事故及处理方法见表3-4。

表3-4　　　　　空分工序常见事故及处理方法

序号	现象	原因	处理方法
1	氧纯度下降	（1）O_2产出量过大 （2）冷凝蒸发器液面过高 （3）入塔空气量不足 （4）N_2产出量过小 （5）上塔压力过高，主冷凝器效率差	（1）减少O_2产出量 （2）减少膨胀机负荷 （3）增加入塔空气量 （4）适当开大N_2出口阀 （5）适当降低上塔压力，增加惰性气体排放量
2	氮纯度下降	（1）N_2产出量过大 （2）下塔回流液氮少，液氮纯度下降 （3）上塔产生液悬现象	（1）减少N_2产出量 （2）关小液氮入上塔节流阀 （3）减小上塔进气量
3	下塔液面过高	（1）液空节流阀开得过小 （2）液空过冷器堵塞 （3）吸附过滤器堵塞	（1）开大液空入上塔节流阀 （2）反吹液空过冷器 （3）切换吸附过滤器
4	上塔超压	（1）冷凝蒸发器漏 （2）自动阀吹翻 （3）产品强制阀打不开 （4）节流阀带气	（1）停车处理 （2）停车处理 （3）检查升压器、码盘及阀门是否卡住，及时抢修 （4）关小节流阀

续表

序号	现象	原因	处理方法
5	膨胀机超速	(1) 制动风机出口开度过小 (2) 膨胀机消音器阻力大	(1) 开大制动风机出口阀 (2) 停膨胀机处理
6	膨胀机带液	(1) 下塔液面过高 (2) 环流温度过低	(1) 降低下塔液面 (2) 减小环流量
7	上下塔阻力增加	(1) 上升气量过大,造成液悬 (2) 塔板被 CO_2 堵塞	(1) 减少空气入塔量 (2) 停车重新启动,若不见效,停车加热
8	可逆式换热器阻力增大	(1) 被水分和 CO_2 冻结 (2) 空气冷却塔因带水而冻结	(1) 适当增大环流量,缩短切换时间 (2) 迅速停水冷,缩短切换周期,若无效停车处理
9	液氧泵启动后不排液	(1) 泵反转 (2) 泵预冷不好 (3) 泵入口堵塞	(1) 检查电动机旋转方向 (2) 检查入口阀开度 (3) 拆泵检查
10	液氧泵输液量减小,压力下降	(1) 电动机转速降低 (2) 密封损坏 (3) 入口压力过低 (4) 泵入口阀冻结 (5) 泵叶轮损坏	(1) 检查电动机转速及电压 (2) 检查密封口 (3) 检查入口压力 (4) 多次开关阀门 (5) 停车拆泵检查

四、停车操作

1. 短期停车

(1) 氧、氮三通阀改为放空。

(2) 停膨胀机,关进、出口阀。

(3) 空气压缩机放空,关闭空气冷却塔进口阀。

(4) 停液氧泵,关进、出口阀。

(5) 将下塔液体通过液空节流阀送往上塔。

(6) 将下塔污液氮通过节流阀送往上塔。

(7) 仪表用空气,改用空气干燥站空气。

(8) 关闭 O_2 和 N_2 排出阀。

2. 正常停车

(1) 氧、氮三通阀改为放空,仪表空气改用空气干燥站空气。

(2) 停膨胀机,关进、出口阀。

(3) 空气压缩机放空,关闭空气冷却塔进口阀。

(4) 停液氧泵,关进、出口阀。

(5) 将下塔液体通过吸附过滤器加入上塔。

(6) 打开主冷液氧排放阀,将液体缓慢排至地下槽。

（7）打开所有放空阀，将液体排净。

（8）关闭各节流阀，停切换机，关氧、氮取出阀，关氧气和氮气总管阀。

3. 装置加热干燥

设备大修前，需要将装置加热到常温，同时除去设备内聚积的水、CO_2 及碳氢化合物的过程称为加热干燥。

加热应在装置排完液，静置 4 h 后进行。空气由鼓风机送入加热器，按上精馏塔、下精馏塔、冷凝蒸发器、过冷器、可逆换热器等顺序，分段加热，当排气温度达到 25~30 ℃，恒温 2~4 h，即加热干燥合格。然后进行下一段设备的加热干燥，直至所有设备、管道全部加热干燥完毕。

思考与练习

1. 空气中的杂质有哪些？空气在液化分离前为什么要进行净化处理？
2. 空气中的灰尘、CO_2、水分、乙炔在液化前，各采用什么方法清除？
3. 什么是深度冷冻？深度冷冻的方法有哪些？
4. 简述空气分离的工艺流程。
5. 简述液态空气的精馏原理。
6. 简述气体膜分离技术原理。

第二篇 原料气的净化

原料气的净化包括原料气脱硫、一氧化碳变换、二氧化碳脱除、原料气精制四个主要工序。

第四章

原料气脱硫

> 学习目标

1. 了解原料气脱硫的意义及不同脱硫方法的分类和特点。
2. 掌握脱硫的原因和硫化物存在的形式。
3. 熟悉干法及湿法脱硫常用方法及特点。
4. 掌握 ADA 法、氧化锌法脱硫方法的基本原理、工艺条件的选择及工艺流程、主要设备的结构以及作用。
5. 掌握钴钼加氢转化法、活性炭脱硫的基本原理。

第一节 概 述

由于各种原料中均含有一定量的硫或硫化物,因此制得的合成氨或甲醇原料气中都含有硫化物。脱除原料气中硫化物的过程称为脱硫。

原料气中硫化物的含量取决于气化所用燃料中硫的含量。以煤为原料制得的煤气中,一般含 H_2S 1~6 g/m³,有机硫 0.1~0.8 g/m³。用高硫煤作原料时,H_2S 含量高达 20~30 g/m³。而天然气、轻油及重油作原料时,因产地不同,制得的煤气中硫化物含量差别很大。

一、原料气中硫化物的存在形式

原料气中的硫化物,主要以无机硫化物(如 H_2S)的形式存在,其次是少量的有机硫化物，如氧硫化碳（COS）、二硫化碳（CS_2）、硫醇（RSH）、噻吩（C_4H_4S）等。

二、原料气脱硫原因

原料气中的硫化物，不仅能腐蚀设备和管道，而且使生产过程所用的催化剂中毒，例如，对甲烷化催化剂、中低温变换催化剂、甲醇和氨合成催化剂的活性有显著影响。此外，硫又是一种重要的化工原料，应回收利用，故原料气中的硫化物必须脱除干净。

三、脱硫工序的任务

不同催化剂对原料气中硫含量要求不同。烃类蒸汽转化所用的镍催化剂，要求原料气中总硫含量小于 0.5×10^{-6}（体积分数）；铜锌系低变催化剂，要求原料气中总硫含量小于 1×10^{-6}（体积分数）；铁铬系中变催化剂，要求原料气中 H_2S 含量小于 300×10^{-6}（体积分数），有机硫含量小于 150×10^{-6}（体积分数）。

四、脱硫方法的分类与特点

脱硫方法按照脱硫剂物理形态的不同，可分为湿法脱硫和干法脱硫两大类。用液体脱硫剂脱除原料气中硫化物的过程称为湿法脱硫，用固体脱硫剂脱除原料气中硫化物的过程称为干法脱硫。不同脱硫方法优缺点比较见表 4-1。

表 4-1 不同脱硫方法优缺点比较

脱硫方法		优点	缺点	适用场合	常用方法
湿法脱硫	化学法 中和法	操作简单	不能直接回收硫黄，脱硫效率低，排放的 H_2S 污染环境	以天然气为原料的合成氨厂多用	纯碱法、烷基醇胺法、甲基二乙醇胺法（MDEA法）等
	化学法 湿式氧化法	能直接回收硫黄，反应速度快，气体净化度高，技术成熟	主要脱除 H_2S，很难脱除有机硫	目前国内以煤为原料的合成氨、甲醇厂广泛采用	改良 ADA 法、氨水对苯二酚催化法、铁氨法、栲胶法、$MnSO_4$-水杨酸-对苯二酚法等
	物理法	物理吸收过程	不能直接回收硫黄。脱硫液再生放出的硫化氢，用克劳斯法回收硫黄	适用于 H_2S 和 CO_2 含量高的原料气脱硫	低温甲醇法、聚乙二醇二甲醚法（简称 NHD 法）、碳酸丙烯酯法、磷酸三丁醇法
	物理化学法	既能脱除 H_2S，又能脱除有机硫。吸收剂为环丁砜和烷基醇胺的混合液	不能直接回收硫黄。脱硫液再生放出的硫化氢，用克劳斯法回收硫黄	适用于 H_2S 和 CO_2 含量高的原料气脱硫	环丁砜法
干法脱硫		既能脱除 H_2S，又能脱除有机硫，净化度高，可将总硫含量降至小于 1×10^{-6}（体积分数）	脱硫剂再生困难，硫黄回收困难，设备庞大	适用硫含量低，净化度要求高情况	氧化锌法、钴钼加氢转化法、活性炭法、分子筛法、离子交换树脂法等

因湿法脱硫主要脱除 H_2S，很难脱除有机硫，而在一氧化碳变换过程中，大部分有机硫转变为 H_2S，因此，当原料气中有机硫含量高时，变换后的气体中 H_2S 含量则增加，需要经过二次脱硫。低温甲醇法和 NHD 法可同时脱除硫化物和二氧化碳，将脱硫、脱碳合并在变换工序之后，简化了流程，化工生产中应用广泛，在第六章将详细介绍。本章主要针对单纯脱硫的方法进行介绍。

第二节　湿法脱硫

湿法脱硫的脱硫剂为溶液，根据脱硫液吸收过程不同可分为化学吸收法、物理吸收法、物理化学吸收法。化学吸收法又分为中和法和湿式氧化法。

湿法脱硫中的湿式氧化法，由于其反应速度快，气体净化度高，能直接回收硫黄而被广泛采用，目前国内使用较多的湿式氧化法是改良 ADA 法和栲胶法。

一、改良 ADA 法

ADA 是蒽醌二磺酸钠的英文缩写。ADA 法是用含 ADA 的稀 Na_2CO_3 溶液吸收 H_2S，反应时间较长，所需反应设备大，硫容量低，副反应大，应用范围受到很大限制。其中，硫容量是指单位体积或单位质量脱硫剂吸收硫的数量。为加快反应速率，提高硫容量和吸收效果，添加适量偏钒酸钠（$NaVO_3$）和酒石酸钾钠（$NaKC_4H_4O_6$）作配合剂进行改良，使溶液吸收和再生反应的速率大大增加，同时也提高了溶液的硫容量，因此称为改良 ADA 法。

1. 基本原理

（1）脱硫塔中，用 pH 值为 8.5~9.2 的稀 Na_2CO_3 溶液吸收原料气中的 H_2S，生成 NaHS。

$$Na_2CO_3 + H_2S =\!=\!= NaHS + NaHCO_3 \tag{4-1}$$

（2）NaHS 被溶液中的 $NaVO_3$ 氧化，生成单质硫，而 $NaVO_3$ 还原为 $Na_2V_4O_9$。

$$2NaHS + 4NaVO_3 - H_2O =\!=\!= Na_2V_4O_9 + 2S\downarrow + 4NaOH \tag{4-2}$$

（3）还原性 $Na_2V_4O_9$ 被溶液中氧化态 ADA 重新氧化为 $NaVO_3$，而 ADA 成为还原态 ADA。

$$Na_2V_4O_9 + 2ADA(氧化态) + 2NaOH + H_2O =\!=\!= 4NaVO_3 + 2ADA(还原态) \tag{4-3}$$

（4）在再生塔中，还原态 ADA 在空气中被氧化为氧化态 ADA。

$$2ADA(还原态) - O_2 =\!=\!= 2ADA(氧化态) + 2H_2O \tag{4-4}$$

（5）反应过程中生成的 $NaHCO_3$ 与 NaOH 作用，生成 Na_2CO_3，使吸收过程中消耗的 Na_2CO_3 得到补偿。

$$NaOH + NaHCO_3 =\!=\!= Na_2CO_3 + H_2O \tag{4-5}$$

再生后的脱硫溶液循环使用。

溶液中硫氢化物直接与 ADA 反应速率缓慢,但被 $NaVO_3$ 氧化后速率加快,故加入 $NaAlO_2$ 后加快了反应速率。

当原料气中含 O_2、CO_2、HCN 时,会发生下列副反应。

$$2NaHS + 2O_2 \Longrightarrow Na_2S_2O_3 + H_2O \tag{4-6}$$

$$Na_2CO_3 + H_2O + CO_2 \Longrightarrow 2NaHCO_3 \tag{4-7}$$

$$Na_2CO_3 + 2HCN \Longrightarrow 2NaCN + H_2O + CO_2 \tag{4-8}$$

$$NaCN + S \Longrightarrow NaCNS \tag{4-9}$$

副反应消耗 Na_2CO_3,降低了溶液的脱硫能力,故生产中应尽量降低原料气中 O_2、CO_2、HCN 含量,当 NaCNS 和 NaS_2O_3 积累到一定程度后,需废弃部分脱硫液,补加相应数量的新鲜溶液。

2. 工艺操作条件选择

(1) 溶液组成。ADA 脱硫液是由 Na_2CO_3、ADA、$NaVO_3$、$NaKC_4H_4O_6$、$FeCl_3$、EDTA 六种物质组成的水溶液,另含有 $NaHCO_3$、$Na_2S_2O_3$、Na_2SO_4、NaCNS 等。

1) 溶液中 Na_2CO_3 含量及 pH 值。提高溶液的 Na_2CO_3 含量,则 pH 值增大,可加快 H_2S 的吸收速率,增加溶液的硫容量,提高气体净化率。但 pH 值过高,则吸收 CO_2 量增加,易析出 $NaHCO_3$ 结晶,同时降低 $NaVO_3$ 与 NaHS 的反应速率,加快了生成 $Na_2S_2O_3$ 的反应速率。

总碱度是指溶液中 Na_2CO_3 和 $NaHCO_3$ 物质的量浓度之和。

pH 值随总碱度增加而上升。总碱度一定时,pH 值随 $NaHCO_3/Na_2CO_3$ 物质的量浓度之比的增加而下降。生产中控制 pH 值为 8.5~9.2,总碱度为 0.2~0.5 mol/L 为宜。

2) $NaVO_3$ 用量。提高溶液中 $NaVO_3$ 含量,可加快 NaHS 氧化速率;若 $NaVO_3$ 含量过低,易析出钒-氧-硫沉淀,且加快生成 $Na_2S_2O_3$ 速率。故 $NaVO_3$ 用量应大于理论用量,一般为 2~5 g/L。

3) ADA 用量。ADA 的作用是把 V^{4+} 氧化为 V^{5+},工业上实际采用 ADA 的浓度为 $NaVO_3$ 量的 2 倍左右,一般为 5~10 g/L。

4) $NaKC_4H_4O_6$ 用量。$NaKC_4H_4O_6$ 为配合剂,作用是与钒形成配合物,防止形成钒-氧-硫沉淀,浓度一般为 $NaVO_3$ 浓度的 1/2 左右。

5) $FeCl_3$ 用量。$FeCl_3$ 可加快 ADA 氧化速率,改善硫黄颜色,质量分数一般为 0.05×10^{-3}~0.1×10^{-3}。

6) EDTA 用量。EDTA 为螯合剂,稳定铁离子,防止生成氢氧化铁沉淀,质量分数约为 2.7×10^{-3}。

(2) 温度。提高温度可加快吸收与再生反应速率,但也加快副反应速率;温度过低,再生速率慢,生成的硫黄过细,难以分离,且使 $NaHCO_3$、$Na_2S_2O_3$、ADA 溶解度下降,易析出沉淀。故温度应维持在 35~45 ℃ 为宜。

(3) 压力。常压至 3 MPa,脱硫均能正常进行,但吸收压力不宜过高,取决于原料气本身压力或脱硫工序在合成氨生产流程中的部位而定。

(4) 液气比。液气比是指脱硫塔内 1 m³ 原料气（标准状态）所需脱硫液的升数。增大液气比，可提高气体净化率，防止生成钒-氧-硫沉淀。但液气比过大，动力消耗大，以 10~20 L/m³ 为宜。

(5) 再生空气用量及再生时间。再生塔内通入空气的作用是氧化 ADA、浮选硫泡沫、气提溶液中的 CO_2。故需要有一定的吹风强度，吹风强度再生塔控制在 80~120 m³/(m²·h)，喷射再生槽控制在 60~110 m³/(m²·h) 为宜。其中，吹风强度是指单位时间、单位截面积上通过的空气量。

再生时间越长，再生越完全，但要求再生器容积也越大。一般再生塔内停留时间为 30~40 min，喷射再生槽内停留时间为 8~10 min。

3. 工艺流程

ADA 脱硫工艺流程包括 H_2S 的吸收、溶液再生、硫黄回收三部分，根据再生设备不同，可分为高塔再生和喷射再生。

(1) ADA 脱硫高塔再生工艺流程（见图 4-1）。H_2S 质量浓度为 3~5 g/m³ 的原料气自脱硫塔下部进入，与塔顶喷淋下来的 ADA 脱硫液逆流接触，H_2S 被吸收，从塔顶出来的净化气中 H_2S 质量浓度降至 20 mg/m³ 以下，经气液分离器除去液滴后送往后工序。

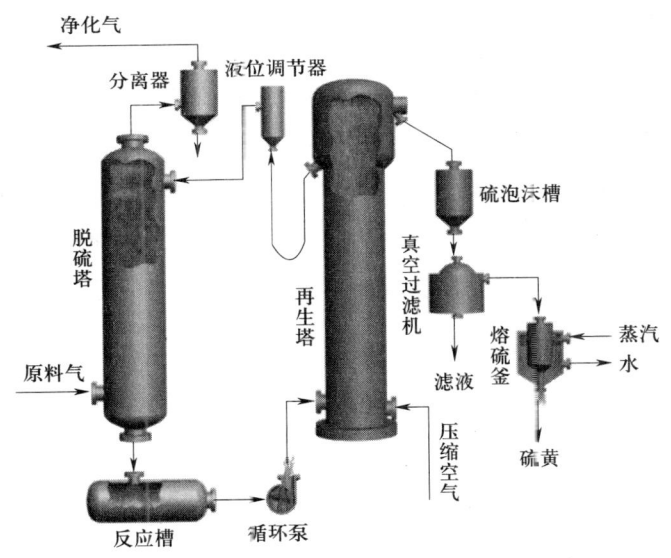

图 4-1 ADA 脱硫高塔再生工艺流程示意图

吸收 H_2S 后的脱硫液由塔底出来，入反应槽，用循环泵送至再生塔底部，同时由塔底鼓入空气，使溶液再生，尾气由塔顶放空。溶液中的硫呈泡沫状浮于溶液表面，溢流至硫泡沫槽，经真空过滤机分离后，得到硫黄滤饼送至熔硫釜，用蒸汽加热熔融后注入模子内，冷却干燥后得到固体硫黄。再生后的脱硫液由再生塔上部引出，经液位调节器返回脱硫塔循环使用。

(2) ADA 脱硫喷射再生工艺流程（见图 4-2）。喷射再生可采用喷射再生槽或再生池。自电除尘器来的原料气入脱硫塔底部，与塔顶喷淋下来的 ADA 溶液逆流接触，H_2S 被吸收，净化后的气体经气液分离器除去液滴后送后工序。

吸收了 H_2S 后的脱硫液由塔底排出入反应槽,自反应槽出来的溶液依靠本身压力高速通过喷射器的喷嘴,与吸入的空气充分混合,使溶液再生,然后由喷射器下部入浮选槽。在浮选槽内硫黄泡沫浮在溶液表面,溢流至硫泡沫槽,经过滤、熔融后得到副产品硫黄。再生后的溶液由浮选槽上部入循环槽,经循环泵返回脱硫塔循环使用。

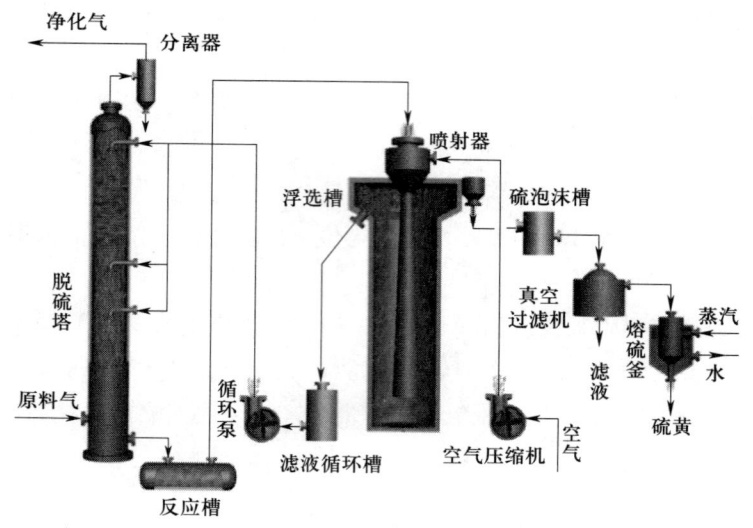

图 4-2　ADA 脱硫喷射再生工艺流程示意图

(3) ADA 脱硫自吸式喷射再生工艺流程(见图 4-3)。近年来部分厂为降低电耗,取消空气压缩机,采用自吸式喷射再生流程。脱硫后的溶液经再生泵送至喷射器,高速通过喷嘴,形成射流,在吸引室产生局部负压吸入空气。此时气液两相立即被高度分散而处于湍动状态,使脱硫液得到再生,并析出单质硫,由再生槽底部进入槽内,硫泡沫浮在溶液表面,溢流至硫泡沫槽,经离心分离,熔硫后得到硫膏。再生后的溶液入脱硫液槽,经循环泵返回脱硫塔顶部循环使用。

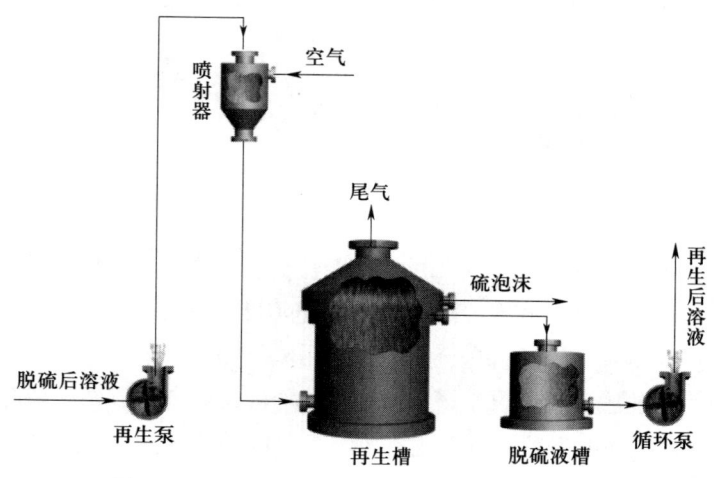

图 4-3　ADA 自吸式喷射再生工艺流程示意图

该工艺流程的特点是再生槽顶安装有多组喷射器,这样再生时溶液流速和吹风强度就可以通过喷射器组数来调节。采用喷射再生可以在短时间内使溶液充分氧化,有效地抑制副反应的进行,快速把悬浮硫从溶液中分离出来。

4. 特点

ADA法脱硫的优点是脱硫效率高,溶液无毒,硫黄回收率高;缺点是溶液组成较复杂,脱硫塔的填料层易被硫黄堵塞。

二、湿式氧化法脱硫主要设备

1. 脱硫塔

脱硫塔的作用是为脱硫液脱除原料气中 H_2S 提供反应空间。常用的脱硫塔有填料塔、旋流板塔和喷旋塔等。

(1) 填料塔。其剖视图如图4-4所示。塔体是钢板焊制而成的圆柱形设备,为防止堵塔,塔内现趋向于采用间隙较大的木条填料或用竹箅代替木条。国内有些直径5~6 m的大型塔,采用聚丙烯塑料鲍尔环,不易堵塞。

脱硫液经喷头喷入塔内,含 H_2S 的煤气由塔底入塔。脱硫后的净化气经捕沫器除去液滴后,由塔顶排出,富液由塔底流出。

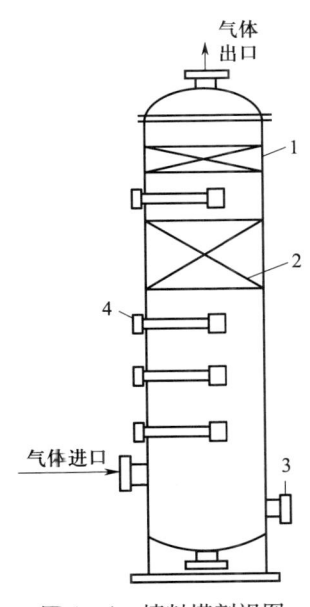

图4-4 填料塔剖视图
1—除沫层;2—填料;3—人孔;4—喷头

ADA法脱硫时,采用下部是空塔的脱硫塔,以防堵塔,上部则装木格或塑料环填料。大部分 H_2S 在下部空塔被脱除,上部填料塔作为精细脱硫。该脱硫塔直径2.2 m,高26 m,填料高3 m。

(2) 旋流板塔。其局部简图如图4-5所示。旋流板塔是一种高效脱硫塔,由塔板、吸收段、清洗段和除雾板组成。旋流板塔的空塔气速为一般填料塔的 2~4 倍，一般板式塔的 1.5~2 倍，且旋流板塔的压降小。工业上旋流板塔的单板压降一般在 98~392 Pa，不易堵塞，操作范围较大。塔内设有若干块旋流式塔板，气液接触面积增大，有利于对 H_2S 气体的吸收，脱硫效率高，适用于脱高硫。

（3）喷旋塔。其示意图如图 4-6 所示。适用于高硫煤气脱硫，为进一步提高脱硫效率，在旋流板塔的基础上又串接了喷射器，进一步强化了吸收过程，提高了脱硫效率，使煤气中 H_2S 脱至 $0.1\ g/m^3$ 以下，脱硫效率高达 99% 以上，一塔可顶三塔用。

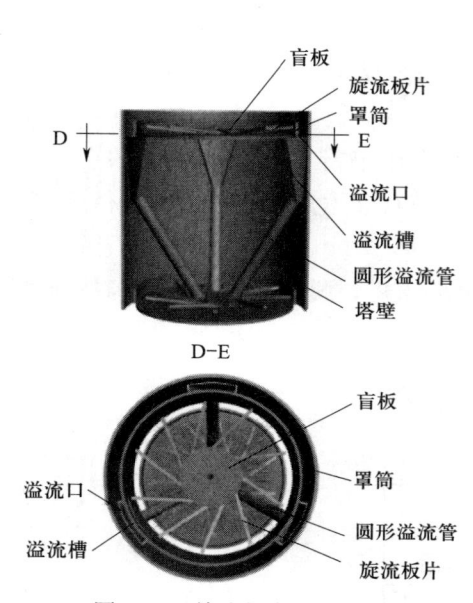

图 4-5 旋流板塔局部简图

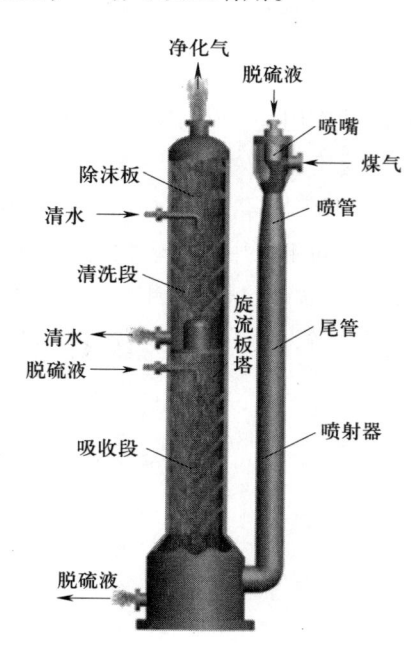

图 4-6 喷旋塔示意图

2. 再生器

再生器的作用是用空气再生脱硫液，并将析出的硫黄浮选出来。常用的再生器有再生塔和喷射再生槽。

（1）再生塔。其结构如图 4-1 中的再生塔所示。由圆筒形塔体和顶部扩大部分组成，塔内有若干块空气分布板，使空气在溶液中分布均匀。扩大部分降低了空气流速，以利于硫泡沫的分离。

（2）喷射再生槽。其结构如图 4-2 中所示，由喷射器和浮选槽组成。气液两相被高速分散，强化了再生过程，缩短了再生时间，喷射再生槽结构简单紧凑，再生效率高。

【知识链接】

其他湿法脱硫方法简介

1. 栲胶法

栲胶法是中国广西化工研究所等单位于 1977 年研究成功的，是目前国内使用较多的一种脱硫方法。此法优点是气体净化度高，溶液硫容量大，硫回收率高，并且栲胶价廉易得，不易堵塔。

栲胶法与 ADA 法脱硫原理基本相同，只是用栲胶代替了溶液中的 ADA，但克服了 ADA 价格昂贵和操作中易发生堵塞这两个缺点。栲胶是由植物的皮、果、叶及秆等水的萃取液熬制而成，主要成分是单宁，分子结构十分复杂，但大多是具有酚式结构和醌式结构的多羟基化合物。用于脱硫的栲胶属于水解类热溶栲胶，在碱性溶液中易氧化成醌类，已氧化的栲胶在还原过程中可被还原为酚类。

2. 氨水对苯二酚催化法

（1）脱硫反应：用含少量对苯二酚的稀氨水溶液脱除原料气中的 H_2S。

$$NH_4^+ + OH^- + H_2S \Longrightarrow NH_4HS + H_2O + Q \tag{4-10}$$

当原料气中含有 CO_2 和 HCN 时，也被氨水吸收，但在气液两相接触面积很大，接触时间很短的条件下，氨水吸收 H_2S 的速度比 CO_2 大 80 倍。因此，脱硫过程增大气液接触面积，缩短接触时间，既能有效脱除 H_2S，又能减少气体中 CO_2 的损失。

（2）再生反应：在再生塔内，对苯二酚在碱性溶液中被空气中的 O_2 氧化生成苯醌。

$$\text{对苯二酚} + \tfrac{1}{2}O_2 \Longrightarrow \text{苯醌} + H_2O \tag{4-11}$$

硫氢化铵在苯醌作用下氧化为单质硫：

$$\text{苯醌} + NH_4HS \Longrightarrow \text{对苯二酚} + OH^- + S + NH_4^+ \tag{4-12}$$

再生过程总反应为：

$$NH_4HS + \tfrac{1}{2}O_2 \Longrightarrow NH_4^+ + OH^- + S \tag{4-13}$$

生成的单质硫，呈泡沫状浮于液面，使溶液获得再生。

3. MSQ 法

用含硫酸锰-水杨酸-对苯二酚的氨水溶液脱硫，简称 MSQ 法。

该法是在氨水对苯二酚催化法的基础上发展起来的，用 MSQ 代替了对苯二酚。与氨水对苯二酚催化法相比，MSQ 法能显著加快溶液再生速度，提高再生效率，降低溶液中悬浮硫含量，从而提高脱硫效率，同时催化剂用量少，成本低。

4. 铁氨法

该法是用含 Fe(OH)$_3$ 的氨水溶液脱硫，生成难溶的 Fe$_2$S$_3$，再生塔内，Fe$_2$S$_3$ 被空气氧化为单质硫，使溶液得到再生。

其优点是用价廉易得的 FeSO$_4$·7H$_2$O 代替了昂贵的对苯二酚，生产成本低，脱硫效率高，但所得硫黄纯度差。

5. PDS 法

此法是用高效活性的 PDS 代替 ADA，PDS 的主要成分是双核酞菁钴磺酸盐，既能高效催化脱硫，又能催化再生，是一种多功能催化剂。

其优点是高效脱除 H$_2$S 的同时，还能脱除 60% 左右的有机硫，生成硫黄颗粒大，便于分离，硫回收率高，不堵塔，成本低。PDS 无毒，脱硫液对设备无腐蚀，也可与 ADA 或栲胶配合使用。

6. KCA 法

KCA 法是我国广西化工研究所 1988 年开发成功的，并已用于工业生产。KCA 来源于野生植物，主要成分为焦性没食子酸和焦性萘酚的衍生物，是一种脱硫催化剂，溶于碱性水溶液中即为脱硫液，加入 NaVO$_3$ 脱硫性更强。

其优点是 KCA 法原料易得，价格低廉，脱硫效率高，脱硫液稳定，不存在堵塔问题，且腐蚀性小。

第三节 干法脱硫

干法脱硫是用固体脱硫剂脱除原料气中的硫化物。干法脱硫既能脱除 H$_2$S，又能脱除有机硫，但再生困难，硫黄难以回收，脱硫剂较昂贵，主要用于脱除有机硫和精细脱硫。目前国内使用较多的干法脱硫有氧化锌法、钴钼加氢转化法、活性炭法。

一、氧化锌法

1. 基本原理

（1）脱硫原理。氧化锌脱硫剂能直接吸收 H$_2$S 和 C$_2$H$_5$SH，生成 ZnS。

$$ZnO + H_2S \rightleftharpoons ZnS + H_2O \qquad (4-14)$$

$$ZnO + C_2H_5SH \rightleftharpoons ZnS + C_2H_5OH \qquad (4-15)$$

$$或 ZnO + C_2H_5SH \rightleftharpoons ZnS + C_2H_4 + H_2O \qquad (4-16)$$

对 COS 和 CS$_2$ 等有机硫，则先转化为 H$_2$S，然后被氧化锌脱硫剂吸收。

$$COS + H_2 \rightleftharpoons H_2S + CO \qquad (4-17)$$

$$CS_2 + 4H_2 \rightleftharpoons 2H_2S + CH_4 \qquad (4-18)$$

对噻吩转化能力极低,也不能直接吸收,故氧化锌脱硫剂不能将有机硫全部脱除。

(2) 反应速率。氧化锌脱硫剂吸收 H_2S 的反应在常温下就可进行,而吸收有机硫的反应在较高温度下才能进行。

氧化锌脱硫的化学反应速率很快。而硫化物由脱硫剂外表面向毛细孔的内表面扩散速率较慢,是脱硫反应的控制步骤。故脱硫剂的粒度越小,孔隙率越大,越有利于脱硫反应进行。同样,压力高也可提高反应速率和脱硫剂的利用率。

2. 氧化锌脱硫剂组成及性能

(1) 组成。该脱硫剂以 ZnO 为主体(80%左右),添加少量 MnO_2、CuO、MgO 为助剂。其性能见表 4 – 2。

表 4 – 2　　　　　　　　　　　氧化锌脱硫剂的性能

型号		T302Q	T304	T305	ICI 32 – 4
外观		深灰色球	白色条	白色或浅黄色条	球
堆密度/(kg/L)		0.8 ~ 1.0	1.15 ~ 1.35	1.1 ~ 1.3	1.1
化学组成/%	ZnO	80 ~ 85	≥90	≥95	—
	MnO_2	6 ~ 8	6 ~ 8	—	—
	MgO	3 ~ 5	—	—	—
操作条件	温度/℃	200 ~ 350	350 ~ 380	200 ~ 400	350 ~ 450
	压力/MPa	2.8	4.0	0.1 ~ 4.0	0.1 ~ 5.0
适用场合		用于保护低变催化剂	用于液态烃高温脱硫	用于合成氨、甲醇厂脱硫	大型氨厂脱硫

(2) 使用条件。

1) 使用前需要升温。氧化锌脱硫剂不需要还原,升温后即可使用。但含二氧化锰时,使用前需经还原处理,将四价锰还原为二价锰。

$$MnO_2 + H_2 \Longrightarrow MnO + H_2O + Q \tag{4-19}$$

$$MnO_2 + CO \Longrightarrow MnO + CO_2 + Q \tag{4-20}$$

升温还原过程中,升温速率一般控制在 10 ~ 15 ℃/h。为排除氧化锌脱硫剂中的吸附水,在 120 ℃时恒温 4 h,升至 160 ℃时开始还原,260 ℃时恒温 10 h,还原结束后,将压力、温度、空间速率调至正常操作指标,投入生产。

卸出前只需降温降压即可,不需要钝化处理。

2) 防中毒。氧化锌脱硫剂遇水易破碎,极易与油类、不饱和烃及砷、磷、硫的化合物作用而中毒。

3. 工艺操作条件的选择

(1) 温度。提高温度,可加快脱硫速率,硫容量增加;但温度过高,脱硫能力下降。故脱除 H_2S 可控制在 200 ℃左右进行,脱除有机硫在 350 ~ 400 ℃之间进行。

(2) 压力。氧化锌法的操作压力取决于原料气和脱硫工序在合成氨生产过程中的部位。

(3) 硫容量。硫容量不仅与氧化锌脱硫剂本身性能有关,且与操作条件有关。温度降低，原料气空速与蒸汽含量增大，则硫容量降低。

4. 氧化锌法脱硫特点

氧化锌脱硫剂内表面积大，硫容量高，脱硫速率快，效率高，净化后气体中硫体积分数降至 1×10^{-6} 以下。但只能脱除 H_2S 和一些简单的有机硫，对噻吩等复杂的有机硫无能为力，而且再生困难，价格昂贵，故只用作精细脱硫的手段。当原料气硫含量较高时，先采用湿法脱除大部分 H_2S，再串接氧化锌法。

5. 主要设备

氧化锌脱硫过程的主要设备是脱硫槽，如图 4-7 所示，由钢板焊制而成的圆筒形设备，高径比 3:1，内装氧化锌脱硫剂，上部设有气体分布器，下部有集气器。

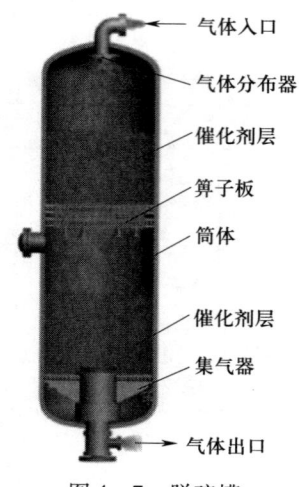

图 4-7 脱硫槽

二、钴钼加氢转化法

所有的有机硫化物在钴钼催化剂作用下，能全部转化成 H_2S，然后串联氧化锌法脱除，故钴钼加氢转化法是脱除有机硫十分有效的预处理措施。天然气或轻油蒸汽转化法制取合成原料气的工厂，要求原料气中总硫体积分数小于 2×10^{-6}，广泛采用钴钼加氢转化法串联氧化锌法脱硫。

1. 基本原理

$$R-SH + H_2 \Longleftrightarrow RH + H_2S \qquad (4-21)$$

$$R-S-R' + 2H_2 \Longleftrightarrow RH + R'H + H_2S \qquad (4-22)$$

$$C_4H_4S + 4H_2 \Longleftrightarrow C_4H_{10} + H_2S \qquad (4-23)$$

$$COS + H_2 \Longleftrightarrow CO + H_2S \qquad (4-24)$$

$$CS_2 + 4H_2 \Longleftrightarrow CH_4 + 2H_2S \qquad (4-25)$$

当原料气中含有 O_2、CO、CO_2 时，常使用镍钼催化剂，以降低副反应的反应速率。

2. 钴钼催化剂的组成

主要成分是 MoO_3 与 CoO 的混合物，载体是 Al_2O_3。一般呈灰绿色片状或条状。

3. 使用条件

使用前需硫化，高温下通入含 H_2S 或 CS_2 和 H_2 的气体，生成 MoS_2 和 Co_9S_8。

$$MoO_3 + 2H_2S + H_2 \Longrightarrow 3H_2O + MoS_2 \qquad (4-26)$$

$$9CoO + 8H_2S + H_2 \Longrightarrow 9H_2O + Co_9S_8 \qquad (4-27)$$

4. 工艺操作条件选择

钴钼加氢转化的操作条件为：温度 350~450 ℃，压力 0.7~0.8 MPa，空间速率 500~1 500 h^{-1}，加氢量一般相当于维持反应后气体中残余 5%~10%（体积分数）的氢。

5. 工艺流程

钴钼加氢转化法通常与氧化锌法配合使用，其典型工艺流程图如图 4-8 所示。

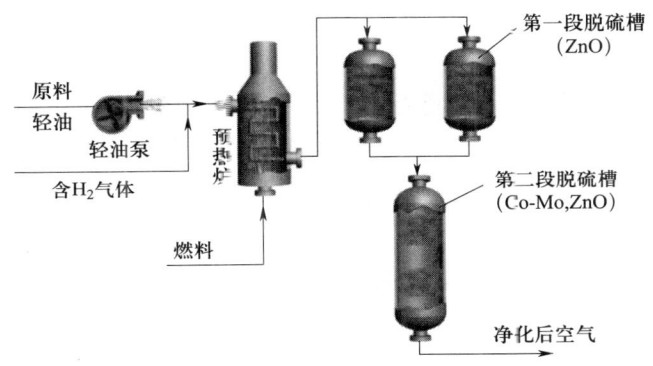

图 4-8 钴钼加氢-氧化锌脱硫工艺流程图

天然气或轻油与 H_2 混合后入预热炉，预热至 350~450 ℃ 后入第一段脱硫槽，再入第二段脱硫槽。第二段脱硫槽上层装钴钼催化剂，下层装氧化锌脱硫剂。

第一段脱硫槽中 ZnO 的作用是除去 H_2S 及易脱除的硫醇等有机硫，而噻吩等有机硫在钴钼催化剂层中加氢转化为 H_2S，然后被第二段脱硫槽中 ZnO 吸收。若 H_2S 含量少，可不设第一段脱硫槽。

加氢所用的 H_2 不允许中断，否则不仅影响脱硫效果，高级烃也会发生裂解析碳，实际生产中，往往设置 2~3 个氢源。

钴钼加氢转化法的主要缺点是需要高温热源，能耗高，开车时间较长。目前一些常温精细脱硫工艺正在开发应用，如 COS 水解催化剂 T504 型已广泛应用。

三、活性炭法

活性炭法能有效脱除原料气中的 H_2S 及有机硫，硫容量大，脱硫效率高，脱硫反应在常温下即可进行，反应速度快，制备活性炭的原料来源广，并可再生，可回收高纯度硫黄。

1. 基本原理

活性炭兼有催化剂和吸附两种作用，当在原料气中加入少量 O_2 和 NH_3 后，通过活性炭层时，在 NH_3 和活性炭催化作用下，H_2S 被 O_2 氧化成单质硫，并被吸附在活性炭表面上。

$$2H_2S + O_2 = 2H_2O + 2S \tag{4-28}$$

COS、RSH 在活性炭表面催化氧化生成单质硫或化合态硫，并被活性炭吸附。

$$2COS + O_2 = 2CO_2 + 2S \tag{4-29}$$

$$4CH_3SH + O_2 = 2CH_3SSCH_3 + 2H_2O \tag{4-30}$$

CS_2、C_4H_4S 等能被活性炭直接吸附。

在脱硫的过程中，部分 NH_3 与气体中 CO_2、H_2S 及 O_2 作用，生成碳酸铵和硫酸铵覆盖在活性炭表面，使其活性降低。

在活性炭中添加助剂能显著提高活性炭的硫容量及脱硫效率。一般助剂是含有铁、锰、铜、银、钴、镍及碘等元素的化合物，其中铁的氧化物价格低廉，且效果好，为活性炭中常用的助剂之一。如当活性炭中含 0.3%~1.5%（质量分数）氧化铁时，硫容量将提高 15% 左右。

2. 活性炭再生

活性炭吸附硫的能力很强，硫容量可达到本身质量的 150%。实际上达到 70%~80% 时，脱硫效率则降低，阻力增加，需进行再生。目前一般采用过热蒸汽法再生（用饱和蒸汽经电加热器加热至 400~500 ℃）。过热蒸汽由吸附器上部进入活性炭层，在高温下硫黄解吸、升华，随蒸汽从吸附器下部出来，在回收槽中被水冷凝，得到固体硫黄。

3. 工艺操作条件选择

在脱硫过程中，O_2 的加入量一般超过理论量的 50%（体积分数），控制脱硫后气体中氧含量小于 0.2%（体积分数）；脱 H_2S 时，NH_3 的加入量为 $0.1~0.25 \text{ g/m}^3$，脱有机硫时，NH_3 的加入量大于气体中有机硫含量的 2~3 倍；最适宜温度为 30~50 ℃；相对湿度为 80%~100%；要清除气体中焦油、苯、液滴、灰尘等杂质，以免覆盖在活性炭表面，使其失去活性。

4. 工艺流程

含有少量 NH_3 和 O_2 的半水煤气自下而上通过活性炭吸附器，硫化物被活性炭所吸附，脱硫后的净化气从吸附器顶部引出。再生时，由锅炉来的饱和蒸汽经电加热器加热至 400 ℃ 左右，由上而下通过活性炭层，使硫黄熔融、升华后随蒸汽由吸附器底部出来，在硫黄回收槽中被水冷却沉淀，得到副产硫黄。

实训三　湿式氧化法脱硫生产操作实训

以 ADA 高塔再生法脱硫为例。

一、冷态开车操作

1. 开车前准备工作

（1）对照图纸，检查各设备、管道、阀门、分析取样点及电器、仪表等至正常完好。

(2) 检查系统内所有阀门开关位置符合开车要求。

(3) 运转设备的单体（罗茨鼓风机、贫液泵、富液泵）试车合格；公用工程系统投入运行。

2. 系统吹扫

用压缩机送空气，产生高速气流分段吹扫。

(1) 吹扫前按气、液流程，依次拆开与设备、阀门连接的法兰，吹除物由此排放。吹净一段后，紧好法兰继续往后吹净，直至全系统吹净为止。对放空管、排污管、分析取样管和仪表管线都要吹洗。

(2) 脱硫液喷头及进口管线吹扫时，用空气将脱硫塔内压力提高至 0.8~1 MPa，进行倒吹，以免杂物将喷头堵塞。

3. 装填料

木格填料应按规定高度自下而上分层装填，每两层之间的夹角为 45°，顶层木格要进行固定，以免开车时气流将木格吹翻（装瓷环填料时，要注意轻拿轻放。应先向塔内注满水，将瓷环从人孔装入，装至规定高度后，将水面漂浮的杂物捞出，把水放净，瓷环表面扒平，即可封闭人孔）。

4. 水压试验

(1) 关闭排放阀，打开系统所有放空阀，向塔内加清水，当放空管有水溢出时关闭放空阀。

(2) 用水压机向系统内打压，使系统压力控制在操作压力的 1.25 倍，在此压力下对设备及管道进行检查。若发现泄漏，做下记号，卸压后处理，直至无泄漏。

5. 气密试验

(1) 用压缩机向系统送空气，并逐渐将压力提高至操作压力的 1.05 倍。

(2) 用肥皂水对所有法兰、焊缝进行涂抹查漏，若发现泄漏，做下记号，卸压后处理，直至无泄漏。然后保压 30 min，压力不下降为合格，最后将气体放空。

6. 运转设备的联动试车和系统水洗

(1) 用压缩机将脱硫塔压力升至操作压力。

(2) 在循环槽内装满清水。

(3) 启动溶液循环泵，使清水按正常生产时的溶液流程循环起来，观察溶液泵运转、阀门和仪表是否正常。

(4) 在联动试车的同时，对系统进行水洗，除去固体杂质。当循环水中总固体质量分数小于 5×10^{-5} 时，停止水洗和联动试车，将水排净。

7. 碱水洗及木格填料脱脂

为了除去设备中的油污和铁锈，要进行碱水洗涤。若用木格填料，需要进行脱脂处理。

(1) 启动溶液泵，用 5%（质量分数）的碳酸钠溶液在系统内连续循环 18~24 h。

(2) 用软水清洗直至水中含碱量小于 0.01%（质量分数）为合格。

(3) 用水清洗木格填料表面的油污。

（4）用5%（质量分数）的碳酸钠溶液，按正常生产流程进行循环脱脂，对填料段的喷淋密度要适当加大，当循环液中脂含量不再增加、碱浓度不再下降时脱脂合格。

8. 脱硫液的制备

新鲜脱硫液的制备在溶液地下槽进行。

（1）根据每次所用软水量按比例计算出各组分加入量，一次加入。

（2）用压缩空气进行搅拌至各组分完全溶解。

（3）用泵打入溶液循环槽，至循环槽、脱硫塔、再生塔建立正常液位为止。

9. 系统置换

（1）排净气柜出口水封积水，由气柜送入惰性气体进行置换，直至系统内氧含量小于0.5%（体积分数）为止。置换时，塔系统的溶液管线要充满溶液，并使塔建立正常液位，以免形成死角。

（2）惰性气体置换合格后，再用原料气将系统内的惰性气体置换掉。

二、热态开车操作

1. 用原料气向脱硫塔内充压至操作压力。
2. 启动溶液循环泵，使循环液按生产流程运转。
3. 启动空气压缩机，向塔内送空气。
4. 调节塔顶喷淋量及液位调节器，使喷淋量及液面保持生产规定要求。
5. 系统运转稳定后，导入原料气，并用放空阀调节系统压力。
6. 当塔内的原料气成分符合要求时，即可投入正常生产。

三、正常操作管理

1. 保证脱硫液成分符合指标

根据脱硫液分析数据，及时补加 Na_2CO_3、ADA、$NaVO_3$、$NaKC_4H_4O_6$ 等，保证脱硫液的成分符合工艺指标。

2. 保证脱硫液质量

控制好再生空气用量和再生温度，使脱硫液氧化再生完全。同时保持再生器液面上的硫泡沫溢流正常，降低脱硫液中的悬浮硫含量，保证脱硫液质量。

3. 保证半水煤气脱硫效果

根据半水煤气流量及 H_2S 含量的变化，及时调节液气比，必要时可适当提高脱硫液中 Na_2CO_3 和 $NaVO_3$ 含量，以保证脱硫效率。

4. 保持贫液槽和富液槽液位正常

防止半贫液泵和富液泵抽负、抽空。

5. 保持脱硫塔和清洗塔的液位

液位不可过高或过低，防止气体带液或跑气。

6. ADA法脱硫正常操作工艺指标（见表4-3）

表4-3　　　　　　　　　　　　ADA法脱硫正常操作工艺指标

项目		吸收压力/MPa	
		常压	1.2
脱硫溶液成分	总碱度/(mol/L)	0.2	0.5
	$NaHCO_3$/(g/L)	25	60~80
	Na_2CO_3/(g/L)	5	7~10
	ADA/(g/L)	5	10
	$NaVO_3$/(g/L)	2	5
	$KNaC_4H_4O_6$/(g/L)	1	2
煤气空塔速度/(m/s)		0.5~0.75	0.1~0.15
溶液喷淋密度/[m^3/($m^2 \cdot h$)]		>27.5	>25
吸收温度/℃		30~40	30~45
溶液在反应槽内停留时间/min		5	6
溶液在再生塔内停留时间/min		25~30	25~30
再生塔吹风强度/($m^3 \cdot m^{-2} \cdot h^{-1}$)		>70	80~120
项目		吸收压力/MPa	
		常压	1.2
进塔煤气硫化氢含量/(g/m^3)		4~5	0.6~2.5
出塔煤气硫化氢含量/(g/m^3)		<0.2	<0.1
消耗定量	Na_2CO_3/(g/kg)	22~26	21~24
	$NaVO_3$/(g/kg)	2~2.6	1.2~1.6
	ADA/(g/kg)	8~9.5	4~6
	$KNaC_4H_4O_6$/(g/kg)	2~2.6	0.8~1.2

7. 异常现象及处理（见表4-4）

表4-4　　　　　　　　　　　　异常现象及处理

序号	异常现象	原因	处理方法
1	脱硫后气体中H_2S含量高	（1）入系统原料气中H_2S含量高 （2）脱硫液循环量低 （3）脱硫液成分不当 （4）入脱硫塔半水煤气或贫液温度高 （5）脱硫液再生效率低或悬浮硫含量高 （6）脱硫塔内气液偏流	（1）加大溶液循环量，并增加溶液的Na_2CO_3含量 （2）加大脱硫液循环量 （3）调整脱硫液成分，使其在指标要求范围内 （4）加大清洗冷却塔循环水量，或加大溶液冷却器水量 （5）检修喷射器，加大再生槽硫泡沫溢流 （6）检查清理脱硫塔喷嘴及填料
2	脱硫塔顶带液	（1）脱硫塔液位过高 （2）脱硫液循环量过大 （3）原料气量过大 （4）塔内填料或塔顶溶液分布器堵塞 （5）塔顶溶液喷管腐蚀穿孔	（1）调节液位 （2）减少溶液循环量 （3）降低生产负荷，减少原料气量 （4）停车卸出清洗 （5）停车修理
3	再生喷射器倒液	再生喷射器倒液	迅速通知泵房处理，同时关闭出口阀

续表

序号	异常现象	原因	处理方法
4	再生效率低	（1）再生吹风强度不够 （2）溶液在再生器停留时间短 （3）再生温度低 （4）溶液组分浓度过低或有杂质	（1）提高吹风强度 （2）延长再生时间 （3）提高再生温度 （4）提高溶液组分浓度，清楚溶液中的杂质。
5	脱硫塔系统阻力大	（1）填料坍塌 （2）填料堵塞	（1）停车更换填料 （2）停车取出填料清洗

四、停车操作

1. 临时停车

（1）通知前后工序，停止向系统补充脱硫液，停止送气及导气。

（2）开近路阀，关闭系统进出口阀及设备进出口阀。

（3）按正常停车步骤停罗茨鼓风机，关闭进口阀。

系统临时停车后，保持塔内压力和液位，做好开车准备。

2. 紧急停车

（1）立即与压缩工序联系，停止送气。

（2）按停车按钮，停罗茨鼓风机，迅速关出口阀。然后按临时停车处理。

3. 正常停车

（1）按临时停车步骤停车。

（2）开系统放空阀，卸掉系统压力。

（3）将系统内溶液排放至溶液储槽，用清水洗净。

（4）用惰性气体置换系统，当置换气中 CO 和 H_2 的总量小于 5%（体积分数），氧含量小于 0.5%（体积分数）时为合格。

（5）用空气置换脱硫系统，当置换气中氧体积分数大于 20% 时为合格。

思考与练习

1. 原料气为什么要进行脱硫？硫化物的存在形式有哪些？
2. 脱硫方法如何分类？什么是干法脱硫？
3. ADA 脱硫的基本原理是什么？
4. ADA 脱硫法中，再生空气的作用有哪些？
5. ADA 脱硫的工艺流程包括哪三部分？

6. 画出高塔再生脱硫工艺流程图。
7. 氧化锌脱硫的基本原理是什么？
8. 钴钼加氢转化法的基本原理是什么？
9. 活性炭脱硫的基本原理是什么？

第五章

一氧化碳变换

》学习目标

1. 了解一氧化碳变换的作用。
2. 掌握变换反应的原理。
3. 熟悉变换催化剂的分类及使用条件。
4. 掌握变换工艺操作条件的选择。
5. 熟悉常见的变换工艺流程、主要设备的结构及作用。

以固体、液体或气体燃料为原料制取的原料气,原料气含有12%~40%(体积分数)的CO。根据原料气的用途不同,往往需要将其中的CO全部去除(如合成氨生产工艺)或部分去除(如合成甲醇生产工艺)。

要脱除原料气中大量的CO是比较困难的,通常CO的脱除分两步进行。首先,在变换工序,利用CO与水蒸气作用生成H_2和CO_2的变换反应,除去大部分CO,此过程称为一氧化碳变换。然后,在精制工序,采用铜氨液洗涤法、甲烷化法或液氮洗涤法等,脱除变换气中残余的少量CO。合成氨工艺以上两步都需要进行,而部分去除CO的甲醇生产工艺则仅需要第一步。

一氧化碳变换反应既能把CO转变为易于脱除的CO_2,同时又可制得等体积的H_2,因此一氧化碳变换既是原料气的净化过程,又是原料气制造的继续。

在生产中,一氧化碳变换反应必须在催化剂作用下才能进行,根据变换所用催化剂的不同可分为中温变换、低温变换、耐硫变换。变换工艺也由过去单纯的中温变换、低温变换,发展到目前的中变串低变、全低低、中低低变换等多种新工艺。

第一节　一氧化碳变换原理

一、一氧化碳变换基本原理

变换反应式为：

$$CO + H_2O(g) \rightleftharpoons H_2 + CO_2 + 42.1 \text{ kJ} \tag{5-1}$$

该反应特点有可逆、放热、反应前后体积不变，反应速率较慢，只有在催化剂的作用下才具有较快的反应速率。

二、变换反应的化学平衡

1. 平衡常数 K

平衡常数 K 表示反应达到平衡时，生成物与反应物之间的数量关系，是衡量化学反应进行程度的标志。该值越大，说明 CO 转化越完全，达到平衡时残余的 CO 量越少。

由于变换反应是放热的，降低温度有利于平衡向右移动，平衡常数 K 增大。

2. 变换率

（1）变换率（X）。变换率可用来表示变换反应进行的程度，是指变换反应已转化的 CO 体积占变换前 CO 体积的百分比。

$$X = \frac{n_{CO} - n'_{CO}}{n_{CO}} \tag{5-2}$$

式中，X 为一氧化碳变换率；

n_{CO}、n'_{CO} 分别为变换前后 CO 物质的量。

故实际生产中，应最大可能地提高一氧化碳变换率。

（2）平衡变换率（X^*）。一定条件下，变换反应达平衡时的变换率，它是该条件下变换率的最大值。在生产中，由于反应不可能达到平衡，故实际变换率总是小于平衡变换率。

3. 影响一氧化碳变换化学平衡的因素

（1）温度。因一氧化碳变换反应是放热反应，降低温度，有利于反应向右进行，平衡变换率增大，变换气中残余的 CO 含量减少。

（2）汽气比。它是指水蒸气与原料气中 CO 物质的量比，实际生产也用入变换炉蒸汽量与干原料气的体积之比来表示。该值越大，表示水蒸气的用量越大。

增加汽气比，有利于一氧化碳变换反应向右进行，平衡变换率增大，变换气中残余 CO 含量降低。故实际生产中，总是加入过量水蒸气，以提高变换率。但汽气比过大，变换率增大并不显著，却增大了蒸汽消耗，还会使催化剂层温度难以维持。

（3）CO_2 的浓度。在变换过程中，若将生成的 CO_2 及时除去，可使平衡向右移动，从而提高变换率。故在生产中采取的措施是将中温变换后的原料气先送去脱碳，然后再返回变换工序进行低温变换。

三、变换反应机理

一氧化碳变换反应的发生，首先使水蒸气分子中的氧与氢键断开，裂生成[O]，然后[O]重新排列到CO分子中而生成CO_2，而氢原子两两相互结合为H_2。因H_2O分子中的O—H键的键能很大，要使两个O—H键断开，需要供给相当大的能量，因而变换反应的进行是比较困难的，反应速率极其缓慢。

当有催化剂存在时，反应按下述两步进行：

$$[K] + H_2O(g) \longrightarrow [K]O + H_2 \quad (5-3)$$

$$[K]O + CO \longrightarrow [K] + CO_2 \quad (5-4)$$

式中，[K]表示催化剂；

[K]O表示中间化合物。

在这两个步骤中，第二步比第一步慢，第二步是一氧化碳变换化学反应过程的控制步骤。整个过程为：水蒸气分子首先被催化剂的活性表面所吸附，并分解为H_2及吸附状态的氧原子，H_2进入气相，吸附态的氧则在催化剂表面形成氧原子吸附层，当CO分子撞击到氧原子吸附层时，即被氧化为CO_2，并离开催化剂表面进入气相。然后催化剂又与水分子作用，重新生成氧原子的吸附层，如此反应重复进行。

在反应过程中，催化剂能改变反应进行的途径，降低反应所需的能量，加快反应速率，缩短达到平衡的时间，但不能改变反应的化学平衡，反应前后催化剂的数量和化学性质不变。

第二节　一氧化碳变换催化剂

生产中，一氧化碳变换反应需催化剂存在的条件下进行。变换催化剂目前主要有中温变换（或称高温变换）催化剂、低温变换催化剂和耐硫宽温变换催化剂三大类。

一、中温变换催化剂

目前生产中常用的中温变换催化剂是铁铬系催化剂。

1. 组成及性能

该催化剂主要成分是Fe_2O_3，质量分数为75%~90%；耐热载体为Cr_2O_3，质量分数为7%~13%；除此还有少量的助催化剂，如MgO、K_2O、Al_2O_3等。图5-1为两种常见的中温变换催化剂。

使用前需将Fe_2O_3还原为有催化活性的Fe_3O_4。Cr_2O_3为促进剂，可与Fe_3O_4形成固溶

图 5-1 两种常见的中温变换催化剂（B117 和 B116）

体，分散于 Fe_3O_4 晶粒间，促使催化剂具有更细的微孔结构和更大的比表面积，从而提高催化剂的活性和耐热性，延长寿命。K_2O 可提高催化剂的活性，MgO 和 Al_2O_3 能增加催化剂的耐热性，MgO 具有良好的耐硫性能。

2. 使用条件

（1）使用前需要还原。主要成分 Fe_2O_3 对一氧化碳变换反应无催化作用，还原成 Fe_3O_4 后才具有催化活性。通常用煤气中的 H_2 和 CO 作还原剂进行还原。

$$3Fe_2O_3 + CO \Longleftrightarrow 2Fe_3O_4 + CO_2 + 50.8 \text{ kJ} \tag{5-5}$$

$$3Fe_2O_3 + H_2 \Longleftrightarrow 2Fe_3O_4 + H_2O + 9.6 \text{ kJ} \tag{5-6}$$

还原过程中控制条件：①起始温度 200 ℃ 左右；②严格控制 H_2 和 CO 的加入量，避免温度急剧上升，影响催化剂的活性及使用寿命；③要加入适量水蒸气，以防 Fe_3O_4 被进一步还原成 Fe，发生过度还原现象；④防止催化剂中的硫酸根被还原成硫化氢而放硫，使后工序低变催化剂中毒。

（2）还原后的催化剂与空气接触前需要钝化。还原后的活性组分 Fe_3O_4 在 50 ℃ 以上极不稳定，遇氧即被氧化。

$$4Fe_3O_4 + O_2 \Longleftrightarrow 6Fe_2O_3 + 466 \text{ kJ} \tag{5-7}$$

该反应放出大量的热，会使催化剂超温，甚至烧结。因此，在生产过程中应严格控制原料气中的氧含量，在系统停工检修卸出催化剂之前，要先通入少量 O_2 使催化剂缓慢氧化，在其表面形成一层氧化铁保护膜的过程称为催化剂的钝化。

钝化的方法是用蒸汽或 N_2，将催化剂温度降低后，配入少量空气进行钝化。

（3）防中毒。催化剂在使用时要避免硫化物、原料气中的灰尘及水蒸气中的无机盐等物质造成催化剂活性下降而中毒。

在一氧化碳变换生产中，主要是原料气中的硫化物引起催化剂中毒，使其活性下降，反应如下：

$$Fe_3O_4 + 3H_2S - H_2 \Longleftrightarrow 3FeS + 4H_2O + Q \tag{5-8}$$

因一氧化碳变换过程中大部分有机硫转化为 H_2S，对催化剂毒害很大，但硫中毒属于暂时性中毒，当增大水蒸气用量、降低原料气中 H_2S 含量时，催化剂的活性能逐步恢复。但这种暂时中毒若反复进行，也会引起催化剂最终活性下降。

原料气中的灰尘及蒸汽中的无机盐等，均会使铁催化剂的活性显著下降而造成永久性中毒。

（4）防衰老。衰老是指催化剂经过长期使用后活性逐渐下降的现象。催化剂的衰老是不可避免的。催化剂衰老的原因有：长期处于高温下，逐渐变质；温度波动，使催化剂过热或熔融；气流不断冲刷，破坏了催化剂表面状态；操作不当，煤气中氧含量高和带水等。

3. 特点

铁铬系催化剂的优点有活性高、机械强度好、耐热性好、使用寿命长、成本低等；缺点是抗硫性差、活性温度较高。

二、低温变换催化剂

1. 组成及性能

根据添加物不同，低温变换催化剂可分为铜锌系、铜锌铝系和铜锌铬系三种，均以 CuO 为主体，催化剂还原后具有活性的组分是细小的铜微晶。催化剂中加入 ZnO、Al_2O_3、Cr_2O_3 等，作用是将铜微晶有效地分隔开来，提高其稳定性。其中，铜锌铝系催化剂性能最好，生产成本低，且对人无毒害。

2. 使用条件

（1）使用前需要还原。铜锌系催化剂的主要成分 CuO 对一氧化碳变换反应无催化活性，需还原成单质铜才具有催化活性。通常用原料气中的 H_2 或 CO 作为还原剂。在还原过程中需严格控制还原条件，将催化剂层温度控制在 230 ℃ 以下。

$$CuO + H_2 = Cu + H_2O + 86.7 \text{ kJ} \quad (5-9)$$

$$CuO + CO = Cu + CO_2 + 127.7 \text{ kJ} \quad (5-10)$$

（2）还原后的铜系催化剂与空气接触前必须钝化。因还原后的活性组分金属铜与大量空气接触，会发生氧化，放出的热使催化剂超温烧结，故需要先钝化。

$$Cu + 1/2O_2 = CuO + 155.2 \text{ kJ} \quad (5-11)$$

钝化的方法是用 N_2 或水蒸气将催化剂温度降至 150 ℃ 左右，再配入 0.3%（体积分数）O_2，在温升不大情况下，逐渐提高 O_2 的浓度，直至全部切换成空气时钝化结束，通过钝化操作在催化剂表面形成一层氧化铜保护膜。

（3）防中毒

铜系催化剂对毒物十分敏感。引起铜系催化剂中毒或活性降低的物质有硫化物、氯化物和冷凝水。

1）硫化物。低变催化剂对硫化物极为敏感，各种形态的硫均可与铜发生反应而使其永久性中毒。

硫化物主要来自原料气和中变催化剂的放硫，故必须对原料气精脱硫，使总硫量小于 1×10^{-6}（质量分数）。一般低变炉上部装有 ZnO，用来进一步脱硫。

2）氯化物。氯化物对低变催化剂的毒害作用比硫化物大 5~10 倍，它能破坏催化剂的结构而造成严重失活。

氯化物主要来自水蒸气或冷凝水,故要求水蒸气中氯含量小于 0.03×10^{-6}（体积分数）。

3）冷凝水。变换系统气体中水蒸气在低于露点温度时易形成冷凝水,冷凝水可直接破坏催化剂结构,此外造气和中温变换过程中可生成氨,溶于冷凝水形成氨水,与铜生成铜氨配合物,导致催化剂活性下降。

为避免变换系统的水蒸气生成冷凝水,低变温度一定要高于该条件下气体的露点温度。

3. 特点

低温变换催化剂的活性温度低,但活性温度范围窄,抗硫性能差。

三、耐硫宽温变换催化剂

铁铬系催化剂活性温度高、抗硫性差,而铜系催化剂低温活性虽然好,但活性温度范围窄,且对硫非常敏感。20 世纪 50 年代开发了钴钼系耐硫宽温变换催化剂,该催化剂既耐硫,活性温度范围又很宽。

1. 组成与性能

该催化剂主要成分是 CoO 和 MoO_3 的混合物,载体是 Al_2O_3,助剂是 MgO、ZnO 等。

2. 使用条件

（1）使用前需要硫化。钴钼系催化剂中的 CoO 和 MoO_3 活性低,需将其转化为 CoS 和 MoS_3 后才具有较高活性,此过程称为硫化。

工业上一般采用干半水煤气中加 CS_2 作为硫化剂,当催化剂的温度升至 200 ℃时,CS_2 氢解生成硫化氢,进行硫化,控制床层温度不低于 250 ℃,直至入出口气体中 H_2S 含量基本相同时硫化结束。

硫化反应是放热的,因此气体中硫化物的浓度不宜过高,以免催化剂超温。一般 CS_2 用量为每立方米 150 kg。

硫化反应是可逆的,在一定温度、蒸汽量和 H_2S 浓度下,活性组分 CoS 和 MoS_3 发生水解,转化为氧化态并放出 H_2S,即发生反硫化反应。反硫化反应会使催化剂活性下降,故正常操作时原料气中应有最低的 H_2S 含量。

（2）防中毒。变换过程中半水煤气中的 O_2 会使耐硫钴钼催化剂缓慢发生硫酸盐化而导致低温活性丧失,故催化剂上要设置一层保护剂及除氧剂（抗毒剂）,以避免 O_2 等杂质进入催化剂层,使其活性下降。

此外,水及油污也会使钴钼催化剂失活。当催化剂层温度过高,汽气比高,H_2S 浓度低时,催化剂会出现反硫化反应。

当催化剂由于硫酸盐化和反硫化失活时,可在一定温度和 H_2S 浓度下,重新硫化复活。当钴钼催化剂上沉积高分子物质时,可用空气与惰性气体或水蒸气的混合物将催化剂氧化后,重新硫化使用。

3. 特点

(1) 活性温度范围宽。在 180~500 ℃ 的范围均有较好活性，故又称为宽温变换催化剂。

(2) 耐硫性好。可使有机硫转化为 H_2S，且可耐每立方米（标准状态）总硫含量高达几十克的原料气。在以重油、煤为原料制取合成氨原料气时，使用钴钼宽温变换催化剂，可将含硫原料气直接进行变换，再经脱硫、脱碳（也可同时脱硫、脱碳），使流程简化，降低了蒸汽消耗。

(3) 优点是强度高、使用寿命长；遇水不粉化，使用寿命一般为 5 年左右。缺点是价格昂贵，使用受到限制。

四、三种催化剂的对比（见表 5-1）

表 5-1　　　　　　　　　　三种变换催化剂对比

催化剂名称	中温变换催化剂	低温变换催化剂	耐硫变换催化剂
成分	铁铬系	铜系	钴钼系
适用温度	中温	低温	范围较宽
使用注意事项	使用前还原 使用后钝化	使用前还原 使用后钝化	使用前硫化 使用中避免反硫化
催化剂的中毒与衰老	硫化物、原料气中的灰尘及水蒸气中的无机盐等物质造成催化剂活性下降而中毒	铜系催化剂对毒物十分敏感。引起催化剂中毒或活性降低的物质有冷凝水、硫化物和氯化物	具有好的低温活性，突出的耐硫和抗毒性，强度高，使用寿命长

第三节　一氧化碳变换工艺操作条件的选择

一、中温变换工艺操作条件选择

1. 温度

因一氧化碳变换是可逆放热反应，温度对反应速度常数和化学平衡常数的影响是相反的，且反应速率常数与平衡常数随温度变化的速率也不相同。在低温时，随着温度的增加，反应速率加快。当温度继续升高至某一温度时，速率常数增大的倍数与平衡常数降低的倍数达到相等，此时变换反应速率达到最大值，此后随着温度的增加，反应速率降低。总之，反应速率从升高到降低出现一最大值，故可逆放热反应存在最适宜温度，即在气体组成和催化剂一定条件下，对应最大反应速率时的温度称该条件下的最适宜温度。

最适宜温度存在的原因是由于可逆放热反应的速率常数随着温度的升高而增大，而平衡常数随温度的升高而减小这一矛盾造成的。

随着变换反应的进行，气体组成不断发生着变化，每一瞬间都有对应着该气体组成的最适宜温度，因此最适宜温度也在变化。把不同变换率时的最适宜温度的各个点连起来所组成的曲线，称为最适宜温度曲线。

变换过程如果始终能按最适宜温度曲线进行，则反应速率最快，催化剂的生产强度最高，在相同生产能力下所需催化剂用量最少。但实际生产中完全按最适宜温度曲线操作是不可能实现的，因为随着反应的进行，要不断地、准确地按照最适宜温度需要移出反应热是极为困难的。同时在反应开始时，最适宜温度大大超过催化剂的耐热温度，故变换过程温度应综合各方面因素来确定。实际生产中确定中温变换操作温度的主要原则为以下两种。

（1）操作温度必须控制在催化剂的活性温度范围内。
（2）尽可能使反应在接近最适宜温度曲线条件下进行。

由于最适宜温度随着变换率的升高而下降，故随着反应的进行，需要移出反应热，降低反应温度。工业上采用的方法是把催化剂分成若干段，段间进行冷却。一是多段中间间接冷却式，即用原料气或饱和蒸汽在段间间接换热，移出反应热；二是直接冷激式，即在段间直接加入冷激水、水蒸气或煤气进行降温。

图 5-2 为二段中间间接换热式变换过程示意图，其中横坐标为温度，纵坐标为一氧化碳变换率，T_e 为平衡曲线，T_m 为最适宜温度曲线，ABCD 线为操作线，表示反应过程随一氧化碳变换率的增加，系统温度的变化情况。AB、CD 分别为一、二段绝热反应线，BC 为段间降温线。段间间接换热时，气体变换率不变，BC 呈水平直线，因汽气比不变，平衡曲线和最适宜温度曲线不做移动。

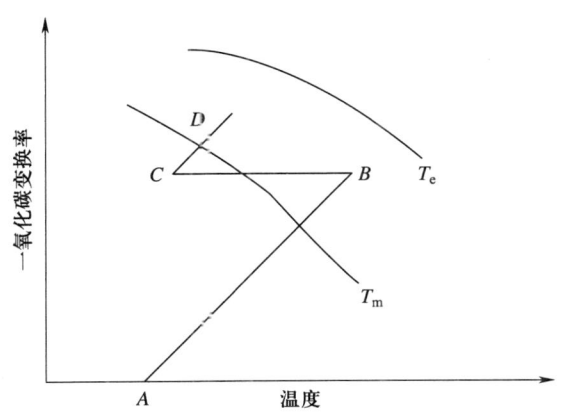

图 5-2　二段中间间接换热式变换过程示意图

由图 5-2 可以看出，段数越多，变换反应过程越接近最适宜温度曲线，但流程也越复杂。工业上一般把催化剂床层分为二段或三段。

2. 压力

由于变换反应是气体体积不变的反应，压力对平衡几乎无影响，但加压可提高反应物浓度，从而提高反应速率。另外，加压变换还具有以下优点。

（1）同样生产规模，所需设备体积小，减少了设备投资。

（2）可节省压缩功耗。由于原料气的体积小于干变换气的体积，事先压缩原料气再进行变换，比常压变换后再压缩变换气的动力消耗节约15%~30%。

（3）加压时变换气中过剩水蒸气的冷凝温度高，有利于热能的回收利用。

但加压变换也具有随着压力的升高，设备腐蚀加重、设备材质要求高等缺点。加压变换虽有缺点，但优点是主要的，目前大中小型合成氨厂普遍采用加压变换。一般小型氨厂操作压力为0.8~1.2 MPa，中型厂为1.2~1.8 MPa，大型厂为3.0~8.0 MPa。

3. 汽气比

增加蒸汽用量，可提高一氧化碳的平衡变换率，加快反应速率，防止催化剂中Fe_3O_4被过度还原，减少析碳及甲烷化等副反应的发生。同时过量的水蒸气能使催化剂床层的温升减少，故改变蒸汽用量是调节床层温度的有效手段。

但蒸汽用量是变换过程最主要的消耗定额，为节能降耗，应尽量降低蒸汽消耗。一方面要采用新型低活性催化剂，使反应在较低温度下进行，降低反应的汽气比；另一方面要合理确定一氧化碳的最终变换率，催化剂层数要合适，段间冷却要良好。中温变换适宜的汽气比为$H_2O/CO = 3~5$。

4. 空间速率

空间速率的选择要与反应速率相匹配。在保证一定变换率前提下，若催化剂活性好，反应速率大，可采用较大的空间速率，充分发挥设备生产能力。而催化活性差，反应速率小时，若空间速率过大，会使CO来不及反应就离开了催化剂层，不仅变换率降低，同时催化剂层温度也难以维持。

二、低温变换工艺条件选择

1. 温度

设置低温变换的目的是使变换反应在较低温度下进行，以提高变换率，降低变换气中CO的残余含量。但并非温度越低越好，若温度低于湿原料气的露点温度，便会有水析出，使催化剂粉碎而失活。故低变操作温度应高于露点温度30 ℃以上，且应高于催化剂的起始活性温度，一般控制在180~260 ℃。随着催化剂使用时间的延长，活性降低，操作温度应适当提高。

2. 压力及空间速率

低温变换操作压力随中变催化剂而定，一般为1~3 MPa。而空间速率与操作压力有关，随着压力的升高，空间速率增大。低变催化剂的空间速率一般为1 000~2 500 h^{-1}。

3. 入口气体中CO含量

低变催化剂操作温度范围窄，对热敏感，价格高。若原料气中CO含量高，反应放热多，易使催化剂超温，使用寿命缩短。故要求低变炉的入口气体中CO含量小于6%（体积分数）。

三、耐硫变换工艺条件选择

1. 温度

为了保证低变出口一氧化碳变换率，催化剂须分段。其温度的控制除了必须在催化剂活性温度范围，各段低变催化剂温度还应按最适宜温度分布。同时为了防止油污和水蒸气冷凝在催化剂上引起活性下降，床层阻力上升，还应根据气体中水蒸气含量以高于露点温度30℃来确定低变过程温度下限。因此耐硫低温变换操作一般入口温度为180～220℃，热点温度为330～400℃，并且随着催化剂使用时间延长，催化剂活性降低，操作温度应适当提高。

2. 压力和空间速率

耐硫变换的压力由进入系统的原料气压力决定，一般为0.8～3 MPa。空间速率原则上应与反应速率相匹配，一般与催化剂的型号、压力、温度相关，不同型号的催化剂确定不同的空间速率，且空间速率随压力、温度上升而增大。

3. 原料气中硫化氢含量

在一氧化碳变换过程中，如果原料气中 H_2S 含量高，耐硫催化剂中的钴和钼以硫化物形式存在，催化剂维持高活性。当反应温度高、汽气比大，而气体中 H_2S 含量不足时，易使耐硫变换催化剂出现反硫化现象，造成催化剂失活。所以原料气中应维持一定的 H_2S 含量，为避免 H_2S 含量过高使变换系统腐蚀加剧和增加后工段二次脱硫的压力，全低变流程一般控制 H_2S 质量浓度为150 mg/m^3（标准状态）左右；而中低低流程由于中变催化剂不耐硫，原料气中的 H_2S 质量浓度为100 mg/m^3（标准状态）左右；中串低流程的 H_2S 质量浓度为50 mg/m^3（标准状态）左右。

第四节 一氧化碳变换工艺流程及主要设备

一、变换工艺流程

变换工艺流程，主要依据合成氨生产中的原料种类及各项工艺指标的要求、催化剂特性和热能的综合利用及残余 CO 脱除方法等综合考虑设置。若原料气中 CO 含量高，应采用中温变换；若后工序要求较低的 CO 含量指标，应采用中变串低变流程，以降低变换气中残余 CO。此外，根据入变换系统原料气的温度及湿含量，考虑气体的预热与增湿，合理利用余热。

1. 中温变换流程

加压中温变换流程图如图5-3所示。半水煤气送入饱和塔下部，与自上而下的热水逆流接触，气体被加热并被水蒸气所饱和，出饱和塔后经蒸汽混合器，补加部分蒸汽，进入热交换器，与反应后的变换气换热，温度达380℃左右，进入变换炉进行一氧化碳变换反应，使出变换炉的变换气中 CO 体积分数降至3%以下。在各段催化剂床层之间，装有冷激水喷头,以降低各段反应后气体的温度。出变换炉的变换气,首先依次进入热交换器、水加热器回收热量,变换气温度降至100 ℃左右;然后进入热水塔,在塔内变换气与自上而下的热水逆流接触,气体温度降至75 ℃左右;最后经冷凝塔,气体温度降至常温送脱碳工段。

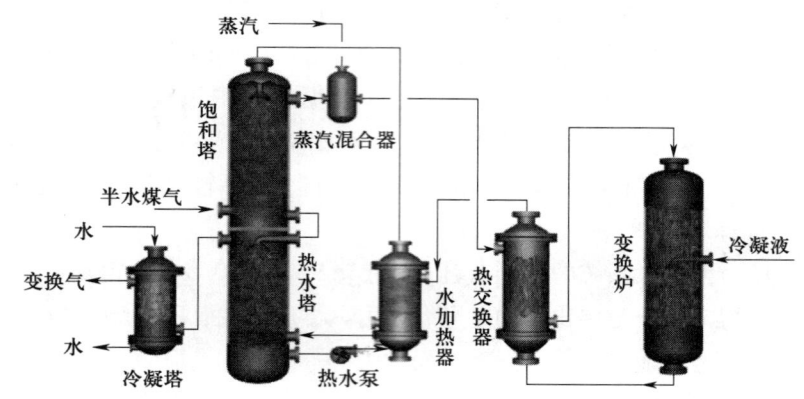

图5-3 加压中温变换流程图

该流程主要特点有:采用低温高活性的中变催化剂,降低了工艺上对过量蒸汽的要求;采用段间喷水冷激降温,减小了系统的热负荷和阻力,减小外供蒸汽量;与邻近工段(如合成与变换,铜洗)构成第二换热网络,合理利用热能。

2. 中温变换串低温变换流程

中温变换串低温变换流程图如图5-4所示。原料气经废热锅炉后进入中温变换炉,经反应后气体中CO体积分数降到3%左右,温度为420~440 ℃,进入中变废热锅炉,被冷却到330 ℃,使锅炉产生一定压力的饱和蒸汽,再经甲烷化炉进气预热器,冷却到230 ℃后进入低温变换炉,使残余CO体积分数降到0.3%~0.5%。该反应余热还可经饱和器、换热器进一步回收利用,气体出变换系统后送往脱碳工段脱除CO_2。

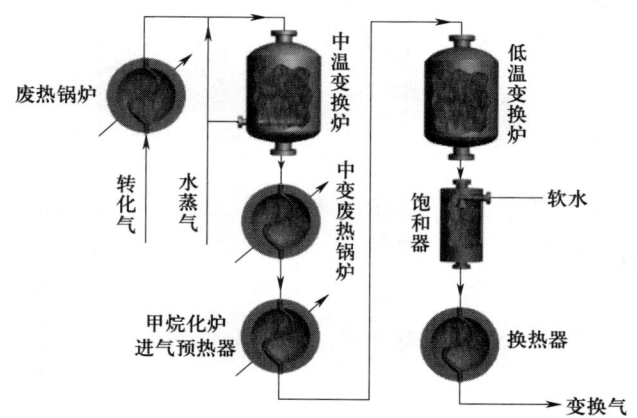

图5-4 中温变换串低温变换流程图

3. 全低变流程

全低变流程一般指不用铁铬系催化剂而采用宽温区的钴钼系耐硫变换催化剂,进行一氧化碳变换的工艺过程。全低变流程的特点有：变换炉入口温度及床层内的热点温度较低，可使变换系统在较低的温度范围内操作，有利于提高一氧化碳的平衡变换率；在满足工艺指标要求的前提下，降低了入炉蒸汽量，减少蒸汽消耗；减少催化剂用量，床层阻力下降。

二、变换工序主要设备

1. 变换炉

变换炉是变换工序的最主要设备，是煤气化制甲醇核心设备之一，属于轴向绝热式固定床反应器，如图5-5所示。变换炉的构造随工艺流程的不同而异，主要有绝热型和冷管型，其中应用最广泛的是绝热型。

变换炉应满足以下要求：①变换炉的处理气量尽可能大；②气流阻力小；③气流在炉内分布均匀；④热损失小，温度易控制；⑤结构简单，便于制造和维修，并能实现最适宜温度的分布。变换炉壳体是用钢板焊制而成的立式圆筒，内以钢板隔成上、下两段。上段装两层催化剂，下段装一层催化剂。催化剂靠支架支承，支架上铺算子板、铁丝网和耐火球，然后装填催化剂，上部再装一层耐火球。在催化剂层内设有热电偶，用以测量催化剂层的温度。为了降低炉壁温度和防止热损失，炉体内壁砌有耐热混凝土衬里，还有人孔和装卸催化剂口。

变换反应存在最适宜温度。因此，变换过程的操作温度应综合各方面因素来确定，主要依据是：应在催化剂活性温度范围内操作；尽可能接近最适宜温度曲线进行反应。一般根据

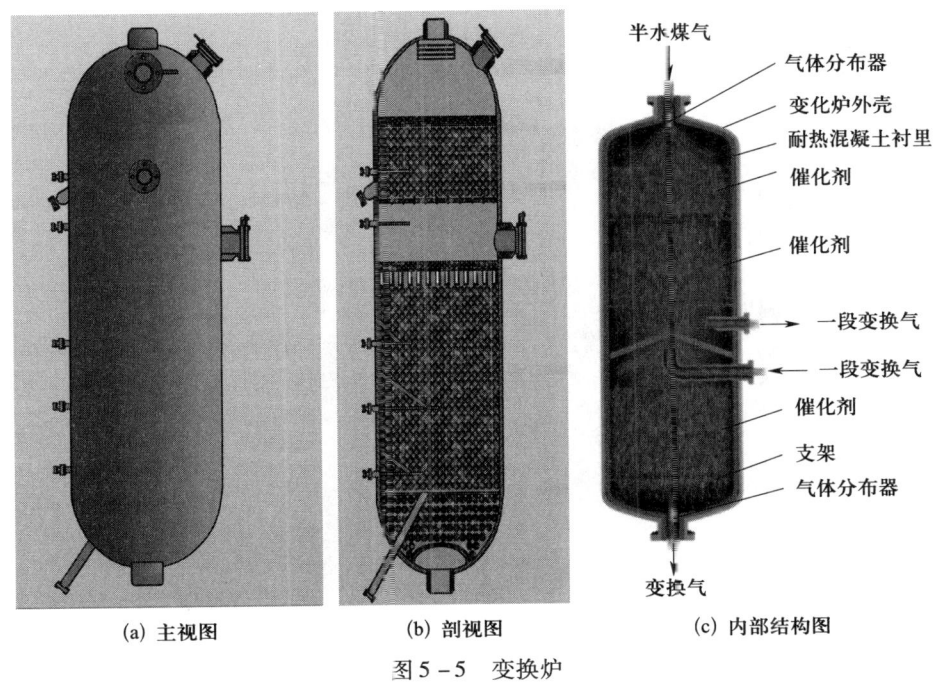

(a) 主视图　　(b) 剖视图　　(c) 内部结构图

图5-5　变换炉

原料气中 CO 的含量,将催化剂分为一段、二段或多段,段间进行冷却。主要是采用中间间接换热式(用原料气或蒸汽间接换热)或中间直接冷激式(即在段间加入冷激水、水蒸气、冷煤气降温)的冷却方式来降低反应系统的温度,使变换过程操作线接近最适宜温度曲线。

2. 饱和热水塔

饱和热水塔的作用是提高原料气的温度,增加原料气中水蒸气的含量以节省补充蒸汽量。热水塔的作用是回收变换气中的蒸汽和显热,提高热水温度,供饱和塔使用。

饱和热水塔的塔体用钢板焊制而成,饱和塔在热水塔之上,并用钢板隔开,两塔结构基本相同。饱和塔内装有瓷质填料,有较好的传热传质效果,为防止塔出口气体带水,塔顶设有气水分离段和除沫器,饱和塔底部的热水经过水封流入热水塔,热水塔内装瓷质填料,在饱和塔和热水塔塔体上还设有人孔和卸料口,塔底设有液位计。

工业上将饱和塔与热水塔组成一个联合装置的优点是上塔底部的热水可自动流入下塔,省去一台热水泵,节省动力消耗。

常用的饱和塔和热水塔除填料塔外,还有波纹板塔和旋流板塔。波纹板塔是将冲有筛孔的薄金属板压成波纹状替代填料,分装在塔内即构成波纹板塔。在波纹板塔内,上塔板波谷的液体流至下一塔板的泡沫层,气体则通过波峰及波纹侧面的孔喷入液体中,故气液接触好,传热效率高。旋流板塔是一种喷射型塔板洗涤器,塔板叶片如固定的风车叶片,气流通过叶片时产生旋转和离心运动,吸收液通过中间盲板均匀分配到每个叶片,形成薄液层,与旋转向上的气流形成旋转和离心的效果,喷出细小液滴,甩向塔壁后液滴受重力作用集流到集液槽,并通过降液管流到下一塔板的盲板区。具有一定风压、风速的待处理气流从塔的底部进、上部出。吸收液从塔的上部进、下部出。气流与吸收液在塔内做相对运动,并在旋流板塔的结构部位形成很大表面积的水膜,从而提高吸收作用。

实训四 一氧化碳变换生产操作实训

本实训以耐硫宽温变换生产操作为例。

一、冷态开车操作

1. 原始开车

(1) 开车条件。

1) 确认系统所有设备、管道、电气仪表和阀门等安装完毕或检修完毕,且检查验收合格。系统内所有的阀门处于关闭位置并与前后系统有效隔离。

2) 循环水,除盐水,电、仪表空气,装置空气,低压蒸汽,低压氮气,中压氮气等公用工程具备使用条件。

3) DCS 系统具备投用条件,所有仪表调试合格,仪表阀门动作灵敏,联锁系统测试合格、液位计、安全阀、压力表、取样点等能够正常投用。

4）安全消防设施齐全并正常投用，消防灭火器材配备到位，可燃气体监测报警装置投用。

5）人员培训合格，并持证上岗，车间的开车组织机构已建立，职责分工明确。操作规程和试开车方案已批准下发，并已组织人员学习，开车所需的各种报表、记录本、条件确认表、记录表格和图纸等已发放到岗位。

6）系统内的照明齐全、道路畅道、检修施工的垃圾和杂物已清理干净，障碍物已清除，地沟排水等设施畅通，通信设施已配备齐全，工器具已配备到位。

(2) 系统清扫吹洗。

1）经过机械加工后的设备和经过焊接后的流体输送管道通常包含大量必须除去的杂质；如果不除去这些杂质，它们就会堵塞过滤器、阀门甚至管线，对整个开车过程造成不利影响，因此必须认真进行设备和管线的吹扫工作。

2）系统吹除包括设备清扫和工艺管道的吹净，有内件的设备在内件安装前必须清理干净。

3）管道吹扫以洁净空气或者惰性气体为介质，吹扫压力 0.5 MPa，吹扫管道必须按流程顺序进行，吹扫后才能连接法兰，如遇阀门、孔板、设备等必须断开或拆除，防止管道内泥沙及焊渣或是其他杂物打坏阀门、孔板或吹入设备内。吹净的检查可用挡板放在吹出口，吹出气流冲到挡板上以不脏为吹除合格。

(3) 系统气密性试验。系统进行清洗、吹扫后，需进行气密试验。在试验过程中，重点检查系统管道、阀门、法兰、焊缝、人孔、仪表等连接处安装的严密性，如遇泄漏，需进行紧固和处理，确保系统开车后能尽快达到高负荷、长周期运行。试压范围为变换界区内的设备及管线，分不同压力阶段进行，试验最终压力为正常操作压力。

(4) 系统氮气置换。因为空气与 CO、H_2 等可燃性气体会形成爆炸性混合物，所以在化工投料试车前，应用惰性气体（一般用 N_2）将系统中的空气置换干净。

N_2 置换范围为变换界区内的设备及管线，在进行每一段 N_2 置换时，每隔 1 h 在取样处取样分析，系统氧体积分数≤0.2%，可燃气体积分数≤0.5%，即认为置换合格；如果氧体积分数超过 0.5%，则视为置换不合格，继续置换直至合格为止。

(5) 催化剂的升温硫化。

1）升温时，为防止水蒸气在催化剂上冷凝，应使用惰性气体作为升温介质，通过鼓风机和电炉循环预热催化剂。当催化剂床层温度升至催化剂活性温度露点温度以上时，可以改用工艺气升温。

2）催化剂从室温开始升温，适宜的升温速率是每小时 25 ℃左右，当入口温度升到 120 ℃时，恒温 4~6 h，以脱除催化剂中吸附的物理水，然后再继续升温至 200~220 ℃，恒温 3~4 h。

3）向系统添加质量浓度为 20~40 g/m³ 的 CS_2 进行硫化，注意控制 CS_2 的加入量、电炉功率，避免催化剂床层温度暴涨。

4）使催化剂层各点温度均接近 400 ℃，并保温 2 h。

5）炉出口 H_2S 质量浓度连续三次均在 15 g/m^3 以上时，停止加 CS_2，硫化结束。

6）硫化结束后开始降温排硫，用半水煤气将床层温度降至 300 ℃，分析出口 H_2S 质量浓度小于 1.0 g/m^3 时，排硫结束可转入正常生产。

注意事项：①控制氧体积分数 <0.5%。特别是全低变流程，氧体积分数过高会引起催化剂床层温度上涨。②硫化期间应严格控制热点温度，床层温度控制以调节电炉功率、半水煤气流量为主，适当改变 CS_2 的配入量。③升温硫化期间变换炉入口和出口，包括 H_2S 在内的全分析，每小时一次，CS_2 的分析每小时一次。④系统提压、提温过程中要密切注意床层温度，发现床层温度上升较快时，应暂时停止提压、提温，待温度稳定后继续提压、提温。

2. 短期停车后的开车

若停车时间短，温度仍在催化剂活性温度范围，可直接开车。否则，打开电炉用干煤气升温，待温度升至正常（至少高于露点温度）后投入运行，或用热变换气进行升温后投入系统。待变换炉入口变换气温度到达该压力下的露点温度 30 ℃ 以上时，H_2S 含量符合指标要求后，调整适当的汽气比，用副线阀将炉温调整到指标之内，逐渐加大生产负荷，转入正常生产。

二、停车操作

1. 短期停车操作

短期停车时需进行保温，保压处理。

（1）关闭变换系统进、出口阀及导淋阀、取样阀，保温、保压。如床层温度下降，系统压力亦应降低，保证床层温度高于露点温度 30 ℃。

（2）当温度降至 120 ℃ 前，压力必须降至常压，然后以煤气、变换气保持正压，严防产生负压而漏入空气及水蒸气冷凝液。

（3）注意热水塔液位及有关阀门，防止水倒入变换炉内。

（4）短期停车后，若温度下降，可用电加热器或热变换气进行升温后转入正常生产。

2. 长期停车操作

（1）将变换炉压力以 0.2 MPa/min 的速率降至常压，并以干煤气或 N_2 将催化剂床层温度降至小于 40 ℃，降温速率为 30 ℃/h。

（2）关闭变换系统进出口阀及所有测压、分析取样点，并加盲板，进行系统隔离。

（3）用氧体积分数小于 0.5% 的惰性气体保持炉内微正压（100~200 Pa），严禁空气入炉内。

需要卸出催化剂时，用干半水煤气将低变炉降至常温、常压，用 N_2 吹扫后方可进行。卸出的催化剂用塑料袋或桶封存，24 h 内不需要硫化，可直接使用。

三、正常操作管理

1. 催化剂床层温度的控制

将温度控制在催化剂活性温度范围内。使用初期，尽量控制在低限，以后逐渐提温不超过 10 ℃/h。尤其在全低变及中低变流程中，最后一段床层入口温度应尽量控制在操作温度下限，且催化剂床层操作温度波动范围不超过 ±5 ℃/h。

2. 汽气比及硫化氢含量的控制

在保证变换率前提下，尽可能采用低的汽气比。气体中 H_2S 含量应控制在最低限。

3. 入炉工艺气体中氧含量

（1）控制氧体积分数 <0.5%。特别是全低变流程，氧体积分数过高会引起催化剂床层温度上涨，此时，不能用增加蒸汽用量的方法降温，应开大半水煤气副阀或减量，避免低变反应加剧，催化剂层严重超温，出现反硫化。

（2）加减量时要缓慢，大幅度减量或临时停车时，应立即减少蒸汽加入量，或切断蒸汽，防止反硫化反应。

（3）保证工艺气清洁，防止水进入变换炉。

四、异常现象及处理措施

1. 催化剂超温

炉温过高易使触媒烧结、粉化失去活性，造成催化剂烧结粉化，降低触媒活性，导致出口 CO 含量超标，床层阻力升高。

处理措施：

（1）及时降低变换炉入口温度；

（2）联系气化操作人员，控制汽气比在正常范围；

（3）控制好系统压力；

（4）根据床层温度调整进气空速。

2. 催化剂的硫酸盐化

因停车过程中空气进入变换炉内，使变换催化剂发生硫酸盐化而失活。

处理措施：停车过程中应严防空气进入变换内。

3. 催化剂的反硫化

若低变炉出口气体中 H_2S 含量明显高于入口，可能发生反硫化现象。

常见原因：

（1）变换炉进口温度过高；

（2）热交换器泄漏，使变换炉进口 CO 体积分数达 10%，床层温升过高；

（3）汽气比过高；

（4）入炉 H_2S 含量过低；

处理措施：重新硫化，以恢复催化剂活性。

4. 系统进水

处理措施：应迅速切断水源，排水后，以干半水煤气或氮气为介质，由电炉缓慢升温至高于露点温度 20 ℃以上，保持数小时，待催化剂烘干后使用。

思考与练习

1. 一氧化碳变换工序的任务是什么？
2. 什么是一氧化碳变换率？如何提高一氧化碳的变换率？
3. 什么是平衡变换率？影响平衡变换率的因素有哪些？
4. 中变铁铬系催化剂的主要成分是什么？各组分的作用是什么？
5. 铁铬系催化剂在使用前为什么要进行还原？
6. 中温、低温变换催化剂在使用后为什么要进行钝化，钝化的步骤有哪些？
7. 什么是最适宜温度曲线？生产中为何要求变换反应按最适宜温度曲线进行？
8. 选择中温变换操作温度的主要原则是什么？工业上如何使变换反应温度接近最适宜温度？
9. 饱和塔与热水塔的作用各是什么？

第六章

二氧化碳脱除

>> 学习目标

1. 了解二氧化碳脱除在合成氨生产中的意义。
2. 熟悉不同脱碳方法的特点和适用场合。
3. 熟悉典型的脱碳方法的基本原理、工艺条件、工艺流程和主要设备结构。
4. 掌握低温甲醇法脱硫脱碳的基本原理、工艺条件、工艺流程和主要设备结构及操作控制要点。
5. 掌握本菲尔法脱碳方法中吸收剂的组成与再生原理。

无论是以固体燃料还是以烃类蒸汽转化制得的原料气,经变换后气体中一般含18%～35%(体积分数)的CO_2,它不仅使氨合成催化剂中毒,且给后续清除少量CO的过程带来困难。若采用铜洗法精制时,CO_2能与铜液中的氨生成碳酸铵结晶,堵塞设备及管道;若采用液氮洗涤法精制时,CO_2在低温下易固化为干冰,堵塞设备及管道;若采用甲烷化法精制时,CO_2与H_2结合生成甲烷,消耗有效成分氢。CO_2又是重要的化工原料,是用于生产尿素、纯碱、碳酸氢铵、干冰等产品的原料。故合成氨原料气中的CO_2必须清除,并回收利用。

脱除气体中CO_2的过程称为脱碳。脱碳的方法很多,多为溶液吸收法。根据所用吸收剂性质的不同,可分为物理吸收法、化学吸收法和物理化学吸收法。

物理吸收法是利用CO_2比H_2、N_2在某些溶剂中溶解度大的特性脱碳。吸收CO_2后的吸收剂,再利用闪蒸解吸及气提法再生,解吸出CO_2。常用的方法有低温甲醇法、NHD法和碳酸丙烯酯法等。

化学吸收法一般用碱性溶液作吸收剂,吸收酸性CO_2后,经加热再生,释放出吸收的

CO_2。常用的方法有热钾碱法。热钾碱法是用加有催化剂的碳酸钾溶液脱除原料气中的 CO_2。当以二乙醇胺为催化剂时,又称本菲尔法。

物理化学吸收法兼有物理吸收和化学吸收的特点,常用的方法有环丁砜法、甲基二乙醇胺法(MDEA 法)等。

变压吸附法是利用固体吸附剂在加压下吸附 CO_2,再采用减压脱附解析出 CO_2。此法属于纯物理过程。

常用脱碳方法优缺点比较见表 6-1。

表 6-1　　　　　　　　　　　常用脱碳方法优缺点比较

脱碳方法		优点	缺点	适用场合
物理吸收法	低温甲醇法	吸收能力强,脱除 CO_2 同时脱除 H_2S、COS 等,气体净化度高,甲醇性质稳定,不腐蚀设备	工艺流程长,再生复杂;甲醇毒性大,设备、管道需低温材料,投资较高	以煤或重油为原料的大中小型合成氨厂、甲醇厂均采用
	NHD法	吸收能力强,选择性高;气体净化度高;溶剂性质稳定,无毒无味,无污染,无腐蚀性;溶剂价格便宜;设备采用碳钢材料,投资少;操作时不起泡,操作方便,流程短,能耗低	—	用于以天然气为原料的大型氨厂,世界上已有多家厂采用
	碳酸丙烯酯法	吸收能力较强,无毒,无腐蚀性,性质稳定;工艺简单,常温即可吸收与再生,能耗低,解吸出的二氧化碳纯度高	碳酸丙烯酯价格较高,气体净化度低,二氧化碳回收率低,腐蚀设备	部分中小型氨厂采用
化学吸收法	本菲尔法	在吸收塔下部用温度较高的溶液吸收,既加快了吸收反应速度,又因是等温吸收、等温再生,节省了再生热耗;在吸收塔上部用温度及转化度均较低的溶液吸收,提高了气体净化度	—	我国以天然气或轻油为原料的大型及部分中型氨厂采用
物理化学吸收法		环丁砜法、甲基二乙醇胺法(MDEA 法)等	—	国内应用较少
变压吸附法		流程简单,操作方便,设备无腐蚀;能耗低,可同时脱除甲烷,减少储罐气放空量,环境污染小;气体净化度高,可采用甲烷化法精制,使有联醇工序的氨厂甲醇质量大大提高	变压吸附一次性投资比较大,有效气体损耗大	近年来迅速得到推广使用

第一节　物理吸收法

物理吸收法由于选择性较差,采用降压闪蒸进行再生,其能耗较化学吸收法低,但 CO_2 回收率也低。常用的物理吸收脱碳方法有低温甲醇法、NHD 法和碳酸丙烯酯法。

一、低温甲醇法

低温甲醇法又称低温甲醇洗，是以冷甲醇为吸收溶剂，利用甲醇在低温下对酸性气体溶解度极大的优良特性，脱除原料气中的酸性气体。该工艺既可以单独脱除原料气中的 CO_2，也可同时脱除 H_2S 和 CO_2，从而省去脱硫工序。低温甲醇法工艺技术成熟，被广泛应用于合成氨、合成甲醇和其他羰基合成、城市煤气、工业制氢和天然气脱硫等气体净化装置中。国内以煤为原料的大型合成氨、合成甲醇装置中，也大多采用同时脱硫脱碳的低温甲醇法。

1. 基本原理

（1）甲醇性质。甲醇是一种无色透明液体，一种极性有机溶剂，易挥发、易燃。沸点为 64.7 ℃（0.1 MPa），熔点为 -97.8 ℃，在空气中自燃点为 473 ℃，在 O_2 中自燃点为 461 ℃，能与水以任何比例混溶。甲醇有毒，人服 10 mL 能使双目失明，服 30 mL 可致死亡。甲醇在空气中的允许质量浓度为 50 mg/m³。

（2）吸收原理。低温甲醇法是根据各种气体在甲醇中溶解度不同而选择性的吸收溶解度大的气体成分。各种气体在 -40 ℃时的相对溶解度见表 6-2。

表 6-2　　　　　-40 ℃时各种气体在甲醇中的相对溶解度

气体	气体的溶解度/H_2 的溶解度	气体的溶解度/CO_2 的溶解度
H_2S	2 540	5.9
COS	1 555	3.6
CO_2	430	1.0
CO	5	—
N_2	2.5	—
H_2	1.0	—

由表 6-2 可知，甲醇对 CO_2、H_2S 等酸性气体有较大的溶解能力，而 H_2、N_2、CO 等气体在其中的溶解度甚微，故甲醇能选择性吸收 CO_2、H_2S 等酸性气体，而 H_2、N_2 的损失很小。

CO_2 在甲醇中的溶解度也与吸收压力有关，不同温度和压力下，CO_2 在甲醇中的溶解度见表 6-3。

表 6-3　　　　　不同温度和压力下 CO_2 在甲醇中的溶解度（cm³/g）

p_{CO_2}/MPa	t/℃				p_{CO_2}/MPa	t/℃	
	-26	-36	-45	-60		-26	-36
0.101	17.6	23.7	35.9	68.0	0.912	223.0	444.0
0.203	36.2	49.8	72.6	159.0	1.013	268.0	610
0.304	55.0	77.4	117.0	321.4	1.165	343.0	—
0.405	77.0	113.0	174.0	960.7	1.216	385.0	—
0.507	106.0	150.0	250.0	—	1.317	468.0	—
0.608	127.0	201.0	362.0	—	1.418	617.0	—
0.709	155.0	262.0	570.0	—	1.520	1 142	—
0.831	192.0	355.0	—	—			

由表 6-3 可知，CO_2 在甲醇中的溶解度随着压力的升高和温度的降低而急剧增大，故甲醇脱硫脱碳宜在高压和低温下进行。降低温度对气体的吸收有利，当温度从 20 ℃ 降到 -40 ℃ 时，CO_2 的溶解度约增大 6 倍。而 H_2、N_2、CO 及甲烷的溶解度随温度变化很小。故此法适宜低温下操作，且 H_2S 在甲醇中的溶解度比 CO_2 更大，脱碳的同时也能除去气体中的 H_2S 等硫化物。

CO_2 在甲醇中的溶解度还与气体成分有关，当气体中含有 H_2 时，由于 H_2 的存在降低了 CO_2 在气相中的分压，会使 CO_2 在甲醇中的溶解度降低。

（3）再生原理。吸收了一定量的 CO_2、H_2S 等气体后的甲醇，在减压加热条件下，解吸出所吸收的气体，使甲醇得到再生，循环使用。由于在一定条件下，H_2、N_2 等气体在甲醇中的溶解度最小，其次是 CO_2，H_2S 在甲醇中的溶解度最大。当采用分级减压膨胀法进行再生时，H_2、N_2 先从甲醇中解吸出来，回收利用。然后控制再生压力，使大量 CO_2 解吸出来，而 H_2S 仍留在溶液中，得到浓度大于 98%（体积分数）的 CO_2 气体，以满足尿素生产的要求。最后再用减压、气提、蒸馏、加热等方法使 H_2S 解吸出来，得到 H_2S 含量大于 25%（体积分数）的气体，送往硫黄回收工序，加以回收。

甲醇富液再生有以下三种方法。

1）减压闪蒸解吸。该方法最经济。减压过程中温度降低，气体解吸的量及其组成与压力、温度、溶液的组成有关，由气液平衡决定。减压闪蒸受到的压力限制不是很彻底。

2）气提再生。用惰性气体进行气提，但气提后尾气中的 CO_2 被气提气所稀释，进一步利用受到限制。气提的效果与尾气的组成受气提气量、温度和压力的影响。

3）热再生。溶液在热再生塔的再沸器中用蒸汽加热至沸腾，用甲醇的蒸气气提，这种方法再生彻底，但消耗蒸汽。

三种再生方法应合理配合，注意 H_2 等有用气体的回收，减少甲醇的损失并节省能耗。

2. 吸收操作条件选择

（1）温度。常温下甲醇的蒸气分压很大，为了减少操作中甲醇的损失，宜采用低温吸收。但是 CO_2 等气体在甲醇中的溶解热很大，在吸收过程中溶液的温度会不断升高，使吸收能力下降。为了维持吸收塔的操作温度，在吸收大量 CO_2 的部位设有冷却器，或将甲醇溶液引出塔外进行冷却。在生产中，一般吸收温度为 -70 ~ -20 ℃。

（2）压力。降低温度、增加压力，可提高 CO_2 在甲醇中的溶解度，但操作压力过高，对设备强度和材质要求也高。故操作压力一般为 2~8 MPa。

3. 工艺流程

图 6-1 为同时脱除原料气中 H_2S 和 CO_2 的低温甲醇法流程图。净化后的原料气中 CO_2 含量小于 20×10^{-5}（体积分数），H_2S 含量小于 1×10^{-5}（体积分数）。

（1）原料气体的预冷。来自变换工段的变换气进入低温甲醇洗工段，冷却后的循环气进行混合。由于低温甲醇洗工段是在低温的条件下操作的，为了防止变换气中的饱和水在冷却过程中结冰堵塞换热器，在混合气体进入原料气换热器之前，向其中喷入贫甲醇，凝结下来的水与甲醇形成混合物，冰点降低，从而不会出现冻结现象。然后进入原料气换热器与本

第六章 二氧化碳脱除

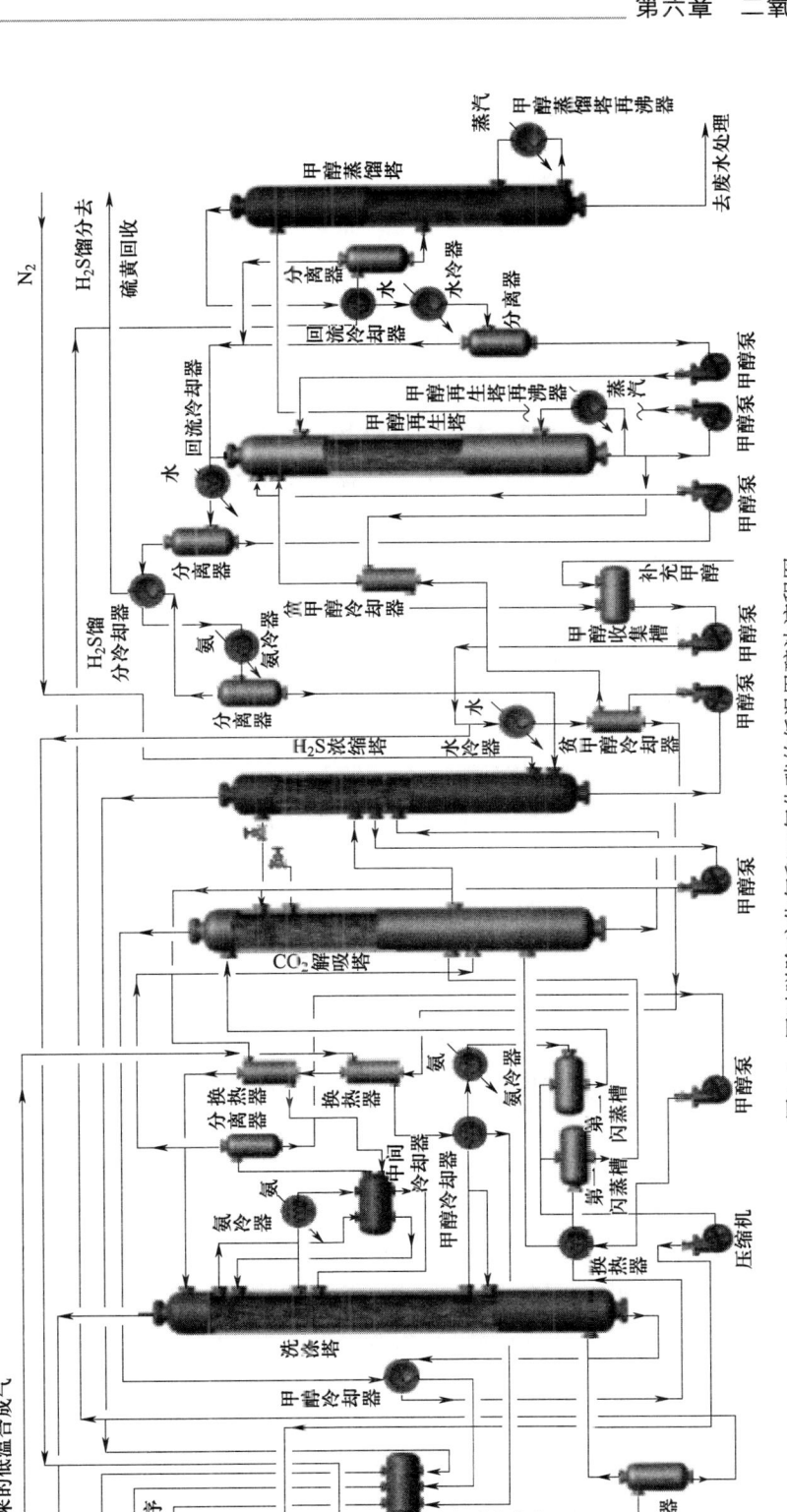

图6-1 同时脱除硫化氢和二氧化碳的低温甲醇法流程图

工段的尾气，CO_2产品气和液氮洗冷合成气进行换热而被冷却至-12℃。甲醇水混合物与气体一起进入原料气分离器进行气液分离，气体进入洗涤塔底部，而分离下来的甲醇水混合物送往甲醇蒸馏塔进行甲醇水分离。

（2）酸性气体（如CO_2、H_2S等）的吸收。洗涤塔分为上塔和下塔两部分，上塔的作用是脱除CO_2，又分为三段，从上至下分别是精洗、主洗和初洗；下塔的作用是脱除硫化物和少量的CO_2。自原料气分离器来的原料气进入洗涤塔的下塔，被自上而下的甲醇溶液进行洗涤。由于H_2S和COS等硫化物在甲醇中的溶解度比CO_2高，而且在原料气中H_2S和COS等硫化物的含量比CO_2低得多，为了使出下塔的甲醇溶液由于吸收热而造成的温升减小至最低，用出上塔底部吸收了CO_2的甲醇溶液总量的一部分作为洗涤剂，将原料气中的H_2S和COS等硫化物吸收降低至0.5（或1）$\times 10^{-6}$（体积分数）以下。此含硫甲醇溶液从塔底排出依次经过与来自CO_2解吸塔的CO_2产品气和经CO_2解吸塔下进料泵送出的闪蒸甲醇进行换热，进入第一闪蒸槽闪蒸分离。

经下塔脱除硫化物后的原料气通过升气管进入洗涤塔上塔脱出CO_2。因吸收CO_2后放出的溶解热会导致甲醇溶液的温度上升，为了充分利用甲醇溶液在低温下的吸收能力，减少洗涤甲醇流量，在设计上采取了分段冷却的方法。甲醇吸收CO_2所产生的溶解热转化为下游甲醇溶液的温升，一部分在洗涤塔中间冷却器中与来自H_2S浓缩塔的低温甲醇溶液换热，另一部分在洗涤塔段间氨冷器、中间冷却器进行换热。

来自热再生部分的贫甲醇经冷却后在-63℃下进入洗涤塔的顶部，出精洗段的甲醇溶液吸收CO_2后温度由-63℃上升至-29.91℃，经过中间冷却器被冷却至-46.15℃后进入上塔中段继续吸收CO_2；出主洗段的甲醇溶液温度上升至-18.53℃，依次经过氨冷器、中间冷却器被冷却至-43.35℃后进入初洗段进一步吸收CO_2，温度上升至-8.1℃后出初洗段；出初洗段的甲醇溶液总量的50%左右进入下塔作为洗涤剂，剩余部分依次在甲醇冷却器与液氮洗冷合成气换热被冷却，然后进入氨冷器中利用液氨蒸发制冷，再经阀减压进入第二闪蒸罐进行闪蒸分离。出吸收塔顶的净化气送往后续工段。

（3）富甲醇的闪蒸及循环氢的回收。通常除CO_2、H_2S和COS外，总有一些H_2及其他气体溶解于甲醇洗涤塔的两股富甲醇中，为了回收这部分H_2，两股富甲醇须先预冷，后减压闪蒸。自甲醇洗涤塔脱碳段底部引出的富甲醇由于不含有H_2S和COS而被称为无硫甲醇。无硫甲醇冷却后，减压进入第二闪蒸罐闪蒸，解吸出部分气体进入第一闪蒸罐。

出脱硫段塔底的富甲醇中由于含有H_2S和COS而被称为含硫富甲醇。含硫富甲醇先与来自CO_2解吸塔的CO_2换热，降温后减压并进入第一闪蒸罐中闪蒸，解吸部分气体经压缩机与原料气混合。

（4）CO_2解吸及H_2S的浓缩。出第二闪蒸罐的无硫甲醇继续减压，进入CO_2解吸塔顶部，继续解吸出无硫的CO_2。顶部部分甲醇继续回流至解吸塔中上部，用来吸收塔中段含硫甲醇液中闪蒸出上升气中的硫化物。

出第一闪蒸罐的含硫富甲醇在CO_2解吸塔中部同时解吸出的H_2S、COS，被塔上部的无硫甲醇洗去硫化物后，再与进入塔顶的无硫甲醇解吸出来的CO_2相混合后出解吸塔顶部，在甲醇冷却器中与含硫甲醇换热后，再通过进原料气换热器回收冷量后，温度上升至 30 ℃ 后，洗涤合格进行放空。

CO_2 解吸塔上段底部引出的富甲醇继续减压后进入 H_2S 浓缩塔进行闪蒸。闪蒸后的甲醇经泵加压后送往洗涤塔上部，作为半贫甲醇继续吸收酸性气体。来自塔顶的甲醇混合到浓缩塔上段底部，并由 H_2S 浓缩塔上塔出料泵抽出，与再生后的贫甲醇进行换热，经洗涤塔中间冷却器壳程，进分离器进行气液分离。气体被送入 CO_2 解吸塔的底部，CO_2 继续解吸。液相经泵加压后，经换热后送往 CO_2 解吸塔下部。解吸塔底部液相经阀门减压后送到 H_2S 浓缩塔下段的上部。

为使甲醇液中的 CO_2 能够充分地解吸，在 H_2S 浓缩塔底部引入气提 N_2，用以破坏原系统内的气液平衡，降低 CO_2 和 H_2S 的气相分压，使溶解的 CO_2 进一步解吸。而同时解吸的 H_2S 被回流液洗下来。

N_2 及气提出的气体经升气板进入浓缩塔上段，与进到升气板上部的甲醇中解吸出的 CO_2 气体混合，经用塔顶流下的无硫甲醇脱硫后离开 H_2S 浓缩塔的顶部，即为尾气。尾气原料气换热器回收冷量后达到环保排放标准离开界区送火炬或排入大气中。

（5）甲醇热再生。出 H_2S 浓缩塔下段底部浓缩后的富 H_2S 甲醇溶液经泵加压后，进入贫甲醇冷却器冷却贫甲醇，自身温度上升后进入甲醇再生塔上部，进行加热再生，将其中所含的硫化物和残留的 CO_2 用蒸汽解吸出来。

出甲醇再生塔顶部的富含 H_2S 的酸性气体经回流冷却器冷却后进行气液分离，将冷凝的甲醇分离下来。出分离器底的甲醇溶液经泵加压后，回到甲醇再生塔作为回流。顶部的气体依次进入 H_2S 馏分冷却器的壳程与出系统的酸性气体进行换热，再进入 H_2S 馏分氨冷器利用液氨蒸发冷却，然后进入 H_2S 气体分离器进行气液分离，将冷凝的甲醇溶液分离出来送往 H_2S 浓缩塔底部，气体经 H_2S 馏分冷却器的管程温度上升后送往硫黄回收岗位。

出甲醇再生塔底部的贫甲醇一部分经甲醇泵加压进入甲醇蒸馏塔的顶部作为回流液，另一部分经贫甲醇冷却器冷却后进入甲醇收集槽。甲醇收集槽中的贫甲醇经贫甲醇泵进入水冷器冷却，出水冷器的贫甲醇一小部分作为喷淋甲醇喷入原料气换热器，其余的贫甲醇依次经过 3 个换热器降温后进入洗涤塔的顶部作为吸收剂。

（6）甲醇和水分离。出原料气分离器的甲醇水混合物进入回流冷却器被加热后，经过减压后进入分离器，分离器气相返至 H_2S 浓缩塔，液相进入甲醇蒸馏塔中部进行甲醇和水分离。在甲醇蒸馏塔的塔底设置有甲醇蒸馏塔再沸器，利用低压蒸汽为甲醇水分离提供热量。出甲醇蒸馏塔顶部的甲醇蒸汽经回流冷却器、水冷器进入分离器，液相经泵进入甲醇再生塔。出甲醇蒸馏塔底部的废水去废水处理。

甲醇溶剂在低温下对 CO_2、H_2S 和 COS 等酸性气体吸收能力极强，溶液循环量小，功耗少，溶剂不氧化、不降解、不起泡，有很好的化学和热稳定性，廉价易得。而且净化气质量好，净化度高，能有选择性吸收 CO_2、H_2S 和 COS，可分开脱除和再生。低温甲醇洗可作为液氮法脱除少量 CO 的预冷阶段，因此将低温甲醇法和液氮洗工艺结合在一起使用，特别经济。但低温下操作时对设备材质要求高。为了回收冷量，换热设备多，流程较复杂，而且甲醇有毒，对废水需进行处理。

二、NHD法脱碳

1. 基本原理

聚乙二醇二甲醚的结构式为 CH_3-O-$(C_2H_4O)_n$-CH_3，该溶剂是 $n=2\sim9$ 的混合物，平均相对分子质量为 250~280。主要的物理性质：闪点为 151℃，燃点为 157℃，蒸汽压（25℃）为 0.093 Pa，密度（25℃）为 1.031 g/L，黏度（25℃）为 5.8×10^{-3} Pa·s，凝固点为 $-29\sim-22$ ℃。

聚乙二醇二甲醚能选择性地吸收原料气中的 CO_2 及 H_2S，是纯物理吸收过程，根据气体在 NHD 溶剂中的溶解度不同，NHD 溶剂对 H_2S、COS 等各种气体均有较强的溶解能力，CO_2 的溶解度低于 H_2S 的溶解度，故用 NHD 溶剂脱碳，可同时脱除原料气中的 H_2S、COS 及硫醇。

不同温度下 CO_2 在 NHD 溶剂中的溶解度不同，低温有利于 CO_2 的吸收，由于 CO_2 在 NHD 溶剂中的溶解度随压力升高、温度降低而增大，故 NHD 法脱碳通常在低温、高压下进行。

当系统降低压力、升高温度时，溶解的气体则释放出来，使溶液得到再生。通常再生采用减压和气提法。

2. 工艺条件的选择

（1）操作温度。温度对各种气体在 NHD 溶剂中的溶解度影响较大。降低吸收温度，CO_2、H_2S 等气体的溶解度增大，而 H_2、N_2 溶解度随温度的降低而减小。故降低温度，既提高气体净化度，又可减少 H_2、N_2 的溶解损失。不同温度下 CO_2 在 NHD 溶剂中的平衡溶解度见表 6-4。

由表 6-4 可知，当 CO_2 分压一定时，操作温度升高会使 CO_2 在 NHD 溶剂中的溶解度下降，对吸收不利。同时，温度高，气体中饱和水蒸气多，带入脱碳系统的水分增加，溶剂脱碳能力和气体的净化度降低。因此，在条件允许的情况下，应尽可能降低吸收过程的温度，生产中变换气温度为 6~8℃，NHD 溶剂温度为 $-5\sim-2$ ℃。

表 6-4　　　　　　　不同温度下 CO_2 在 NHD 溶剂中的平衡溶解度

温度/℃	-10	-5	5	20	40
平衡溶解度/m³	37	28	21	16	10.5

由于再生与吸收是两个相反的过程，因此提高温度，会使 CO_2 等酸性气体更容易解吸出来，从而使溶液得到再生。而且在常温下再生，几乎不损耗能量，因此再生过程的温度主要取决于吸收塔出口富液的温度。

在实际操作中，吸收温度不可过低，只要能满足对 CO_2 净化度的要求即可，否则，溶液再生消耗的能量较高。

（2）操作压力。脱碳操作压力越大，越有利于 CO_2 等酸性气体的溶解。以吸收温度为

5 ℃，变换气中 CO_2 含量为28%（体积分数）为例，不同压力下，NHD 溶剂中 CO_2 的平衡溶解度见表6-5。

表6-5　不同压力下 CO_2 在 NHD 溶剂中的平衡溶解度（温度为5 ℃）

CO_2 分压/MPa	0.2	0.4	0.6	0.8	1.0
平衡溶解度/m³	10.1	21.1	33.4	46.2	60.2

由表6-5知，在相同条件下随着吸收压力的上升，溶剂吸收 CO_2 的能力显著增加，因此选择较高压力进行脱碳是有利的。但压力过高，设备投资、压缩机的能耗均增加。工业上一般选择的吸收压力为 1.6~7.0 MPa。

脱碳后的富液通过分级减压再生，即通过不同压力等级的闪蒸来控制不同的气体组成。高压闪蒸压力控制在 0.8~1.0 MPa，有利于 H_2、N_2 的回收；低压闪蒸压力控制在 0.03~0.05 MPa，使解吸出的 CO_2 含量达98%（体积分数），可作为生产尿素的原料。低压闪蒸后的溶液，再进入气提塔脱除残余的溶解气体。

（3）溶剂的饱和度（R）。饱和度是吸收塔底富液的实际浓度与溶剂中 CO_2 的平衡浓度的比值。当吸收塔内 NHD 溶剂与原料气中的 CO_2 达到相平衡时，该溶剂中 CO_2 浓度为 CO_2 在液相中的平衡浓度。富液中 CO_2 的浓度不可能达到 CO_2 在液相的平衡浓度，故 $R \leq 1$。

饱和度的大小对溶剂循环量和吸收塔高度都有较大影响。对填料塔而言，增大气液两相的接触面积，可以提高吸收饱和度。要增大气液两相的接触面积，一方面可选用适当的填料，另一方面主要是通过增大填料体积，即增加塔的高度来实现。但塔高增大，投资增大，而且输送溶剂和气体的能耗增大。所以工业上吸收饱和度一般在75%~85%。

（4）气液比。吸收的气液比是指单位时间内进吸收塔的原料气体积（标准状态）与进塔溶剂体积之比。由于单位体积溶剂在一定条件下，所吸收的酸性气体量基本上为一定值，若其他条件不变，净化气中 CO_2 的净化度明显随着气液比的增大而降低。当处理一定量的原料气时，若吸收气液比增大，所需的溶剂量减少，输送溶剂的能耗就降低。对于一定的脱碳塔，气液比增大后，净化气中 CO_2 的含量增大，净化气的质量变差。生产中应根据净化气中 CO_2 的质量要求调节吸收气液比至适宜值。

气提的气液比是指气提单位溶剂所需惰性气体的体积之比。气提的气液比主要是控制溶剂的贫度。溶剂贫度是指 CO_2 在贫液中的含量。气提气液比越大，气提单位体积溶剂所用惰性气体体积越大，则溶剂的贫度值越小，再生效果越好，气体净化度越高。但气提气液比过大，风机电耗增大，气耗增多，随气提气带走的溶剂损耗增大。一般气提气液比控制在6~15。

3. NHD 法工艺流程

NHD 法工艺流程图如图6-2所示，由压缩工序来的变换气入气-气换热器，被低压闪蒸气和净化气冷却后，经气水分离器分离冷凝水后入脱碳塔。气体在塔内由下向上流动过程中，与塔顶喷淋下来的 NHD 溶剂逆流接触，CO_2 被吸收，净化气自塔顶引出，分离掉液滴后，经气-气换热器加热后送往后工序。

吸收了 CO_2 的富液自塔底流出，经水力透平减压至 0.8 MPa 左右，回收能量后，送往高压闪蒸槽，闪蒸出溶解的大部分 H_2、N_2，返回变换工序。

从高压闪蒸槽出来的含大量 CO_2 的富液，入低压闪蒸槽，闪蒸出体积分数 >98% 的 CO_2 气体。经气-气换热器加热后送往尿素工序。

从低压闪蒸槽流出的溶剂，还残留少量 CO_2，用富液泵加压后送往再生塔，用 N_2 或空气进行气提，气提后的贫液经贫液泵加压、氨冷器冷却后，返回脱碳塔顶部循环使用。

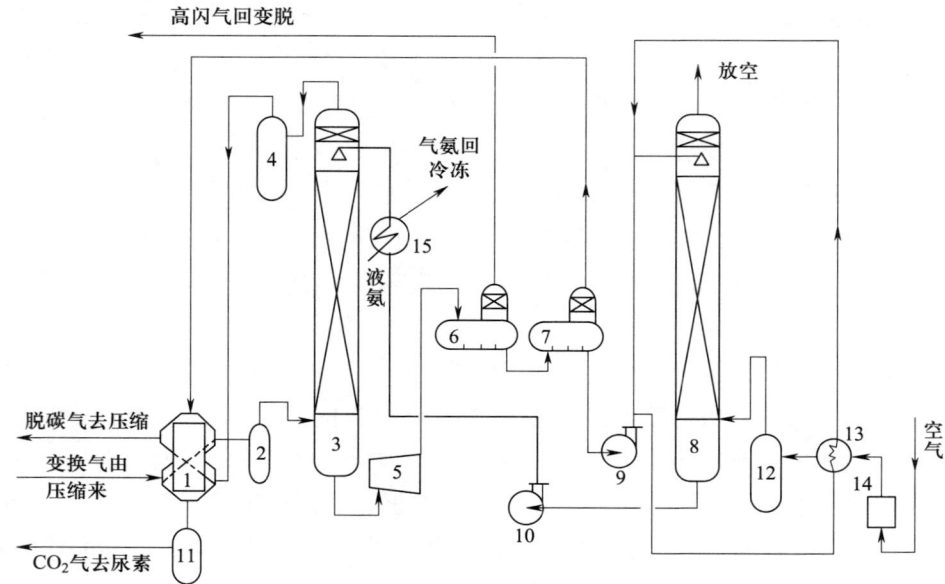

图 6-2 NHD 脱碳工艺流程图

1—气-气换热器；2—气水分离器；3—脱碳塔；4—气液分离器；5—水力透平；6—高压闪蒸槽；7—低压闪蒸槽；8—再生塔；9—富液泵；10—贫液泵；11—CO_2 气液分离器；12—空气水分离器；13—空气冷却器；14—空气鼓风机；15—氨冷器

三、碳酸丙烯酯法

1. 基本原理

碳酸丙烯酯是一种无色、无臭易燃液体，分子式为 $C_4H_6O_3$，常压下沸点为 238.4 ℃，冰点为 -48.89 ℃，密度（20 ℃）为 1.2047 g/cm^3，30 ℃ 时的蒸汽压为 13.3 Pa，是具有一定极性的有机溶剂。

碳酸丙烯酯脱碳是典型的物理吸收过程，CO_2、H_2S 等酸性气体在其中的溶解度很大，而 H_2、N_2 及 CO 等气体在其中的溶解度很小，几种气体在碳酸丙烯酯中的溶解度见表 6-6。

表 6-6　　　　　几种气体在碳酸丙烯酯中的溶解度（25 ℃，0.101 MPa）

气体	CO_2	H_2S	H_2	N_2	CO	CH_4	COS	C_2H_2
溶解度/(L/L)	3.47	12.0	0.03	0.02	0.5	0.3	5.0	8.6

由表 6-6 可知，CO_2 在碳酸丙烯酯中的溶解度比 H_2、N_2 大 100 多倍。CO_2 在碳酸丙烯酯中的溶解度，随压力的升高和温度的降低而增加。

故用碳酸丙烯酯可在常温、加压条件下从氢氮混合气中选择性地吸收 CO_2，从而达到脱碳目的。吸收 CO_2 后的富液，需再生后循环使用，常温下经减压解吸或采用鼓入空气的方法气提，即可获得再生。吸收与再生均在常温下进行，整个脱碳过程不需要消耗热量。

原料气中的烃类，在碳酸丙烯酯中的溶解度很大，故再生时应采用多级膨胀法再生，以回收被吸收的烃类。

碳酸丙烯酯有一定的吸水性，溶剂中的水对 CO_2 的吸收能力有一定影响。但通过再生气体可将水分带出。

因碳酸丙烯酯无腐蚀性，设备可用碳钢制作。溶剂的蒸汽压低，化学性质稳定，不产生降解反应，故溶剂损耗少。

2. 工艺操作条件的选择

（1）温度。随着温度的升高，CO_2 及 H_2S 等在碳酸丙烯酯中的溶解度下降，而 H_2、N_2 在其中的溶解度增加，增大了 H_2、N_2 的损失。故降低温度有利于 CO_2 的吸收，从而可减少溶剂循环量，降低贫液泵的电耗，减少 H_2、N_2 的损失。生产中一般采用循环水做冷却剂。

（2）压力。提高吸收压力，碳酸丙烯酯的吸收能力提高，溶剂的循环量减小，故压力大对吸收有利。但压力过高，设备投资增加，压缩机的功耗也相应增加。实际生产中，操作压力取决于原料气压力，一般为 1.5~3 MPa。

（3）液气比。增加液气比，吸收剂用量大，可提高脱碳效率。但液气比过大，对脱碳效率影响并不显著，却增加了动力消耗。生产中液气比一般为 25~33 L/m³。

（4）CO_2 含量。再生后的吸收剂中残余 CO_2 的量越少，循环使用时气体净化度越高，一般要求残余 CO_2 含量小于 0.35（体积分数）溶液。

（5）氢氮气回收压力。吸收过程中，溶剂中溶解了部分 H_2、N_2，为了回收利用这些气体，并提高解吸气中 CO_2 的浓度，自吸收塔出来的富液，一般先入氢氮气回收罐，在一定压力下闪蒸出所吸收的 H_2、N_2。该压力过大，H_2、N_2 解吸不完全，但压力过低会有部分 CO_2 解吸出来。一般氢氮气回收压力控制在 0.3~0.9 MPa 为宜。

3. 工艺流程

碳酸丙烯酯法脱碳工艺流程图如图 6-3 所示，约含 35%（体积分数）CO_2 的变换气，由吸收塔下部入塔，由下而上与塔顶喷淋下来的碳酸丙烯酯逆流接触，CO_2 被吸收脱除；约含 1%（体积分数）CO_2 的净化气，由塔顶引出送往后工序。

由吸收塔底出来的富液，经水力透平减压膨胀回收能量后，在氢氮气回收罐解吸出所溶解的 H_2、N_2，当溶液中机械杂质含量多时，可经过滤器除去。再入常压解吸塔解吸出所吸

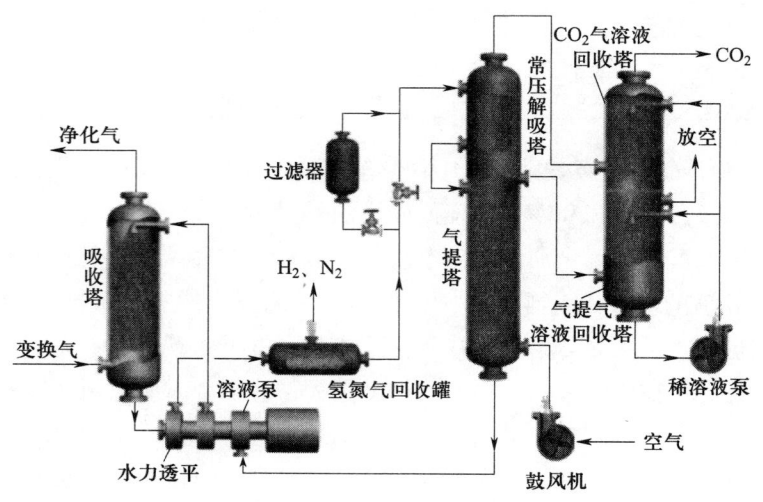

图 6-3 碳酸丙烯酯法脱碳工艺流程图

收的 CO_2,再经 CO_2 气溶液回收塔回收所夹带的吸收剂后送后工序。

解吸后的溶液入气提塔上部,自塔底鼓入空气进行气提再生后,用泵送往吸收塔顶循环使用。再生空气由气提塔顶部排出后经溶液回收塔回收所夹带的吸收剂后放空。回收塔循环使用的稀碳酸丙烯酯质量分数大于 10% 时应抽出部分回收利用,同时补充相应的水量。

【知识链接】

图 6-4 为同时脱除 H_2S 和 CO_2 的 NHD 法流程图。

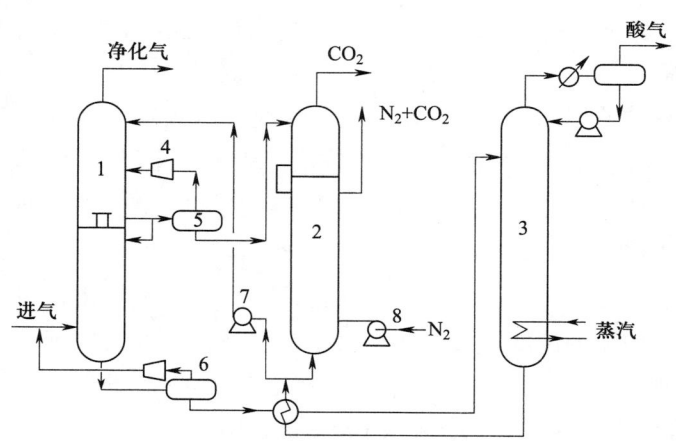

图 6-4 同时脱除硫化氢和二氧化碳的 NHD 法流程
1—吸收塔;2—汽提塔;3—热再生塔;4—压缩机;5、6—闪蒸器;7—泵;8—鼓风机

吸收塔分为上、下两段,上塔为脱碳段,下塔为脱硫段。气体与自吸收塔顶喷淋下来的 NHD 溶剂逆流接触,CO_2 被吸收。富液一部分流入下塔继续吸收 H_2S,另一部分经闪蒸和常压解吸后送气提塔,在气提塔下部通入 N_2 进行气提,气提后的溶液经泵返回吸收塔顶部。

自吸收塔底部排出的含 H_2S 和 CO_2 的富液,经闪蒸及换热器加热后,入热再生塔再生,再生后的贫液经换热器降温后,经泵返回吸收塔顶部。闪蒸出的气体中主要成分是 H_2、N_2,分别经压缩机压缩后送回吸收塔。

第二节 化学吸收法

化学吸收法脱碳具有选择性好、净化度高、回收的 CO_2 纯度高等优点,尤其是以有机胺为吸收剂时,吸收效果好,能耗低。本节重点介绍本菲尔法和甲基二乙醇胺法(MDEA 法)。

一、本菲尔法

1. 基本原理

在 K_2CO_3 溶液中添加催化剂二乙醇胺作为吸收剂时称为本菲尔法。

(1)吸收原理。K_2CO_3 水溶液吸收 CO_2 为气液相反应,其吸收过程分为以下四个步骤:

1)气相中的 CO_2 扩散到溶液界面;

2)CO_2 溶解于界面溶液中;

3)溶解的 CO_2 在界面液层中与 K_2CO_3 发生化学反应;

4)反应产物向液相主体扩散。在吸收过程中,化学反应速率最慢,为吸收过程的控制步骤。

K_2CO_3 水溶液具有弱碱性,与 CO_2 反应为:

$$K_2CO_3 + H_2O + CO_2 \rightleftharpoons 2KHCO_3 + Q \tag{6-1}$$

为了提高反应速率,吸收过程通常在较高温度(105~110 ℃)下进行,故称为热钾碱法。但用 K_2CO_3 水溶液吸收 CO_2,即使在上述温度下,吸收速率仍很慢。当在 K_2CO_3 溶液中加入二乙醇胺 $[NH(CH_2CH_2OH)_2]$ 作催化剂,改变了反应的历程,使反应速率可加快 10~1 000 倍。

含有机胺的 K_2CO_3 溶液在吸收 CO_2 的同时,也能除去原料气中的 H_2S、HCN、RSH 等酸性组分,其反应为:

$$H_2S + K_2CO_3 \rightleftharpoons KHCO_3 + KHS \tag{6-2}$$

$$HCN + K_2CO_3 \rightleftharpoons KHCO_3 + KCN \tag{6-3}$$

$$RSH + K_2CO_3 \rightleftharpoons KHCO_3 + RSK \tag{6-4}$$

COS、CS_2 首先在热钾碱溶液中水解生成 H_2S,然后被溶液吸收。

$$COS + H_2O \rightleftharpoons CO_2 + H_2S \tag{6-5}$$

$$CS_2 + H_2O \rightleftharpoons COS + H_2S \tag{6-6}$$

CS_2 需经两步水解生成 H_2S 后才能被吸收,故吸收效率较低。

(2) 溶液的再生。K_2CO_3 溶液吸收 CO_2 后，K_2CO_3 转变为 $KHCO_3$，溶液的 pH 值减小，活性下降，故需要将溶液进行再生，逐出 CO_2，使溶液恢复吸收能力，循环使用。再生反应为：

$$2KHCO_3 \rightleftharpoons K_2CO_3 + H_2O + CO_2\uparrow - Q \tag{6-7}$$

压力越低，温度越高，越有利于 $KHCO_3$ 的分解。为了使 CO_2 更完全地从溶液中解吸出来，可向溶液中通入惰性气体进行气提，使溶液湍动并降低 CO_2 在气相中的分压。

生产中一般采用下部设置再沸器的再生塔，即用间接加热法将溶液加热至沸点，使大量水蒸气从溶液中蒸发出来，水蒸气沿再生塔向上流动过程中与溶液逆流接触，降低了气相中 CO_2 的分压，增加了解吸的推动力，同时加大了液相中的湍动程度和解吸面积，从而使溶液更好的得到再生。

通常用转化度（Fc）或再生度（Ic）表示溶液中碳酸钾吸收或再生的程度。其定义式为：

$$Fc = \frac{\text{转化为 } KHCO_3 \text{ 的 } K_2CO_3 \text{ 的物质的量}}{\text{溶液中总 } K_2CO_3 \text{ 的物质的量}} \tag{6-8}$$

或为：

$$Ic = \frac{\text{溶液中总 } CO_2 \text{ 的物质的量}}{\text{总 } K_2O \text{ 的物质的量}} \tag{6-9}$$

转化度和再生度的关系为：
$$Ic = Fc + 1 \tag{6-10}$$

对纯 K_2CO_3 而言，$Fc=0$，$Ic=1$；对 $KHCO_3$ 而言，$Fc=1$，$Ic=2$。再生后溶液的转化度越接近于 0，或再生度越接近于 1，表示溶液中 $KHCO_3$ 含量越少，溶液再生则越完全。

2. 工艺操作条件的选择

(1) 溶液的组成。

1) K_2CO_3 的浓度。提高 K_2CO_3 的浓度，可提高溶液的吸收能力，加快反应速率，从而减少溶液循环量和提高气体净化度。但 K_2CO_3 浓度越高，在高温下对设备的腐蚀越大，在低温时易析出 $KHCO_3$ 结晶，堵塞设备，造成操作困难。故 K_2CO_3 的浓度一般为 25%~30%（质量分数），最高 40%（质量分数）。

2) 催化剂二乙醇胺的浓度。增加溶液中催化剂二乙醇胺的浓度，可加快溶液吸收 CO_2 的速率，降低净化气中残余 CO_2 的含量。但当二乙醇胺浓度超过 5%（质量分数）时，活化作用则不显著了，而二乙醇胺的损失增大。故生产中，二乙醇胺的浓度一般为 2.5%~5%（质量分数）为宜。

3) 缓蚀剂的浓度。热的 K_2CO_3 溶液和潮湿的 CO_2 对碳钢有较强的腐蚀作用，在溶液中加入缓蚀剂偏钒酸钾（KVO_3）或五氧化二钒（V_2O_5），可起到一定防腐作用。

KVO_3 是一种强氧化剂，能与铁作用，在设备表面形成一层氧化铁保护膜，从而保护设备免受腐蚀。若加 V_2O_5 为缓蚀剂，则在 K_2CO_3 溶液中产生下列变化：

$$V_2O_5 + K_2CO_3 \rightleftharpoons 2KVO_3 + CO_2 \tag{6-11}$$

通常溶液中 KVO_3 的含量为 0.6%~0.9%（质量分数）。

4）消泡剂。在生产过程中，K_2CO_3溶液易起泡，从而影响溶液的吸收与再生效率，严重时会造成气体带液而影响生产。故工业上常向溶液中加入消泡剂以避免或减弱起泡现象。

消泡剂是一种表面活性大，表面张力很小的一类物质，能迅速扩散至泡沫表面并造成泡沫表面张力的不均，从而使泡沫迅速破灭或不易形成。目前常用的消泡剂有硅酮类、聚醚类以及高级醇类等。消泡剂的质量分数一般为 $3 \times 10^{-6} \sim 30 \times 10^{-6}$。

（2）吸收压力。提高吸收压力，可增加吸收推动力，从而加快吸收速率，提高气体净化度，减小吸收设备的尺寸。但当压力提高到一定程度后，上述影响则不再明显，但动力消耗增大，故吸收压力不可过高。实际生产中，吸收压力主要取决于合成氨的工艺流程。如在天然气、轻油为原料的蒸汽转化法制取合成氨流程中，吸收压力多为 2.74~2.8 MPa，以煤、焦为原料制取合成氨的流程中，吸收压力一般为 1.8~2.0 MPa。

（3）吸收温度。提高吸收温度，可加快吸收反应速率，节省再生的耗热量。但吸收温度高，溶液上方 CO_2 平衡分压也随之增大，降低了吸收推动力，因而降低了气体净化度，故温度对吸收过程产生两种相互矛盾的影响。因此，生产中普遍采用两段吸收、两段再生流程，即吸收塔和再生塔均分为两段。自再生塔上段取出占溶液总量 2/3~3/4 的半贫液，温度为 105~110 ℃，不经冷却直接入吸收塔下段，这样不仅可加快吸收反应速率，使大部分 CO_2 在吸收塔下段被吸收，且吸收温度接近再生温度，可节省再生的耗热量。而由再生塔下段引出的占总量 1/4~1/3 的贫液，冷却至 65~80 ℃ 入吸收塔上段。由于贫液的转化度较低，且在较低温度下吸收，因此能达到较高的净化率，使出塔气中 CO_2 降至 0.2%（体积分数）以下。

（4）再生温度及再生压力。提高再生温度并降低再生压力，可加快 $KHCO_3$ 分解速度。为了简化流程和便于将再生过程中解吸出的 CO_2 输送到后工序，再生压力（绝对）应略高于大气压，表压一般为 0.11~0.14 MPa。而再生温度为该压力下溶液的沸点，故再生温度一般为 105~115 ℃。

（5）溶液的转化度。再生后贫液和半贫液的转化度大小是再生好坏的标志。从吸收角度而言，溶液的转化度越小，吸收速率越快，气体净化率越高。但对再生而言，为了达到较低的转化度就要消耗更多的能量，再生塔和再沸器的尺寸也要相应增大。在两段吸收、两段再生流程中，贫液的转化度一般为 0.15~0.25，半贫液的转化度为 0.35~0.45 为宜。

（6）再生塔顶水气比。生产中多用塔顶出口气体中的水气比（H_2O/CO_2）来判断再沸器供热是否充足。由再生塔顶排放的气体中，水气比（H_2O/CO_2）越大，说明再沸器提供的热量越多，从溶液中蒸发出来的水分则越多，此时塔内各点气相中 CO_2 分压相应降低，再生速率必然加快。而再沸器向溶液提供的热量越多，意味着再生过程耗热量增加。实践证明，当水气比（H_2O/CO_2）为 1.8~2.2（摩尔比）时，可得到满意的再生效果。

3. 工艺流程

用 K_2CO_3 溶液脱除 CO_2 的流程很多，有一段吸收一段再生、二段吸收一段再生、二段吸收二段再生、三段吸收三段再生等。目前工业上常用二段吸收二段再生流程。

传统本菲尔二段吸收二段再生工艺流程图如图 6-5 所示。

低变炉出口气体约含 18%（体积分数）左右 CO_2 的低温变换气，压力为 2.6 MPa、温度为250~260 ℃，为防止高温气体损坏再沸器和引起溶液中有机胺的降解，同时减少热碱液对再沸器的腐蚀，需要先喷入冷凝水使其达到饱和温度（约175 ℃）后，入再生塔底再沸器，放出大量冷凝热作为再生热源，自身冷却至127 ℃左右。自再沸器出来的变换气经分离器分离出冷凝水，入吸收塔底部。在塔内分别用110 ℃左右的半贫液和70 ℃左右的贫液进行洗涤，气体中CO_2被吸收。出塔净化气温度约为70 ℃，CO_2含量为0.1%（体积分数）以下，经分离器除去夹带的液滴后，送往甲烷化工序。

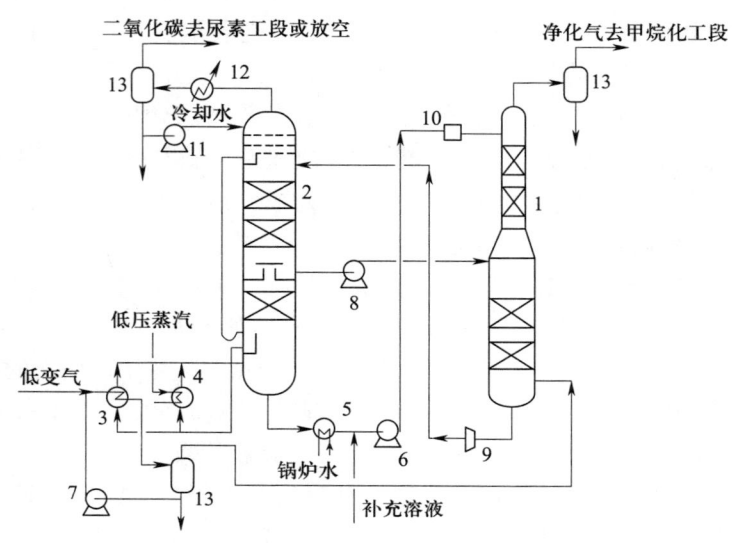

图6-5 传统本菲尔二段吸收二段再生工艺流程图

1—吸收塔；2—再生塔；3—再沸器；4—蒸汽再沸器；5—锅炉水预热器；6—贫液泵；7—冷激水泵；
8—半贫液泵；9—水力透平；10—机械过滤器；11—冷凝液泵；12—CO_2冷却器；13—分离器

由吸收塔底排出的富液，经水力透平减压膨胀、回收能量后，借助自身残余的压力流到再生塔顶部，闪蒸出部分CO_2和水蒸气后沿塔流下，自上而下与由再沸器加热产生的上升蒸汽逆流接触，溶液被加热至沸点，并解吸出所吸收的CO_2。由塔中部引出的半贫液，温度约为112 ℃，转化度约为0.4，占溶液总量3/4，经半贫液泵加压后送至吸收塔中部。由再生塔底排出的贫液，温度约为120 ℃，转化度约为0.2，占溶液总量1/4，在锅炉给水预热器中冷却至70 ℃左右，经贫液泵加压、过滤后送往吸收塔顶部。

再生过程所需热量大部分由低变气供给，不足的由蒸汽再沸器补充。

再生塔顶部排出的高纯度CO_2再生气，温度为100~105 ℃，水气比（H_2O/CO_2）为1.8~2.2，经冷却器冷却至40 ℃左右，分离出冷凝水后送往尿素工序。

由于入吸收系统的变换气约为127 ℃，出吸收系统的净化气约为70 ℃，出系统的再生气温度约为40 ℃，故由变换气带入系统的蒸汽量多于由净化气和再生气带出系统的蒸汽量，其冷凝水会使溶液稀释，降低吸收能力。为了维持系统的水平衡，应将分离器内分离出的部分冷凝水（约10 t/h）排出系统，其余大部分返回再生塔顶部。

4. 主要设备

根据其内部结构的不同，可分为填料塔和筛板塔。填料塔虽然生产强度较低，填料体积庞大，但操作稳定可靠，故多数厂均采用填料塔。填料塔的填料有碳钢、不锈钢、聚丙烯或陶瓷填料，但热钾碱溶液对普通陶瓷有腐蚀性，而某些塑料可造成溶液起泡或局部过热时发生软化变形，因此工业上对吸收塔和再生塔所用陶瓷或塑料填料均有特殊要求。

（1）吸收塔。吸收塔是承压设备，分为上塔和下塔。入上塔的溶液仅为全部溶液量的 1/4 左右，同时气体中大部分 CO_2 在下塔被吸收，故吸收塔设计成上小下大的异径塔。其结构如图 6-6 所示。

整个塔内装有填料，上下塔填料各分为两层。为使溶液能均匀润湿填料表面，除上塔装有液体分布管外，每层中间也设有液体分布器。填料置于支承板上，支承板呈波纹状，气体由波纹上面和侧面小孔入填料层，而液体由波纹下部的小孔流下。气体分布均匀，不易液泛，且刚性好，承载重量大。下塔底部设有消泡器。为了防止溶液产生漩涡将气体带至再生塔内，在吸收塔下部富液出口管上装有防涡流挡板。

（2）再生塔。再生塔分上、下两段，下塔溶液流量小。塔内装有填料，上塔填料装成两层，中间设有液体分布器，下塔填料装成一层。在上塔与下塔之间装有导液盘，由下塔蒸发出的水蒸气和 CO_2 经导液盘上气窗走入上塔，而上塔经过再生后的溶液大部分由导液盘引出，经半贫液泵，引出塔外。小部分溶液流入下塔进一步再生，贫液由塔底引出。其结构如图 6-7 所示。

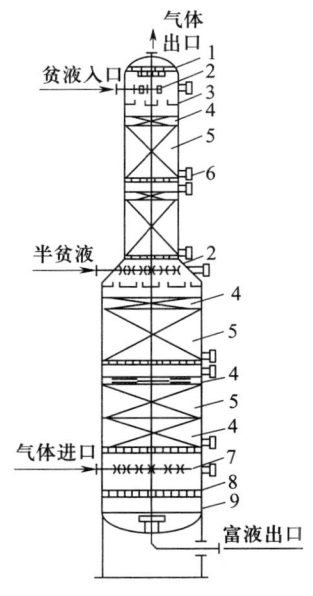

图 6-6 吸收塔的结构

1—除沫器；2—液体分布管；3—液体分布器；
4—不锈钢填料；5—碳钢填料；6—填料卸出口；
7—气体分布器；8—消泡器；9—防涡流挡板

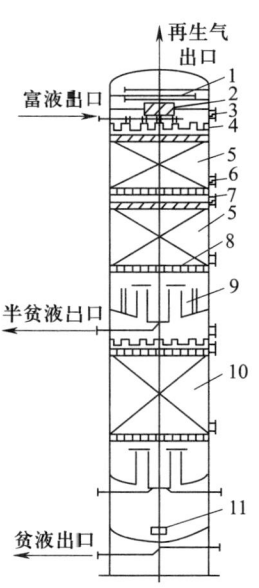

图 6-7 再生塔的结构

1—洗涤段；2—除沫器；3—人孔；4—液体分布器；
5—聚丙烯填料；6、8—支撑板；7—压紧算子板；
9—导液盘；10—碳钢填料；11—防涡流挡板

再生塔的填料采用鲍尔环或阶梯环。上塔用增强聚丙烯填料，下塔用碳钢填料。上塔填料层上部设有除沫器，以分离再生器中夹带的液沫。丝网除沫器以上设三层泡罩组成的洗涤段，在此用再生器分离下来的冷凝液来洗涤再生气，进一步清除其中夹带的碱液，并回收部分热量。洗涤水作为再生塔补充水加到塔的下部。

【知识链接】

图 6-8 为采用蒸汽喷射器的闪蒸节能流程图。

传统的本菲尔脱碳流程能耗高。原因：①常压再生时，大量蒸汽随 CO_2 从再生塔顶部带出，再生气冷凝器中有大量冷凝热损失；②再生塔底部贫液温度需要由 120 ℃ 冷却至 70 ℃，造成了能量损失。

闪蒸节能流程是由传统的二段吸收二段再生流程改进而成，采用四级蒸汽喷射再生，比传统流程节能 25% ~ 50%。吸收塔顶温度为 70 ~ 75 ℃，塔底吸收液温度为 110 ~ 118 ℃，操作压力为 2.5 ~ 2.8 MPa，净化气中残余 CO_2 低于 0.1%（体积分数）。吸收 CO_2 后的富液用泵送至再生塔顶，在再生塔中部取出的半贫液经减压闪蒸出蒸汽，并析出 CO_2，使溶液降温，然后送至吸收塔中部。再生塔顶部出来的温度为 100 ℃、压力为 0.165 MPa 的再生气 CO_2，经冷凝分离掉冷凝液后，送尿素工序。

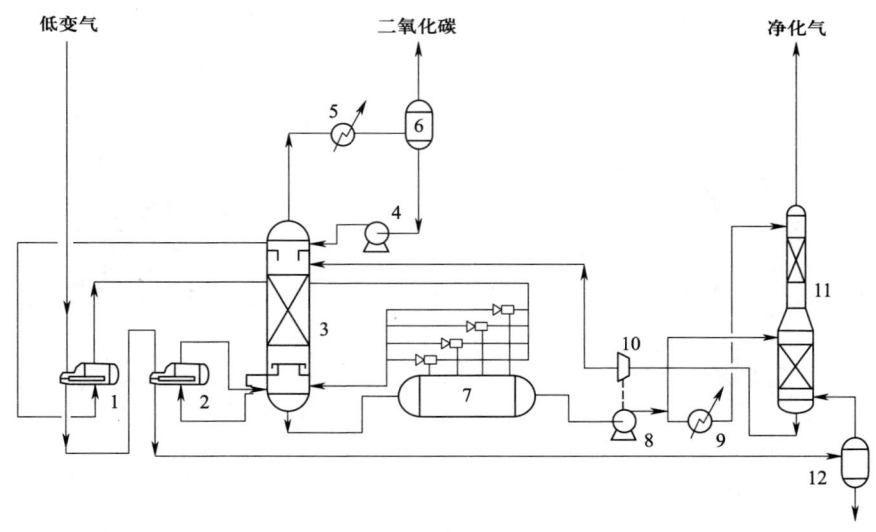

图 6-8 采用蒸汽喷射器的闪蒸节能流程图
1—低压蒸汽锅炉；2—再沸器；3—再生塔；4、8—泵；5、9—冷却器；
6、12—分离器；7—闪蒸槽；10—水力透平；11—吸收塔

近年来新开发了用蒸汽压缩机的本菲尔节能脱碳流程。采用蒸汽压缩机代替蒸汽喷射器，将蒸汽加压后送至再生塔，可取得比闪蒸更好的效果。此流程比传统的本菲尔脱碳流程能耗下降 60% 左右。但采用蒸汽压缩机后，设备投资大大增加。

二、甲基二乙醇胺法（MDEA 法）

甲基二乙醇胺法（MDEA 法）是德国巴斯夫公司开发的一种脱碳方法，1971 年开始用于工业生产。该法吸收效果好，能使净化气中 CO_2 含量降至 100×10^{-6}（体积分数）以下，溶液稳定性好，腐蚀性小，不降解，流程简单，氢氮气损耗少，吸收压力范围广。尤其是该法能耗低，比低能耗的蒸汽喷射本菲尔法降低 42% 左右，在国内化工装置中得到了广泛的应用。

1. 基本原理

MDEA 的化学名称为 N-甲基乙二醇胺，分子式为 $C_5H_{11}NO_2$，结构简式为 $(CH_2CHOH)_2NCH_3$，简写为 R_2CH_3N。相对分子质量为 119.17，密度（20 ℃）为 1.039 g/cm^3，凝固点为 -21 ℃，沸点为 246 ℃（102 kPa），闪点为 126.7 ℃，黏度（20 ℃）为 101×10^{-3} Pa·s，蒸汽压 < 1 Pa（20 ℃）。

其吸收剂是 45%~50% 的 N-甲基二乙醇胺水溶液，并添加少量催化剂。

MDEA 吸收 CO_2 的总反应式为：

$$R_2CH_3N + CO_2 + H_2O \Longleftrightarrow R_2CH_3NH^+ + HCO_3^- \qquad (6-12)$$

纯 MDEA 溶液吸收 CO_2 速率较慢，在溶液中加入 1%~3%（质量分数）的催化剂（仲胺或伯胺）后，改变了吸收反应历程，加快了吸收与再生速率。MDEA 溶液兼有化学吸收和物理吸收的特点，故本法属于物理化学吸收法。

吸收了 CO_2 的 MDEA 液可采用与物理吸收法相同的闪蒸法进行再生。

2. 工艺操作条件选择

（1）溶液组成。溶液的主要成分是 N-甲基二乙醇胺（MDEA），此外还加入 1~2 种催化剂。常用催化剂有二乙醇胺、甲基一乙醇胺、哌嗪等。不同催化剂有不同的作用，有的可提高吸收速率，有的可提高净化度。加入催化剂哌嗪不仅可加快吸收速率，还可增加溶液对 CO_2 的吸收量。不同浓度的 MDEA 溶液与 CO_2 溶解度的关系见表 6-7。

表 6-7　不同浓度的 MDEA 溶液与 CO_2 溶解度的关系（70 ℃、0.5 MPa）

MDEA 浓度/%	CO_2 溶解度/(m^3/m^3)
20	30.4
30	40.4
40	49.2
50	57.0
60	62.8

由表 6-7 可知，随着溶液中 MDEA 浓度增加，CO_2 溶解度增大，相对吸收速率增加，但浓度超过 50% 后，两者增加不明显。而溶液浓度过大，其黏度上升过快，故一般选用 MDEA 浓度为 50%，催化剂浓度为 3%。

（2）吸收温度。进吸收塔贫液温度低，有利于提高 CO_2 的净化度，但增加热能消耗。

因此，吸收温度随 CO_2 的净化度要求而变动。当净化气中 CO_2 要求降至 0.01%（体积分数）时，贫液温度一般为 50~55 ℃，半贫液温度由闪蒸后的溶液温度决定，一般为 75~78 ℃。

（3）吸收压力。MDEA 法脱碳压力适应范围较广，且可达到较高的气体净化度。当 CO_2 分压高时，溶液吸收能力大，特别是物理吸收 CO_2 部分的比例大，化学吸收 CO_2 部分比例小，热量消耗小。而在 CO_2 分压低时，要达到相同的气体净化度，热耗增大。故此法适用于 CO_2 分压较高时的脱碳。如合成氨变换气中 CO_2 体积分数为 20%~28%，MDEA 法脱碳适宜的压力（表压）应大于 1.8 MPa。

（4）贫液与半贫液的比例。进吸收塔的贫液与半贫液比例受原料气中 CO_2 的分压、溶液吸收能力及填料高度等因素的影响，可在 1:6~1:3 范围内选择。

（5）闪蒸压力。MDEA 溶液吸收 CO_2 时，H_2、N_2、CH_4 等气体不发生化学反应，仅以物理形式溶解于溶液中。吸收时 H_2、N_2 分压高，则以物理形式溶解 H_2、N_2 的量也大，在减压再生时与 CO_2 一并释放出来，造成损失，并使再生气体纯度不高。因此当吸收压力≥1.8 MPa 时，需要在吸收塔和再生塔之间加一闪蒸罐，使吸收塔底来的富液在此减压闪蒸，闪蒸压力一般为 0.4~0.6 MPa，释放出溶解的大部分 H_2。

3. 工艺流程

MDEA 法脱除 CO_2 的工艺流程有一段吸收流程和两段吸收流程，其典型工艺流程为二段吸收流程，如图 6-9 所示。

原料气进入两段吸收塔底部，在下段与半贫液逆流接触后，升至上塔，CO_2 大部分在下段被吸收。吸收塔上段加入流量较小但再生较完全的贫液，将气体洗涤至要求的净化度，净化气经回收夹带的雾沫后自塔顶引出。

自吸收塔底排出的富液，经水力透平回收能量，用于驱动半贫液泵，入闪蒸塔进行二级闪蒸，高压闪蒸放出的闪蒸气中含有较多的 H_2、N_2，可回收利用，低压闪蒸出的 CO_2 经冷却、分离后体积分数可达 99% 左右，送尿素工序。闪蒸再生后的半贫液大部分用泵打回吸收

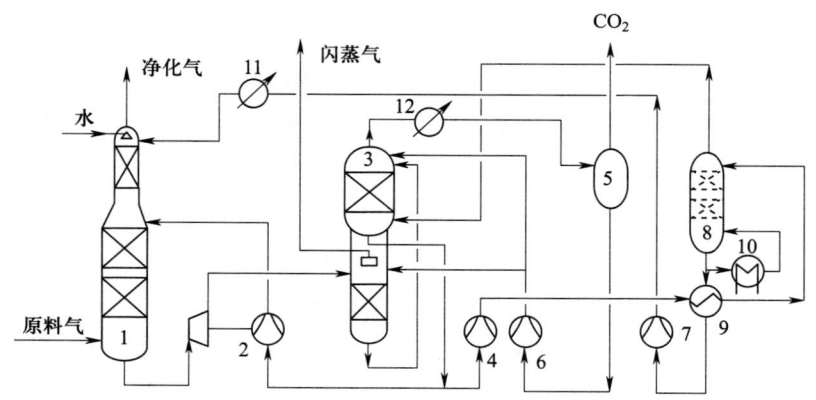

图 6-9 MDEA 法脱除二氧化碳二段吸收工艺流程图
1—吸收塔；2—半贫液泵；3—闪蒸塔；4—碱液泵；5—分离器；6—冷凝液泵；
7—贫液泵；8—再生塔；9—换热器；10—煮沸器；11—冷却器；12—冷凝器

塔下段，小部分送至再生塔用蒸汽气提，进一步再生为贫液后，经换热器、水冷器冷却后送吸收塔顶。气提再生塔顶部出来的气体入低压闪蒸段下部，用以提高溶液温度，以利于 CO_2 气体的排放。

第三节 变压吸附法

变压吸附法为干法脱碳，它基于吸附剂的选择性吸附特性，通过在特定温度和压力条件下将气体中的 CO_2 吸附到固体吸附剂上，然后通过升高温度或降低压力的方式从吸附剂上解吸出来。20 世纪 60 年代初，美国联合碳化物公司首次实现了变压吸附工艺技术的工业化，由于此项技术应用流程简单，对技术要求较低，环境污染破坏较小，因而广泛应用于石油化工、冶金、轻工及环保等领域。我国 20 世纪 70 年代引进此技术。1972 年，由当时的西南化工研究院开始进行变压吸附工艺技术研发，1982 年首次实现工业化应用。西南化工研究院经过 30 余年的潜心研究及工程实践，创建并完善了具有自主知识产权的大型化变压吸附系统技术体系，实现了对国外技术的全面替代和超越，引领我国变压吸附工艺技术达到世界一流水平。到目前，西南化工研究院的变压吸附装置已在国内外成功推广应用 2 000 余套，推动了能源化工的发展。

一、基本原理

1. 吸附原理

具有吸附作用的物质（一般为密度相对较大的多孔固体）称为吸附剂，被吸附的物质（一般为密度相对较小的气体或液体）称为吸附质。

变压吸附中的吸附过程主要为物理吸附，是依靠吸附剂与吸附质分子间的分子力（包括范德华力和电磁力）进行吸附的。其特点是吸附过程中没有化学反应，吸附过程进行的极快，参与吸附的各相物质间的动态平衡在瞬间即可完成，且吸附是完全可逆的。

变压吸附法脱碳是利用吸附剂对 CO_2 等吸附质吸附能力很强，而对 H_2、N_2 及 CO 的吸附能力较弱的特性进行脱碳的。在压力 0.7~1.5 MPa 下进行吸附，使原料气中 CO_2 体积分数降至 0.2% 以下，而在常压或真空状态下脱附再生。

在一定压力下，合成氨原料气通过装满吸附剂的吸附床层，吸附剂优先吸附其中的 CO_2，而难吸附的氢氮混合气作为净化气从吸附塔出口排出。在吸附剂减压再生过程中，残留于塔内的少量 H_2、N_2 作为解吸气排出，在常压下用真空泵在吸附塔入口将 CO_2 从吸附剂中抽出，使吸附剂获得再生。再生后的吸附剂再进入下轮的吸附再生循环。

单一的固定吸附床操作，由于吸附剂需要再生，吸附是间歇式的。因此，工业上均采用两个或更多的吸附床，使吸附床的吸附和再生交替（或依次循环）进行，保证整个吸附过程的连续进行。

2. 吸附剂

变压吸附脱碳的专用吸附剂为硅胶和活性炭。

为了达到要求的分离效果,实现经济有效运行,除要求吸附剂有良好的吸附性能外,吸附剂的再生方法也很关键。吸附剂的再生程度决定产品的纯度,并影响吸附剂的吸附能力。吸附剂的再生时间,决定吸附循环周期的长短,也决定吸附剂用量的多少。而在塔数、真空压力一定条件下,吸附循环时间决定着处理气量的大小和气体回收率的高低。吸附循环时间越长,气体回收率则越高。

二、变压吸附脱碳装置

因用途不同,变压吸附脱碳装置可分三种类型:单纯脱除 CO_2 装置、脱除并联产液体 CO_2 装置、脱碳并同时制取纯 CO_2 装置。

1. 单纯脱除 CO_2 装置

目前中小型氨厂采用最多的是单纯脱除 CO_2 获得净化气的 PSA 装置,以替代传统的湿法脱碳。根据氨厂的不同需要又分两种工艺:一是替代碳化以增产液氨为目的的脱碳工艺,变换气经 PSA 脱碳后净化气中 CO_2 含量小于 0.2%(体积分数),直接进入精制工序;二是用于与联醇装置配套的工艺。

2. 脱碳并联产液体 CO_2 装置

将来自 PSA 脱碳装置的解吸气,在常压下进入压缩机,加压至一定压力后,首先进行预处理,除去解吸气中所含的各类硫化物,微量的砷、氟、氯及饱和水,以满足食品级 CO_2 的要求。预处理后的气体冷却到 0 ℃以下,使解吸气中的 CO_2 成为液体,然后入提纯塔使 CO_2 与其他气体分离,最后在提纯塔底部得到纯度为 99.5%~99.999%(体积分数)的食品级液体 CO_2 产品。

3. 脱碳并同时制取纯 CO_2 装置

该装置由提纯系统和净化系统两部分组成,两系统均采用多塔 PSA 工艺。变换气通过提纯系统将 CO_2 浓度富集到 98.5%(体积分数)以上,供尿素工序使用。出提纯系统的中间气入净化系统,进一步将中间气中的 CO_2 降至 0.2%(体积分数)以下,以保证合成氨生产需要。

实训五　低温甲醇法生产操作实训

一、冷态开车操作

1. 开车前准备工作

(1) 甲醇罐已准备足够合格的甲醇。

(2) 设备安装完成,系统检修完毕;电气、仪表、阀门、报警、联锁等完好,且正常投用；水、电、气、汽等公用工程具备开车条件。

（3）安全装置及附件调试合格并投用，安全通道畅通。

（4）系统干燥、吹扫、试压、气密完成。

（5）空分运行正常有合格 N_2 送出，排污总管吹扫 N_2、机封吹扫 N_2、火炬端头吹扫 N_2 已投用。

（6）各机泵单体试车完成，正常备用。

（7）氨冷冻系统运行正常，具备向低温甲醇洗装置提供冷量条件。

（8）投用水冷器；按规程对再沸器进行暖管。

（9）现场操作人员按照开车确认单对现场阀门确认完毕，具备条件的联锁予以投用。

2. N_2 置换

（1）中控手动打开所有甲醇液位调节阀、流量调节阀，现场全开泵进出口阀、最小回流阀、冷（暖）机阀。将各塔罐压力（表压）设定 0.05 MPa 投自动。

（2）现场缓慢打开洗涤塔、CO_2 解吸塔、H_2S 浓缩塔、贫甲醇罐、热再生塔、甲醇/CO_2 分离罐、循环气压缩机的 N_2 充压阀门、取样阀或排污阀对全系统进行吹扫干燥、置换。

（3）对引甲醇管线进行置换。当排放点处无湿气排出后，联系化验人员在导淋处取样分析，$H_2O \leqslant 1.0\%$、$O_2 \leqslant 0.5\%$（露点 $\leqslant -30$ ℃）时干燥，置换合格，关闭取样阀和导淋阀。

（4）置换合格后，压力调节阀按充压设定值进行设定，其余液位调节阀及流量调节阀全部关闭，系统保压。

（5）关闭循环气压缩机进、出口阀将高、中、低压系统进行隔离。

3. 系统充压

（1）高压系统（洗涤塔）。将洗涤塔顶压力（表压）设定为 5.0 MPa 后投自动，全开阀门高压系统充压至贫甲醇泵出口阀前，现场缓慢打开充压阀门控制充压速率为 0.1 MPa/min 对系统充压。

（2）中压系统（含硫甲醇闪蒸罐、无硫甲醇闪蒸罐）。将洗涤塔压差（表压）设定为 1.6 MPa 投自动，现场缓慢打开充压阀门控制充压速率为 0.1 MPa/min 对系统充压。

（3）低压系统（CO_2 解析塔、H_2S 浓缩塔、热再生塔、甲醇水分离塔、尾气水洗塔）。将 CO_2 产品压力（表压）设定在 0.22 MPa 投自动，H_2S 浓缩塔上部尾气压力（表压）设定在 0.08 MPa 投自动，现场缓慢打开充压阀门控制充压速率为 0.1 MPa/min 对系统充压，少量投用 H_2S 浓缩塔气提 N_2，对其进行充压；现场打开气提 N_2 阀门，将压力（表压）设定在 0.1 MPa 投自动，投串级。

注意事项：在充压过程中，要随时注意观察各塔罐压力，防止窜压。

4. 建立甲醇循环

（1）引甲醇。现场操作人员按确认单确认引甲醇流程，低温甲醇洗岗位人员启动罐区甲醇泵向新鲜甲醇储槽补充甲醇，当储槽液位达到 50% 时，启动泵向贫甲醇罐引入甲醇。

（2）洗涤塔建立液位。当贫甲醇罐的甲醇液位达到 60% 时，启动泵，控制流量 120 m³/h，将甲醇送出。

甲醇经换热器送入洗涤塔，当洗涤塔下段液位达到40%时，打开阀门甲醇经换热器送至无硫甲醇闪蒸罐，液位稳定后设定40%投自动，同时缓慢建洗涤塔下塔液位。

当塔底液位达到40%时，打开阀门甲醇经换热器送至含硫甲醇闪蒸罐，液位稳定后设定40%投自动。

（3）含硫甲醇闪蒸罐、无硫甲醇闪蒸罐建立液位。

（4）CO_2解析塔和H_2S浓缩塔建立液位。

（5）热再生塔建立液位。

5. 系统降温

（1）各塔罐液位稳定后，按规程投用氨冷器对甲醇系统进行降温。

（2）调节氨冷器液位，控制进出口甲醇温差5~10 ℃，控制系统降温速率2~3 ℃/h。液位禁止出现高报。

6. 投用热再生塔

在系统降温的同时投用热再生塔。

（1）再沸器暖管合格后，按规程投用热再生塔再沸器。

（2）当热再生塔顶回流罐液位达到50%时，启动泵，液位设置50%投自动。

（3）由于蒸汽加热，使热再生塔液位波动较大，为稳定热再生塔进出甲醇溶液量的平衡，可将阀门切至手动及时调整，待液位稳定后转至自动。

（4）投用H_2S馏分氨冷器。

（5）H_2S气体分离罐液位设定在40%投自动。

7. 投用甲醇/水分离塔甲醇水分离塔、尾气洗涤塔

（1）开车前半小时投用喷淋甲醇，流量控制0.75 m^3/h后投自动。

（2）当原料气分离器建立液位后，手动缓慢开阀将甲醇送入甲醇罐。原料气分离器液位稳定在30%时投自动。当甲醇/CO_2分离罐建立液位后，手动缓慢打开阀将甲醇送入甲醇水分离塔。甲醇/CO_2分离罐液位稳定在30%时投自动。

（3）开阀将贫甲醇、含硫富甲醇送甲醇水分离塔塔顶作回流，然后投用甲醇水分离塔直补蒸汽，甲醇水分离塔底部补充液位后，关闭直补蒸汽。

（4）向尾气水洗塔补充脱盐水。当塔液位达到30%时，启动尾气水洗塔泵打回流，液位达50%停止补脱盐水。

（5）当甲醇水分离塔液位达到50%时，按规程投用再沸器。

（6）调节去甲醇水分离塔贫甲醇流量至2.3 m^3/h稳定后投自动。

（7）打开阀门将脱盐水送入甲醇水分离塔塔中，调节蒸汽用量控制塔顶温度高于98 ℃，塔底温度低于140 ℃。

（8）当塔底废水中甲醇含量小于0.5%（质量分数）时，送往污水处理或通知气化岗位送废水入制浆水槽。

8. 导气前确认

确认洗涤甲醇流量在120~150 m^3/h；确认喷淋甲醇流量达到0.75 m^3/h；确认H_2S浓

缩塔气提氮量达到 7 500 m³/h；确认洗涤甲醇温度冷却至 -20 ℃ 以下；确认热再生塔、甲醇水分离塔工况稳定运行；在洗涤塔塔顶处取样分析循环甲醇中水含量小于 1%（质量分数）、H_2S 小于 0.1×10^{-6}（质量分数）。

9. 导入变换气

（1）缓慢打开变换入低洗界区进口阀的旁路阀进行均压，缓慢全开入低洗界区进口阀，并关闭其旁路阀，关闭洗涤塔充氮阀。

（2）控制压差（表压）在 0.15～0.25 MPa，向低温甲醇洗工段导气，控制速率为 10 000 m³/10 min，直至变换放空阀全关，设定变换压力（表压）为 5.4 MPa 投自动。

（3）根据变换气流量，按比例调整洗涤甲醇流量在 120～240 m³/h，脱硫甲醇流量在 100～200 m³/h。

（4）随着 CO_2 不断解吸，系统温度逐渐降低，当洗涤塔塔顶净化气温度低于 -40.0 ℃，取样分析 $CO_2 < 5 \times 10^{-6}$（体积分数）、$CH_3OH < 10 \times 10^{-6}$（体积分数）时，净化气合格，具备向液氮洗工段送气条件。

（5）尽可能使含硫甲醇闪蒸罐含硫甲醇送往 CO_2 解吸塔，增加 CO_2 产量，同时保证其纯度及 H_2S 微量。

（6）当系统冷区温度、CO_2 解吸塔放空阀阀位稳定后，缓慢关闭中压系统充氮阀、CO_2 解析塔充氮阀。

（7）取样分析，CO_2 产品气中 CO_2 纯度 > 98.5%（体积分数），总硫 $H_2S + COS < 5 \times 10^{-6}$（体积分数），$H_2 + CO < 10 \times 10^{-6}$（体积分数）。

（8）控制热再生塔、甲醇水分离塔塔工况正常，投用酸性气提浓管线，调节酸性气体返回 H_2S 浓缩塔流量。当酸性气流量 > 500 m³/h，且取样分析酸性气中 $H_2S + COS > 30\%$（体积分数）时，具备向硫回收工段送气条件。

（9）当液氮洗工段导气完毕，工况调整正常后，视情况启动循环气压缩机，以回收 H_2 等有用气体。

二、热态开车操作

1. 系统充压：操作步骤同冷态开车一致。
2. 建立甲醇循环：因系统内已有甲醇，所以各泵启动的先后顺序可根据各塔器内的液位而定，但要注意应先启动贫甲醇泵，防止热区管线过冷。
3. 氨冷器及热再生系统投用正常后，可直接导气。
4. 若甲醇循环未停且氨冷器及热再生系统运行正常时，系统维持低温可直接导气。
5. 导气后调整同冷态开车一致。

三、正常操作管理

1. 系统加减负荷的调整

（1）在正常情况下，各塔的甲醇流量可根据变换气量按比例进行调整，甲醇循环量比气体负荷大 5%～10%。在系统负荷不变、微量合格的情况下，尽量减少甲醇循环量以降低消耗。

（2）加减负荷时，按照加负荷时先加循环量，后加工艺气量，减负荷先减工艺气量，后减循环量的原则进行操作。

（3）工艺气量的调整控制在 500 m³/min 以内。在加减负荷过程中，要保持平稳，特别是液位、塔压差的稳定，防止净化气中 CO_2、总硫超标。

2. 净化气微量的调整

（1）当分析净化气中 CO_2 微量上涨时，检查循环量是否匹配，可适当增加。

（2）检查系统再生情况，保证贫甲醇中 $H_2S < 0.1 \times 10^{-6}$（质量分数），水含量 < 0.5%（质量分数）。

（3）检查甲醇洗涤塔各段甲醇温度及工艺气入塔温度，各氨冷器冷却效果，供氨是否正常，若甲醇温度有回升趋势，可对其管线进行排气。

（4）通过调整冷合成气流量、入塔工艺气温度，避免系统过冷。

3. CO_2 产品气微量的调整

（1）稳定系统热再生工况，保证贫甲醇中 $H_2S < 0.1 \times 10^{-6}$（质量分数），防止 CO_2 产品气中 H_2S 超标。

（2）调整洗涤塔脱硫段甲醇流量，保证出洗涤塔脱硫段工艺气中 $H_2S < 0.1 \times 10^{-6}$（体积分数），防止无硫甲醇中 H_2S 含量超出允许范围，进而影响 CO_2 产品质量。

（3）调整 CO_2 解析塔塔顶回流量匹配 CO_2 解析塔、H_2S 浓缩塔顶部用于脱出 H_2S 的甲醇流量，保证 CO_2 产品中 $H_2S < 0.1 \times 10^{-6}$（体积分数）、尾气中 $H_2S < 10 \times 10^{-6}$（体积分数）。

（4）系统中积累的氨与 H_2S 反应生成 $(NH_4)_2S$ 可导致贫甲醇中 H_2S 含量偏高，进而影响 CO_2 产品纯度。定期取样分析，监测系统中氨含量，必要时在 H_2S 馏分换热器处进行排放，降低甲醇中氨含量。

（5）维持 CO_2 解析塔压力及上段液位稳定，控制产品中 $CH_3OH < 150 \times 10^{-6}$（质量分数）。

（6）稳定含硫甲醇闪蒸罐、无硫甲醇闪蒸罐压力及液位，确保中间解吸的效果，保证 CO_2 产品中 $CO + H_2 < 0.5\%$（体积分数）。

4. CO_2 产品产量的调整

（1）当单台炉运行或系统负荷较低时，可增加入 CO_2 解析塔富甲醇流量，以增加 CO_2 产品产量。

（2）将富甲醇全部送入 H_2S 浓缩塔积液盘处，再由泵送入到贫甲醇冷却器、洗涤塔段间冷却器壳程用于给贫甲醇、引出富碳甲醇降温后返回 CO_2 解析塔增加 CO_2 产品产量。

5. 甲醇再生的调整

（1）调整蒸汽流量保持热再生塔塔底温度高于 101.65 ℃，严格控制甲醇再生情况。

（2）蒸汽流量保持甲醇水分离塔塔顶温度低于 101.49 ℃，严格控制甲醇中水含量。

（3）当系统压力出现波动时，可手动调整 H_2S 增浓流量，稳定热再生系统压力。

6. 系统冷量的调整

系统的冷量平衡是关系到装置能否正常运行、降低消耗的一个关键因素，具体措施

如下:
(1) 稳定各氨冷器液位,在系统冷量充足的情况,可关闭甲醇氨冷器,尽量减少洗涤塔段间氨冷器液氨用量。
(2) 适当增加气提 N_2 流量,使 CO_2 尽可能地在冷区解吸出来以回收更多的冷量。
(3) 在保证出塔净化气中微量 CO_2、CH_3OH 不超标的前提下,适当降低循环甲醇流量以保证气液比在最佳状态运行。
(4) 通过调整冷、热合成气流量,合理分配系统冷量。
(5) 调整入工段变换气温度,降低冷量消耗。
(6) 检查洗涤塔塔差是否正常,若大幅波动,可能由于气液比不平衡或前后系统大幅波动导致发生液泛,应及时查找原因并通过调整洗涤甲醇流量或降低变换气负荷稳定工况。

7. 系统水含量的调整
(1) 入甲醇水分离塔的贫甲醇流量 $> 1.96\ m^3/h$,一般不随负荷增减而变化。
(2) 通过调整蒸汽流量严格控制甲醇水分离塔塔顶、塔底温度稳定,热再生系统压力稳定。

四、异常现象及处理(见表 6-8)

表 6-8 异常现象及处理

序号	异常现象	原因	处理方法
1	甲醇消耗远大于设计指标	(1) 甲醇水分离塔与甲醇再生塔的气相阀未开,造成甲醇水分离塔超压,甲醇通过安全阀进入火炬 (2) 甲醇水分离塔温度过低导致废水中甲醇含量过高	(1) 开车前要仔细确认 (2) 无特殊情况禁关连通阀 (3) 严禁操作失误,对异常工艺指标要分析清原因 (4) 稳定甲醇水分离塔中部温度
2	氨冷器冷却效率下降	(1) 液位控制过低或过高 (2) 液氨带油严重 (3) 换热管结垢或堵塞严重	(1) 适当调整液位 (2) 加强氨冷冻系统来减少带油,必要时,通过导淋进行排油操作 (3) 清洗换热器
3	系统温度升高	(1) 循环量过大 (2) 氨压缩机故障,系统运行时间过长温度回升 (3) 某换热器换热效果下降	(1) 控制好甲醇循环量 (2) 氨压缩机故障后,系统先减至半负荷运行,快速切出压缩机进行检修,检修完成后恢复负荷 (3) 检查分析换热器运行状况
4	循环甲醇水含量超标	系统停车时,甲醇水分离塔直补蒸汽阀内漏,致使蒸汽进入系统甲醇中,水含量超标	(1) 更换直蒸汽阀 (2) 每次停车隔离甲醇水分离塔 (3) 及时调整甲醇水分离塔的脱水能力 (4) 加强甲醇中水含量的分析
5	甲醇贫度低,净化气超标	甲醇再生塔再生不彻底	(1) 适当加大气提氮气的流量 (2) 避免大量甲醇突然从冷区进入热区打破热平衡 (3) 及时调整甲醇再生塔温度

续表

序号	异常现象	原因	处理方法
6	甲醇收集槽液位急剧上升	（1）泵的滤网堵塞或气蚀，不打量 （2）液位假指示 （3）液位调节阀故障	（1）检查泵的运行情况，清滤网或排气 （2）中控液位指示与现场对照，确认假指示时联系仪表处理 （3）中控调节阀位与现场实际阀位对照，检查仪表气源，确认属调节阀问题，联系仪表处理
7	系统多次发生拦液	系统溶液有杂质	（1）发现拦液，迅速减气量、减循环量，消除拦液 （2）加强系统过滤 （3）操作中密切监视塔压差、液位，发生拦液及时发现
8	喷淋甲醇流量低	（1）喷淋甲醇过滤器堵塞 （2）阀门故障 （3）流量计误报警	（1）及时切换进行清理过滤器 （2）联系仪表人员检查阀门 （3）联系仪表人员检查流量计
9	甲醇洗涤塔塔压差高	（1）循环甲醇流量过大、杂质多 （2）贫甲醇温度过低，密度过大 （3）变换气流量过大 （4）氨冷器堵塞或流动不畅，造成淹塔 （5）上塔回流甲醇流量过大 （6）塔板堵塞或结垢严重 （7）塔顶丝网除沫器堵 （8）压差表误报警	（1）检查进塔原料气量、洗涤甲醇流量加强循环甲醇的过滤 （2）调节各氨冷器的负荷，使循环甲醇的温度至正常 （3）适当减负荷运行 （4）检查氨冷器的堵塞情况，严重时停车清理 （5）适当调节回流甲醇量 （6）塔板堵塞严重时，停车进行清理 （7）塔顶丝网除沫器堵塞严重时，停车进行清理 （8）联系仪表人员检查

五、停车操作

1. 临时停车

系统停车不超过 10 h，可视为短期/临时停车。

（1）若工艺气故障，且短期可恢复开车，可将甲醇循环量降至 130 m³/h，系统维持再生、降温、循环，可直接导气。

（2）若氨压机故障停车，根据运行情况适当减负荷；若净化气超标严重，系统应立即切气，停止甲醇循环，系统隔离保冷、保压，待氨冷冻运行正常后，建立甲醇循环，准备导气。

【注意】

系统退气后，若各塔罐液位普遍低于 30%，应联系罐区向系统补入甲醇至 40%~50%。停循环过程中，根据液位情况及时关闭高、中、低压调节阀及截止阀，防止高压窜低压。

2. 紧急停车

当系统发生大量泄漏、着火或危及人身、设备安全，断仪表气、断循环水、全厂断电、断气提 N_2、断液氨供应等紧急情况，系统紧急停车处理。

（1）按下液氮洗紧急停车按钮，将工艺气切至变换工段放空。

（2）按规程停各运行机泵，停运再沸器、氨冷器。

（3）将气提 N_2 切至火炬放空。

（4）现场关闭高、中、低压截止阀。

（5）根据事故情况进一步做隔离、泄压、置换、排液、断循环冷却水等处理。

3. 长期停车

（1）接到班长减负荷指令后，按变换气比例降低 CO_2 产品流量、洗涤塔脱硫段甲醇流量、解析塔塔顶回流量。

（2）及时调整 CO_2 解析塔系统压力、流量，稳定系统工况，CO_2 产品气经尾气水洗塔放空，密切监控 CO_2 解析塔、H_2S 浓缩塔压力。

（3）缓慢关闭切断阀，硫回收工段退气，酸性气体放空至火炬。

（4）按规程停运循环气压缩机，隔离泄压后通入 N_2 置换。

（5）液氮洗紧急停车按钮按下后，确认低温甲醇洗净化气退出液氮洗装置。

（6）确认液氮洗装置停车联锁阀门关闭。

（7）逐渐关闭变换入低洗界区进口阀，将变换气退至变换工段放空。当入低洗界区进口阀全关后，现场打开高、中、低压系统充氮阀，低温甲醇洗工段甲醇维持循环再生，视情况停止氨冷器供氨。

（8）关闭阀门停喷淋甲醇量。

（9）配合氨合成岗位，将氨冷器及氨管线中的液氨蒸发回收。视情况进行置换、排氨操作。

（10）甲醇继续循环再生。取样分析出各塔甲醇中的 $H_2S < 0.1 \times 10^{-6}$（质量分数）、水含量 $<1\%$（质量分数）时，甲醇再生完成，甲醇循环中最低温度达到 0 ℃ 后，停甲醇循环，停运热再生塔再沸器、甲醇水分离塔再沸器，停气提氮气，停各系统充压氮气，系统保压。

（11）停循环时，要根据液位情况及时关闭各控制阀门，并关闭以上调节阀的一道截止阀，防止高压窜低压。

思考与练习

1. 合成氨原料气为什么要进行脱碳？常用的脱碳方法有哪些？
2. 画出低温甲醇洗脱硫脱碳工艺流程图。

3. 低温甲醇法的基本原理是什么？
4. 画出 NHD 法脱碳工艺流程图。
5. 本菲尔脱碳的基本原理是什么？
6. 什么是转化度和再生度？
7. MDEA 法脱碳的基本原理是什么？
8. MDEA 法脱碳时，脱碳塔为什么要分为上、下两段？
9. 什么是变压吸附？变压吸附常用的吸附剂有哪些？
10. 变压吸附法脱碳有何特点？
11. 简述低温甲醇洗冷态开车操作步骤。

第七章

原料气精制

学习目标

1. 了解原料气精制的常用方法。
2. 熟悉铜氨液洗涤法精制的基本原理。
3. 掌握甲烷化法精制的基本原理。
4. 掌握液氮洗涤法的基本原理、工艺操作条件的选择及工艺流程。
5. 熟悉双甲精制法的基本原理和工艺特点。

在合成氨生产中,经变换和脱碳后的原料气,其主要成分是 H_2 和 N_2,残余的有害气体 CO 0.3%~3%(体积分数),CO_2 0.1%~0.3%(体积分数),O_2 0.1%~0.2%(体积分数)及微量 H_2S 等,仍会使氨合成催化剂中毒。故原料气在送往氨合成工序之前,必须设置最后一个净化工序,即原料气的精制。一般大型合成氨厂要求入合成系统的原料气中 CO 与 CO_2 之和(通常称为微量)的体积分数小于 10×10^{-6},中小型厂要求小于 25×10^{-6}。在合成甲醇生产中,无此工序。

由于 CO 既不是酸性气体,也不是碱性气体,在各种无机、有机溶剂中的溶解度又很小,因而要脱除少量 CO 并不容易。目前常用的方法有以下几种。

1. 铜氨液洗涤法

铜氨液洗涤法属于化学法。在高压低温下,采用含有铜盐的氨溶液吸收原料气中少量的 CO、CO_2、H_2S 及 O_2。在低压、加热下再生。通常简称"铜洗"或"精炼"。

2. 甲烷化法

甲烷化法属于化学法。在适当温度和有催化剂存在条件下,使 CO、CO_2 分别与 H_2 作用生成 CH_4,从而达到精制气体的目的。由于反应消耗了有效成分 H_2,而生成了氨合成的惰

性气体 CH_4，故此法只适用于（$CO + CO_2$）（体积分数）小于 0.7% 的原料气精制。

3. 液氮洗涤法

液氮洗涤法属于物理法。在低温下用液氮作洗涤剂，使一氧化碳体积分数降至 10×10^{-6} 以下，同时除去 CH_4，从而制得纯度更高的氢氮混合气。

4. 双甲精制法

在适当温度和催化剂的作用下，少量 CO 和 CO_2 分别与 H_2 作用生成甲醇，分离出甲醇后的原料气，再进行甲烷化法精制的过程。因先甲醇化后甲烷化，故称为双甲精制法。

第一节 铜氨液洗涤法

一、铜氨液的组成及性质

铜氨液简称"铜液"。目前生产中采用的铜氨液有碳酸铜氨液、蚁酸铜氨液和醋酸铜氨液，我国多采用醋酸铜氨液。新制备铜液的主要成分有醋酸二氨合亚铜 [$Cu(NH_3)_2Ac$]、醋酸四氨合铜 [$Cu(NH_3)_4Ac_2$]、醋酸铵（NH_4Ac）和游离氨。当铜氨液接触空气或原料气后，吸收了其中的 CO_2，使铜氨液中增加了碳酸氢铵及碳酸铵等成分。

铜在铜液中有两种存在形态：①低价铜离子（Cu^+），无色，不稳定，易被氧化成为高价铜，具有吸收能力；②高价铜离子（Cu^{2+}），蓝色，无吸收能力，起稳定低价铜离子的作用。低价铜离子与高价铜离子浓度之和称为总铜。铜氨液呈蓝色，铜液中高价铜离子越多，蓝色则越深。铜液的吸收能力决定于低价铜离子浓度。铜液呈弱碱性，pH 值为 9~10，有腐蚀性，特别是对人的眼睛有强烈的伤害，操作时应严加防护，黏度较大。

二、吸收原理

1. 吸收 CO 原理

在有游离氨存在条件下，醋酸二氨合亚铜与 CO 作用，生成一氧化碳醋酸三氨合亚铜。反应式为：

$$Cu(NH_3)_2Ac + CO + NH_3 \longrightarrow [Cu(NH_3)_3 \cdot CO]Ac + Q \qquad (7-1)$$

该反应是可逆的、气体体积缩小的放热反应。故提高压力、降低温度、增加铜氨液中低价铜及游离氨的浓度，均有利于吸收反应的进行。反之，降低压力，升高温度，反应 [见式（7-1）] 则向左移动，解吸出 CO。实际生产中，根据这一特点，在加压和低温下，用铜氨液吸收原料气中残余的 CO，而在减压和加热条件下再生，解吸出 CO。

2. 铜氨液吸收 CO_2、O_2 和 H_2S 的原理

（1）吸收 CO_2。依靠铜液中的游离氨吸收 CO_2 生成碳酸铵，碳酸铵继续吸收 CO_2 生成碳酸氢铵。反应式为：

$$2NH_3 + CO_2 + H_2O \Longleftrightarrow (NH_4)_2CO_3 + Q \tag{7-2}$$

$$(NH_4)_2CO_3 + CO_2 + H_2O \Longleftrightarrow 2NH_4HCO_3 + Q \tag{7-3}$$

由上述反应可知，铜液吸收 CO_2 的反应均是放热的，能使铜液温度升高，而影响吸收能力，同时生成的碳酸铵与碳酸氢铵在低温时易于结晶，甚至当醋酸和氨不足时，还会生成碳酸铜沉淀，故进入铜洗系统的原料气中的 CO_2 含量不能过高。

（2）吸收 O_2。铜液是依靠低价铜离子吸收 O_2 的，其反应式为：

$$2Cu(NH_3)_2Ac + 4NH_3 + 2HAc + 1/2O_2 \Longleftrightarrow 2Cu(NH_3)_4Ac_2 + H_2O + Q \tag{7-4}$$

铜液吸收 O_2 后，使低价铜氧化成高价铜，降低了铜氨液的吸收能力，如果入铜洗塔的气体中氧含量达到 2%（体积分数），则几乎使全部低价铜离子被氧化成高价铜，使铜氨液失去吸收能力。因此必须严格控制入铜洗系统原料气中 O_2 的含量。

（3）吸收 H_2S。铜氨液吸收 H_2S 是借助游离氨的作用进行吸收的。

$$2NH_3 \cdot H_2O - H_2S \Longleftrightarrow (NH_4)_2S + H_2O + Q \tag{7-5}$$

同时 H_2S 还能与低价铜反应生成硫化亚铜沉淀。

$$2Cu(NH_3)_2Ac + H_2S \Longleftrightarrow Cu_2S\downarrow + 2NH_4Ac + 2NH_3 \tag{7-6}$$

铜液吸收 H_2S 后，生成了不能再生的硫化亚铜沉淀，不仅易堵塞设备，降低总铜含量，增加铜耗，影响铜液吸收能力，且使铜氨液变黑，黏度增大，易造成气体带液事故。因而入铜洗系统的原料气中 H_2S 含量越低越好。

三、铜洗工艺操作条件的选择

1. 铜洗温度

降低铜洗温度，铜液吸收能力增强，铜液吸收能力与温度有关，铜液温度在 10 ℃ 以下时，吸收能力较强；若超过 15 ℃，吸收能力则迅速下降。但温度过低，铜液黏度增大，影响吸收速度，并易析出碳酸铵结晶，堵塞设备，导致系统阻力增加，还易发生气体带液事故。故铜洗温度不可过低，一般为 8~15 ℃ 为宜。

2. 铜洗压力

提高铜洗压力，铜液吸收能力增大。但当压力提高到一定限度后，吸收能力随压力升高而增大的效果已不显著，却增加了动力消耗，同时对设备强度的要求也更高，不经济。故生产中铜洗压力一般控制在 12~15 MPa 为宜，CO 分压为 0.3~0.5 MPa。

四、铜液再生

铜液吸收 CO、CO_2、O_2 和 H_2S 后，吸收能力下降，甚至失去吸收能力。为恢复其吸收能力，需进行再生，循环使用。

再生目的如下：①使铜液吸收的 CO、CO_2 和 H_2S 在减压、加热条件下解吸出来；②使高价铜还原成低价铜，调节铜比；③补充铜洗过程中所消耗的氨、铜及醋酸。

1. 再生原理

在减压及加热条件下，首先解吸出所吸收的 CO、CO_2 和 H_2S。解吸反应是吸收反应的逆过程，其反应：

$$[Cu(NH_3)_3 \cdot CO]Ac \longrightarrow Cu(NH_3)_2Ac + CO\uparrow + NH_3\uparrow - Q \quad (7-7)$$

$$NH_4HCO_3 \Longleftrightarrow NH_3\uparrow + CO_2\uparrow + H_2O - Q \quad (7-8)$$

$$(NH_4)_2S \longrightarrow H_2S + 2NH_3 - Q \quad (7-9)$$

解吸是吸热、体积增大的反应，故降低压力、升高温度有利于解吸过程的进行。再生气中除含有 CO、CO_2、NH_3 等气体外，还含有少量被铜液夹带的 H_2、N_2，应予以回收利用。

2. 再生操作条件选择

（1）再生温度。铜液再生温度必须同时满足气体的解吸、高价铜的还原和残余 CO 氧化三者的要求。提高温度有利于解吸反应的进行，但温度过高，CO 解析过快，使还原作用减弱。反之，温度过低，对还原有利，但解吸不完全，再生后铜液中残余 CO 含量增加，影响吸收能力。为解决这一矛盾，生产中通常采用分段控温的方法进行再生，使气体的解吸、高价铜的还原及残余 CO 氧化分段进行。

首先在回流塔中，温度控制在 45~55 ℃，使大部分 CO 及 CO_2 解吸；然后在还原器中，将温度控制在 60~68 ℃，进行高价铜的还原；最后在再生器中，将温度提高到 75~78 ℃，使残余 CO 氧化。再生器温度不能超过 80 ℃，否则氨与醋酸损失大，严重时将破坏铜液的稳定，析出金属铜。

（2）再生压力。再生压力低，有利于 CO 和 CO_2 的解吸。但再生压力过低，会使 CO 过早解吸，不利于高价铜的还原，铜比不易升高，反而降低了铜氨液的吸收能力。同时，使再生气能够克服管道和设备阻力，顺利送到回收系统，故再生压力一般维持在 0.3~0.8 kPa。

（3）再生时间。铜液再生时间越长，则 CO 与 CO_2 解吸则越完全，再生后铜液吸收能力越强。实践证明，铜液在再生器内停留 25 min 左右，才能使 CO 解吸较完全。为保证铜液再生完全，生产中一般使铜液在再生器内停留 30~40 min。

五、工艺流程

铜氨液洗涤与再生工艺流程图如图 7-1 所示。

脱碳后的原料气，经压缩工段加压至 12 MPa 以上入铜洗塔，在塔内与塔顶喷淋下来的铜液逆流接触，CO、CO_2、O_2 和 H_2S 被铜液吸收。出铜洗塔的净化气送往合成工序。

吸收了 CO 等杂质后的铜液，温度升至 28 ℃左右，由铜洗塔底部排出经膨胀阀减压后，依靠本身的内能，上升到回流塔顶部。在回流塔内被再生器来的再生气加热，温度升至 45~55 ℃，使大部分 CO 和 CO_2 解吸。铜液自回流塔下侧排出，根据铜比的高低，进入还原器的下加热器底部（主线）或上加热器底部（副线）；铜液在下加热器被加热至 60~68 ℃，使高价铜还原为低价铜，调节铜比，再经上加热器加热至 70~75 ℃入再生器。继续被加热，温度升至 78 ℃左右，使高价铜氧化残余 CO 的湿法燃烧反应进行完全。若铜比过高，可在还原器底部加入适量空气调节。

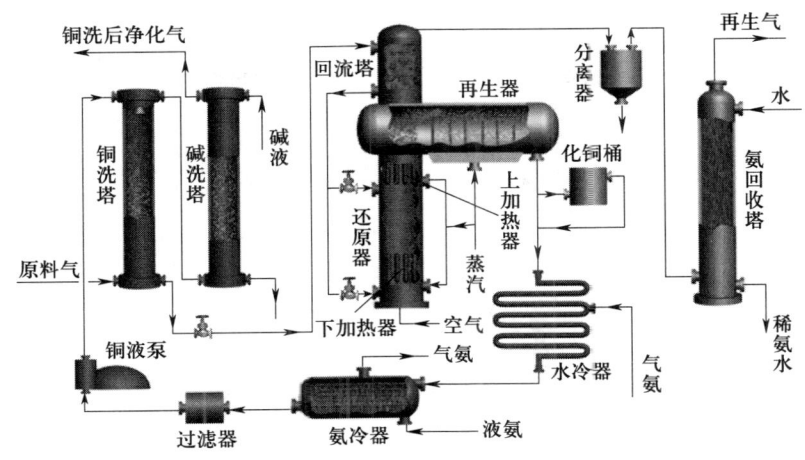

图 7-1　铜氨液洗涤与再生工艺流程图

再生后的铜液由再生器下侧排出，依据总铜含量的高低，决定流动路线。若总铜含量低，则经化铜桶溶解部分金属铜，提高总铜含量后入水冷器。若总铜符合要求，铜液可直接入水冷器，并在水冷器中部补加氨气（也可在水冷器后加液氨），铜液经水冷后，再入氨冷器，利用液氨蒸发吸热，使铜液温度降至 8~15 ℃，再经过滤器除去机械杂质，经铜液泵补充压力后，送往铜洗塔循环使用。从回流塔上部出来的再生气，经氨回收塔回收氨后，送变换系统回收利用。

第二节　甲烷化法

甲烷化法属于化学法，是在适当温度和有催化剂存在下，使少量 CO、CO_2 分别与 H_2 作用生成 CH_4 的过程。

一、甲烷化基本原理

在 270~400 ℃ 及催化剂作用下，少量 CO 和 CO_2 分别与 H_2 反应，生成 CH_4。主要反应：

$$CO + 3H_2 \longrightarrow CH_4 + H_2O(g) + Q \tag{7-10}$$

$$CO_2 + 4H_2 \longrightarrow CH_4 + 2H_2O(g) + Q \tag{7-11}$$

主要反应为可逆的、放热的、气体体积减小的反应，反应速率较慢，但在催化剂作用下，反应速率相当快。故降低温度，提高压力，均有利于甲烷化反应平衡向右移动。

1. 反应热效应

甲烷化反应是强烈的放热反应，在绝热情况下，原料气中有 0.1%（体积分数）的 CO

转化成 CH_4 时,原料气的温度升高 7.3 ℃;有 0.1%(体积分数)的 CO_2 转化成 CH_4 时,原料气的温度则升高 6 ℃;若有 0.1%(体积分数)的 O_2 时,则会造成 16.5 ℃ 的温升,反应热效应随温度的升高而增大。

2. 化学平衡

甲烷化是可逆反应,压力、温度对化学平衡有以下两方面影响。

(1)压力的影响。因为甲烷化反应是气体体积减小的反应,故提高压力,可使甲烷化反应平衡向右移动。但原料气中 H_2 的浓度比 CO、CO_2 大 70 倍以上,即使在压力不太高的条件下,也能达到满意效果,故压力对甲烷化平衡的影响并不重要。

(2)温度的影响。因为甲烷化反应是放热反应,故温度对化学平衡有着显著的影响,甲烷化反应的平衡常数值随温度的升高而降低。当温度较低时,如 300 ~ 400 ℃,平衡常数值很大,甲烷化反应向右进行,净化任务很容易完成。当反应温度升至 600 ~ 800 ℃ 时,则反应则向左进行,变为甲烷蒸汽转化反应,故温度对甲烷化反应的化学平衡影响较大。

3. 甲烷化反应速率

在通常情况下,甲烷化反应速率很慢,但在镍的催化作用下,反应速率变快。甲烷化反应速率与空间速率、CO 和 CO_2 的进出口浓度成正比。同时,增加压力,升高温度,可加快反应速率。

扩散过程对甲烷化反应速率也有显著影响。当 CO 体积分数高于 0.25% 时,反应属于内扩散控制;而低于 0.25% 时,属于外扩散控制。故在实际操作中,减小催化剂粒度、提高气流速度均能提高甲烷化反应速率。

4. 副反应

在甲烷化过程中,当操作温度超过 500 ℃ 时,会发生析碳的副反应。当温度低于 200 ℃ 时,可能有生成羰基镍的副反应发生。在甲烷化正常操作条件下,这些反应均不易发生。但在升温或降温过程中,或事故停车时,若甲烷化温度低于 200 ℃ 时,如遇到含 CO 的原料气,则会生成羰基镍。羰基镍在空气中的最高允许质量浓度为 0.001 mg/m^3,实际生产中必须采取措施加以防范。

二、甲烷化催化剂

1. 甲烷化催化剂的组成及性能

目前常用甲烷化催化剂的主要成分为氧化镍,对甲烷化反应起催化作用的活性组分为金属镍,耐热载体为氧化铝,促进剂为氧化镁或三氧化二铬。一般镍含量为 15% ~ 35%(质量分数)。

2. 甲烷化催化剂的使用条件

(1)使用前需要还原。因主要成分氧化镍,对甲烷化反应无催化活性,使用前必须将其还原为金属镍,才具有催化活性。一般用 H_2 或脱碳后的原料气作还原剂。反应式为:

$$NiO + H_2 =\!=\!= Ni + H_2O + 1.26 \text{ kJ} \qquad (7-12)$$

$$NiO + CO =\!=\!= Ni + CO_2 + 38.5 \text{ kJ} \qquad (7-13)$$

还原过程分升温和还原两个阶段。一般常温 300 ℃ 为升温阶段，300~400 ℃ 为还原阶段。升温阶段的目的在于脱除催化剂中的水分。虽然上述还原反应的热效应不大，但一经还原，就有活性。生成的金属镍，立即可使 CO 和 CO_2 进行甲烷化反应，放出大量热，使催化剂床层温度迅速升高。故要求还原所用原料气中 CO 和 CO_2 之和小于 1%（体积分数）。

还原后的镍催化剂，在 180 ℃ 以下与 CO 接触能生成羰基镍。羰基镍不仅对催化剂有毒害，而且对人体的毒害也很大。故催化剂降温至 180 ℃ 时，必须停止使用含 CO 的工艺气，改用 H_2 或 N_2。

（2）还原后的镍催化剂与空气接触前要钝化。还原后的金属镍易自燃，能与 O_2 发生激烈氧化反应，生成氧化镍，而放出大量热。

$$2Ni + O_2 = 2NiO + 481.4 \text{ kJ} \tag{7-4}$$

若与大量空气接触，放出的反应热会使催化剂超温烧结。因此，还原后的镍催化剂需要与空气接触前，首先向催化剂层通入含有少量 O_2 的蒸汽，使催化剂钝化，钝化后再与空气接触。

3. 防中毒

能使甲烷化镍催化剂中毒的物质有羰基镍、硫化物、砷化物等。即使微量上述物质，也能大大降低镍催化剂的活性及使用寿命。硫对镍催化剂的毒害是积累的，当催化剂吸收了 0.5%（质量分数）的硫，或吸收了 0.1%（质量分数）的砷时，活性均会完全丧失。故应严格控制进入甲烷化系统原料气中的硫含量。如在甲烷化炉前设置脱硫槽，或在镍催化剂层上面放一些氧化锌脱硫剂，从而达到精细脱硫之目的。同时，防止含氯的水或蒸汽入甲烷化炉。

三、工艺条件的选择

1. 温度

由于甲烷化反应是可逆的放热反应，提高操作温度，可加快反应速率，节省催化剂用量。但对化学平衡不利，并易发生析碳现象。而温度过低，反应速率慢，当温度低于 180 ℃ 时，易生成羰基镍，故温度不能低于 260 ℃。在生产中，一般温度控制在 280~420 ℃ 为宜。

2. 压力

因甲烷化反应是气体体积减小的反应，提高压力，对化学平衡有利，且反应速率加快，从而提高设备和催化剂的生产能力。实际生产中，甲烷化操作压力取决于前后工序的压力，1~3 MPa 均可。

3. 原料气的成分

甲烷化反应是强烈的放热反应，若原料气中 CO 和 CO_2 含量高，易造成催化剂超温事故，同时，使入合成系统的惰性气体甲烷含量增加。故必须严格控制原料气中 CO 与 CO_2 含量，一般要求小于 0.7%（体积分数）。原料气中的水蒸气，对甲烷化反应是不利的，并对催化剂的活性有一定的影响，故原料气中水蒸气含量越少越好。

四、工艺流程及主要设备

1. 工艺流程

甲烷化工艺流程有两种，如图 7-2 所示。

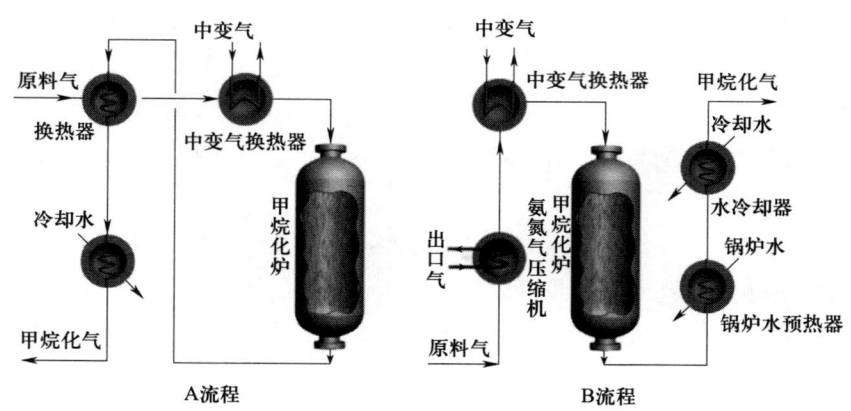

图 7-2 甲烷化工艺流程

（1）A 流程。来自脱碳工序的 1.8 MPa，65 ℃的原料气，首先入甲烷化气换热器管间，被甲烷化气加热，温度升至 250 ℃左右，再入中变气换热器，继续被中变气加热，温度升至 300 ℃左右，由炉顶入甲烷化炉，进行甲烷化反应。使气体中（$CO + CO_2$）< 10×10^{-6}（体积分数），由炉底排出的甲烷化气，温度为 350 ℃左右，入甲烷化气换热器管内，加热管间的冷原料气，温度降至 110 ℃，再入水冷器，冷却至 40 ℃左右，经加压后送合成工序。

（2）B 流程。温度约为 70 ℃的原料气，入氨氮气压缩机，预热至 110 ℃左右，入中变气换热器，加热到 310～320 ℃入甲烷化炉。反应后的气体，温度为 363 ℃左右，经锅炉水预热器，温度降至 150 ℃左右，再入水冷却器，冷却到 40 ℃左右，加压后送合成工序。

2. 主要设备

甲烷化工艺主要采用甲烷化炉，它是立式圆筒形设备。因甲烷化气中 H_2 的分压较大，氢腐蚀较严重，故采用低合金钢制作。催化剂层的最低高度与直径之比一般为 1:1。催化剂层和气体进出口都设有热电偶，以测定炉温。大型厂甲烷化炉内径约 3 m，高约 5 m，内装催化剂约 20 m^3。中型厂甲烷炉内径约 2.2 m，高约 6.6 m，内装催化剂约 10 m^3。

第三节 液氮洗涤法

液氮洗涤法属于深冷技术，既能有效地脱除原料气中残余的 CO，同时又能脱除 CH_4 和 Ar，从而制得纯度更高的合成氨原料气，故减小了合成循环气的排放量，降低了氢氮损失，提高了合成催化剂的生产能力。由于此法需要液体氮，所以只有与设有空分装置的制气工艺配套,才比较经济。故实际生产中,液氮洗涤法一般与空气液化分离、低温甲醇法脱碳组成联合装置,使得冷量合理利用,原料气的净化流程简单。

一、基本原理

1. 液氮洗涤原理

液氮洗涤法属于纯物理过程,利用原料气中各组分沸点的不同进行的。以煤为原料,以 O_2 和水蒸气为气化剂制得的原料气,经脱硫、变换及脱碳后,主要成分是 H_2,其次含有少量 N_2、CO、CH_4 和 Ar 等。原料气中各组分在不同压力下的沸点和蒸发热见表 7 – 1。

表 7 – 1　　　　　　原料气中各组分在不同压力下的沸点和蒸发热

气体\温度/℃	绝对压力/MPa				0.1 MPa 下的蒸发热/(kJ/kg)
	0.101	1.01	2.03	3.04	
CH_4	-161.4	-129	-107	-95	244.51
Ar	-185.8	-156	-143	-135	152.42
CO	-191.5	-166	-149	-142	216.04
N_2	-195.8	-175	-158	-150	199.71
H_2	-252.8	-244	-238	-235	456.36

由表 7 – 1 可知,这些气体在不同压力下的沸点(即冷凝温度)相差较大,其中 H_2 的沸点最低,而 N_2 的沸点比 CO、Ar 及 CH_4 低。

由于 CO 的沸点比 N_2 高,且 CO 能溶解在液态氮中,故在洗涤塔中,液态氮与原料气接触时,CO、CH_4、Ar 及 O_2 等杂质被吸收下来,从而与 H_2 分离,使原料气得到净化,同时部分液氮蒸发。从塔顶得到 CO 含量 $< 10 \times 10^{-6}$(体积分数)、惰性气体含量 $< 100 \times 10^{-6}$(体积分数)的纯氢氮气。而 CO、CH_4 等杂质与液氮一起从洗涤塔底排出,称为含 CO 馏分。因原料气中 CO 含量较少,且 N_2 的蒸发热与 CO 的溶解热相差很小,故洗涤过程可视为恒温、恒压过程。

2. 吸附原理

吸附是一种物理现象,不发生化学变化。由于分子间引力作用,在吸附剂表面产生一种表面力。当流体流过吸附剂时,流体与吸附剂充分接触,一些分子由于不规则运动而碰撞在吸附剂表面,被吸附到固体表面,使流体中这种分子减少,达到净化的目的。

分子筛对极性分子的吸附力远远大于非极性分子,因此,从低温甲醇洗工段来的气体中 CO_2、CH_3OH 因其极性大于 H_2,就被分子筛选择性地吸附,而 H_2 为非极性分子,因此分子筛对 H_2 的吸附就比较困难,从而除去 CO_2、CH_3OH。再生时用加热后的低压 N_2 将 CO_2、CH_3OH 从分子筛解吸并带走。

3. 混合制冷原理

在一定条件下,将一种制冷介质压缩至一定压力,再节流膨胀,产生焦耳 – 汤姆逊效应即可进行制冷。科学实践证明：将一种气体在足够高的压力下与另一种气体混合，这种气体也能制冷。这是因为在系统总压力不变的情况下，气体在掺入混合物中后分压是降低的，其温度也随之下降。液氮洗涤法就运用了上述原理。在液氮洗涤过程中，不仅将净化气中的 CO、CH_4、Ar 等洗涤下来，同时中压 N_2 配到净化气中，既使氢氮比达到 3:1，又使其分压下降，产生焦耳 – 汤姆逊效应而获得了部分冷量。

二、工艺操作条件的选择

1. N_2 的纯度及用量

N_2 由空分装置提供。为满足合成氨原料气对氧含量的要求，液氮中氧含量应 $< 20 \times 10^{-6}$（体积分数）。通过对液氮洗涤塔的物料衡算，可确定液氮的理论用量。实际生产中，液氮用量必须大于理论用量，一般每生产 1 t 氨，所需液氮量以气态（标准状态）计为 500 ~ 700 m^3。

2. 原料气成分

在低温下，水及 CO_2 会凝结为固体，影响传热效率，且堵塞设备及管道，故入液氮洗系统的原料气中，必须不含水蒸气和 CO_2。原料气中的氮氧化物与不饱和烃在低温下形成的沉积物，易发生爆炸，也必须彻底除去。一般设置分子筛或活性吸附剂进行脱除，以确保生产安全。

3. 温度

为了彻底清除原料气中的 CO，需将原料气温度降至 CO 沸点以下。一般最低操作温度为 –192 ℃。

4. 压力

提高压力，CO 的冷凝温度升高，但冷凝温度的升高并不与压力成正比，且压力越大，对设备结构要求越高，H_2 在液氮中的溶解损失也越大。故一般操作压力为 2.0 ~ 8.0 MPa 为宜。

三、工艺流程

液氮洗工艺流程因操作压力、冷源的补充方式及是否与空分、低温甲醇洗联合而各有差异，其流程图如图 7 – 3 所示。无论采用哪种流程，一般包括以下四个工艺步骤。

1. 原料气的预处理及冷却

来自低温甲醇洗工序的原料气，压力为 7.7 MPa 左右，温度为 –57 ℃，组成（体积分数）为 H_2 95.2%、CO 3.73%、N_2 0.23%、Ar 0.53%、CH_4 0.25% 及微量甲醇和 CO_2。入分子筛吸附器，除去微量甲醇及 CO_2 等杂质，以防止它们在深冷状态下冻结而析出，然后入冷箱。在冷箱的原料气冷却器内，与液氮洗涤塔顶来的洗涤气及洗涤塔底来的液氮，逆流接触换热，被冷却至 –188 ℃后，入液氮洗涤塔下部。

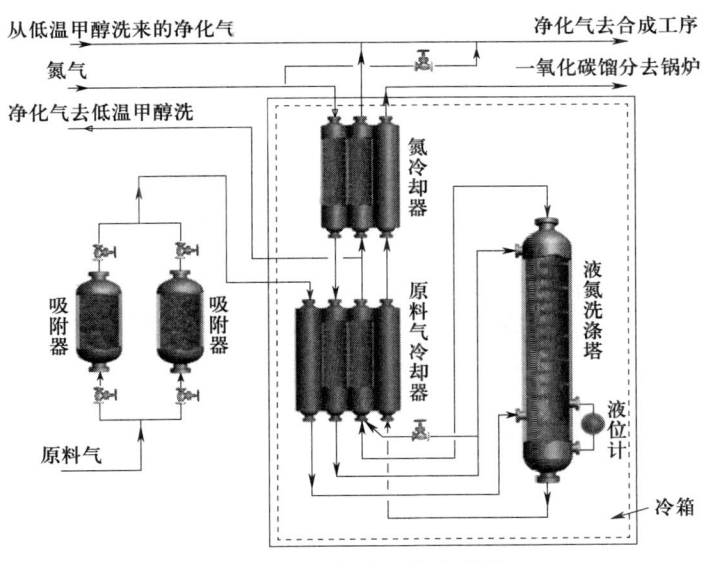

图 7-3 液氮洗工艺流程图

2. 原料气洗涤及配氮

在液氮洗涤塔内，原料气中的 CO、CH_4 及 Ar 等组分，被塔顶加入的过冷液氮所吸收。自塔顶排出的净化气，含 H_2 91%（体积分数）、N_2 9%（体积分数），温度约为 -192 ℃，与温度为 -188 ℃ 的液氮混合（第一次配氮）后，入原料气冷却器，冷却将要入液氨洗涤塔的原料气。然后分两路，大部分送低温甲醇洗进一步回收冷量，少部分入氮冷却器，使空分工序来的 N_2 冷却并液化，而本身被加热至常温，与从低温甲醇洗返回的净化气汇合，再加入 N_2（第二次配氮），调整氢氮比合格后送合成工序。出系统的净化气组成（体积分数）为 H_2 74.99%、N_2 25.1%、CO 5×10^{-6}、Ar 40×10^{-6}、CH_4 1×10^{-6}。

3. 高压氮气的液化

来自空分工序的高压氮气，温度为 40 ℃，压力为 7.7 MPa，经氮冷却器及原料气冷却器，被来自液氮洗涤塔顶的净化气冷却并液化，温度降至 -188 ℃。其中小部分与净化气混合作配氮用，大部分入液氮洗涤塔作洗涤剂。

4. 一氧化碳馏分的回收

自液氮洗涤塔底排出的一氧化碳馏分，温度约为 -191 ℃，压力约为 7.6 MPa，组成（体积分数）为 CO 45.19%、N_2 31.8%、H_2 13.29%、Ar 6.74%、CH_4 2.80%，经节流阀膨胀，压力降至 0.15 MPa 左右，再经原料气冷却器和氮冷却器回收其冷量后，送锅炉作燃料用。

在生产中，由于冷箱的冷损失及冷热物料换热不完全所造成的冷损失，可采用以下两种办法加以补偿：

（1）在低温配氮时，依靠高压氮节流膨胀产生冷量；
（2）依靠一氧化碳馏分膨胀降压气化吸热提供冷量。

故在正常生产时，不需要外界补充冷量，只有在开车时，才需要空分供给液氮，以加速冷却过程。

流程中 N_2 的作用有三个：①作洗涤剂；②作制冷剂，提供冷量；③为原料气补充 N_2。

四、主要设备及操作要点

液氮洗涤塔一般为泡罩塔，内有一定数量的塔板。氮冷却器和原料气冷却器一般为板翅式换热器。和液氮洗塔装在一个冷箱内，冷箱中充填珠光砂保冷，冷箱中充氮保证一定微压。

液氮洗涤塔用空分装置提供的液氮作为冷源，将空分送来的高压氮气通入氮冷却器和原料气冷却器使之液化。将液化的液氮送入液氮洗涤塔对设备进行冷却，并在塔内积聚液氮。当液氮洗涤塔的温度达到足够低温，塔底液面达到足够高度，低温甲醇洗后的原料气中 CO_2 浓度达到正常后，先给液氮洗系统通入少量原料气使系统内的压力提高到接近操作压力，待系统的温度达到操作指标时，增加原料气量，逐渐减少作为补充冷量的液氮量，已致最后停止。再增加高压 N_2 量，并调节净化气的氢氮比，达到正常工艺指标后，将净化气送往合成工序。

第四节 双甲精制法

一、双甲精制法

将甲醇化法与甲烷化法联合，脱除原料气中残余 CO 和 CO_2 的过程称为双甲精制法。首先，在甲醇化催化剂作用下，使 CO 及 CO_2 分别与 H_2 作用，生成甲醇，使 CO 体积分数降至 0.03%～0.3%，CO_2 体积分数降至 0.01%～0.15%。再采用甲烷化法，使（CO + CO_2）体积分数降至 10×10^{-6} 以下，从而满足了氨合成对原料气的要求，同时副产甲醇。此法特点是流程短，氢耗低，能耗低，操作平稳简便，可副产甲醇。

1. 甲醇化反应原理

在低温和高活性铜基催化剂作用下，CO、CO_2 分别与氢反应生成甲醇。反应式为：

$$CO + 2H_2 \rightleftharpoons CH_3OH + 102.5 \text{ kJ} \tag{7-15}$$

$$CO_2 + 3H_2 \rightleftharpoons CH_3OH + H_2O + 49.5 \text{ kJ} \tag{7-16}$$

2. 甲醇化催化剂

（1）催化剂的组成及性能。目前生产中，用于甲醇合成的催化剂有铜基催化剂和锌基催化剂两类。锌基催化剂适用于高温（380 ℃）、高压（32 MPa）下合成甲醇，而铜基催化剂在低温（230 ℃）、低压（5 MPa）下，对甲醇合成就有很高的催化活性。其中，铜基催化剂目前最常用，其主要成分是氧化铜，活性组分为金属铜，载体为氧化铝，氧化锌为助剂。

（2）催化剂的使用条件。

1）使用前需要还原。铜基催化剂中的主要成分氧化铜，对甲醇合成反应无催化活性，使用前，必须将其还原为具有催化活性金属铜。

$$CuO + H_2 =\!=\!= Cu + H_2O + 86.01\ kJ \tag{7-17}$$

还原反应是强放热反应，绝热下，每消耗 1%（体积分数）的 H_2，则催化剂层温升约为 28 ℃，故必须严格控制还原气中 H_2 的浓度，使还原过程温升缓慢平稳，出水均匀，防止温升过猛或出水过快。否则，将会影响催化剂活性及使用寿命，甚至超温会把整炉催化剂烧坏。严重时损坏催化剂筐内件。

通常控制 H_2 体积分数在 1% ~ 2%，低浓度氢还原的优点是床层温度便于控制，稳妥可靠，还原后催化剂活性高；缺点是还原时间长，一般需要 80 ~ 100 h。而有些厂采用高氢还原，以出水量为指标控制还原过程的走行。其优点是还原时间短，一般约 40 h；缺点是还原温度难以控制，有时超温，一般会使还原后催化剂活性下降 10% 左右，使用寿命缩短。

2) 防中毒。能使铜基催化剂中毒的物质有硫、氯、磷、硅、铁、镍等。要求入甲醇合成塔的原料气中 H_2S 含量小于 $0.1\ mg/m^3$。铜基催化剂吸硫量达 1.5% ~ 2%（质量分数）时，即失去活性。生产中通常采取的措施是在甲醇合成塔前设置脱硫槽，对原料气进行精脱硫。

3. 甲烷化反应

经甲醇化工序后的原料气中（$CO + CO_2$）为 0.1% ~ 0.3%（体积分数），再进入甲烷化工序，净化气中 CO、CO_2 在催化剂的作用下与 H_2 反应生成甲烷，使（$CO + CO_2$）降至 10×10^{-6}（体积分数）以下，从而满足了氨合成对原料气的要求。

4. 双甲精制工艺流程

双甲精制工艺流程简图如图 7-4 所示。

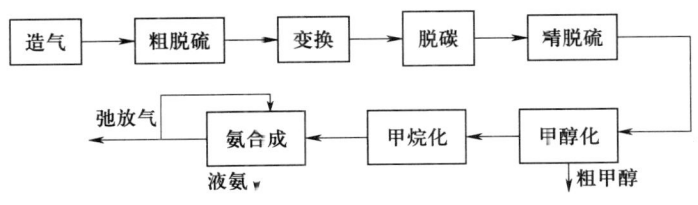

图 7-4 双甲精制工艺流程简图

二、醇烃化精制

双甲精制中的甲烷化法，是将甲醇化后的原料气中少量 CO 及 CO_2 与 H_2 反应，生成甲烷和水。生成的甲烷在氨合成工序为惰性气体。当甲烷含量高时，将影响氨的产量。在实际生产中，为降低甲烷含量，只有放空部分氨合成循环气，使 H_2 耗进一步增加。

为了克服以上弊端，技术人员又开发了醇烃化代替甲烷化的双甲精制新工艺——醇烃化精制工艺，此工艺是将经甲醇化后的原料气，再串联烃化法，生成甲醇、乙醇等多种醇和烃烃化物。

醇烃化精制原理：甲醇化后的原料气，在 220 ~ 250 ℃ 和铁基催化剂作用下，使残余的

CO 及 CO_2 与 H_2 反应生成甲醇、乙醇等多种醇和烷烃，使微量降至 $10×10^{-6}$（质量分数）以下。反应式为：

$$nCO + 2nH_2 \longrightarrow C_nH_{2n+2}O + (n-1)H_2O \tag{7-18}$$

$$nCO + (2n+1)H_2 \longrightarrow C_nH_{2n+2} + nH_2O \tag{7-19}$$

$$nCO_2 + (3n+1)H_2 \longrightarrow C_nH_{2n+2} + 2nH_2O \tag{7-20}$$

用醇烃化代替甲烷化的主要优点：生成的多种醇及烷烃，在常温下能冷凝为液体，经分离后可作为产品来提纯。由于生成的甲烷量少，使得进入氨合成系统的甲烷大大减少，从而减少了氨合成系统的放空量，降低了原料气的消耗。

醇烃化工艺的特点是流程短，净化率高，操作平稳可靠，节约能耗和原料气消耗，经济效益显著，适用性强，是目前广泛推广的一种合成氨新技术。

醇烃化精制工艺流程简图如图 7-5 所示。

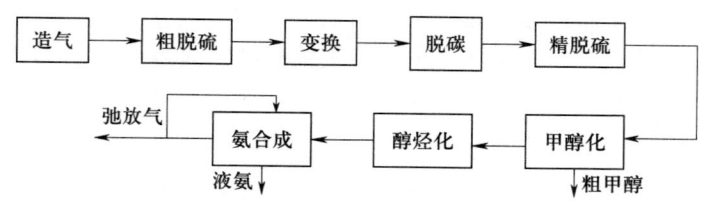

图 7-5 醇烃化精制工艺流程简图

实训六 液氮洗生产操作实训

一、开车操作

液氮洗涤塔开车时用空分装置提供的液氮作为冷源。

1. 在化工投料之前需要完成以下工作：管线的吹扫、分子筛的装填、系统的气密测验、系统干燥置换、冷箱裸冷、珠光砂装填。

需要注意以下两项。

（1）冷箱裸冷。裸冷目的是让冷箱中所有设备/阀门等在低温下经历一次机械性能测试，以便检查支撑是否正确，连接用螺栓/螺母有无蠕变，检查低温下是否泄露。

（2）珠光砂装填。确保充填用的珠光砂是干燥的，严禁在阴雨天施工，充装所用工具应洁净，严禁油污；充填结束后及时封闭人孔，通上密封气，防止水分侵入，避免珠光砂板结，影响保温性能。

2. 确认符合开车条件后，将空分送来的高压氮气通入氮冷却器和原料气冷却器使之液化。将液化的液氮送入液氮洗涤塔对设备进行冷却，并在塔内积聚液氮。

3. 当液氮洗涤塔的温度达到足够低温，塔底液面达到足够高度，低温甲醇洗后的原料

气中 CO_2 浓度达到正常指标后,先给液氮洗系统送入少量净化气,并经合成工序前的气体排放管逐渐排入火炬中,使系统内压力提高到接近操作压力。

4. 当塔底液面达到足够高度,即开始抽出液体。

5. 待系统温度达到操作指标时,增加原料气量,逐渐减少作为补充冷量用的液氮量,以致最后停止。

6. 增加高压氮量,并调节净化气的氢氮比,达到正常工艺指标后,将净化气送往合成工序。

二、吸附剂再生

吸附剂使用一段时间后,需要再生。吸附器有两台,一台运转,另一台再生,定期切换使用,切换时间为 24 h。再生主要包括预热、加热、预冷、再冷却、切换等过程。

再生过程主要步骤如下:

1. 0.45 MPa 的 N_2 将再生吸附器加热到常温。

2. N_2 经加热器加热后入再生吸附器,将吸附器加热到 250 ℃。解吸的 CO_2 和甲醇蒸汽等杂质被 N_2 带出,使吸附剂得到再生。

3. 再生后的吸附剂合成沸石,先用 N_2 冷却至接近常温。

4. 给再生后吸附剂送入少量原料气,冷却到接近操作温度(-35 ℃)备用。

5. 再生气经冷却器用水冷却至 40 ℃左右,送往低温甲醇洗工序作为气提气使用。

三、不正常现象及处理

1. 液氮洗涤塔液泛

主要原因:

(1)气体负荷过大,造成液悬。

(2)洗涤剂液氮用量过大。

(3)洗涤塔内液位过高。

处理方法:

(1)减负荷操作。

(2)调整液氮用量。

(3)降低洗涤塔液位。

2. 系统阻力增大

主要原因:

(1)分子筛吸附器故障,造成 CO_2 和甲醇带入系统。

(2)冷箱换热器过冷,使甲烷冻结堵塞通道。

处理方法:

(1)停车,对冷箱进行解冻处理。

(2)使用热配氮,使系统减负荷,提高温度,严重时停车处理。

3. 微量 CO 超标

主要原因：

（1）洗涤剂 N_2 用量不足。

（2）系统冷量不足。

（3）冷箱换热器泄漏。

处理方法：

（1）CO 含量 $<80\times10^{-6}$（体积分数）时，减负荷进行调整。

（2）CO 含量 $\geqslant80\times10^{-6}$（体积分数）时，停车处理。

四、停车操作

1. 临时停车操作

（1）向液氮洗涤塔送入高压氮，利用液氮进行冷却。

（2）从液氮洗涤塔下部抽出多余的液氮，使系统保持冷却状态。

2. 正常停车

（1）可利用排放管线逐渐降低系统压力，同时使系统逐渐复热，恢复到常温常压。

（2）冷箱排液及卸压。

1）排液：打开液氮洗涤塔和氢气分离器液位排空，关闭导淋。

2）冷箱卸压：打开冷箱各导淋排放阀，控制卸压速率 <0.2 MPa/min。

（3）冷箱置换升温。

1）引入常温 N_3 入冷箱系统，开各导淋排放阀及冷箱仪表排液阀，并进行调节、控制换热器端面温差 <60 ℃，各点升温速率 <15 ℃/h。

2）当冷箱内最低温度达 10~20 ℃时，关闭各排放阀。

3）升温结束后，冷箱内用惰性气体充压至微正压封闭。

（4）吸附器进一步处理。停车后，吸附器程控模式停，手动操作使分子筛再生。

思考与练习

1. 目前合成氨原料气精制的主要方法有哪些？
2. 新配制铜氨液的主要成分有哪些？
3. 铜在铜氨液中有哪几种存在形态？氨在铜氨液中有哪几种存在形态？
4. 铜氨液吸收的原理是什么？铜液再生的原理是什么？
5. 一氧化碳、二氧化碳甲烷化原理是什么？
6. 已还原的甲烷化镍催化剂，在 180 ℃以下，为什么不能与 CO 接触？
7. 甲烷化法精制的工艺条件如何选择？

8. 简述液氮洗涤的原理。
9. 在液氮洗涤过程中，向系统提供冷量的方法有哪些？
10. 液氮洗工艺流程一般包括哪几个工艺步骤？
11. 什么是双甲精制？双甲精制的原理是什么？

第三篇

原料气的合成

第八章 氨的合成

学习目标

1. 了解合成氨工业的发展概况和氨的物理、化学性质及用途。
2. 掌握合成氨生产的基本过程。
3. 掌握氨合成的基本原理、工艺条件,熟悉典型工艺流程与主要设备结构、作用。
4. 了解合成催化剂的组成和作用,熟悉合成催化剂还原与钝化原理。
5. 理解氨冷冻的基本原理及液氨储存的注意事项。

第一节 概 述

氨是一种重要的含氮化合物,分子式为 NH_3。氨在工业、农业及国防科学技术等方面的用途甚广,但在自然界中存在很少。工业上在适当温度、压力并有催化剂存在的条件下,用 N_2 和 H_2 直接合成的方法生产氨,其化学反应式为:

$$N_2 + 3H_2 \rightleftharpoons 2NH_3 + Q \tag{8-1}$$

工业上合成氨的生产过程分为三个主要工艺步骤、七个主要工序,主要过程方框图如图 8-1 所示。

原料 → 造气工序 → 脱硫工序 → CO 变换工序 → 脱碳工序 → 精制工序 → 压缩工序 → 合成工序 → 产品氨

图 8-1 合成氨的主要过程方框图

1. 原料气的制备(又称造气工序)

生产合成氨的主要原料有焦炭、煤、天然气、重油、轻油等燃料以及空气和水蒸气。其中燃料按其状态可分为固体燃料、液体燃料和气体燃料三类。

生产合成氨,首先要制备 H_2 与 N_2 体积比为 3:1 的原料气。

合成氨生产中的 N_2 来源于空气。可采用空气液化分离的方法直接得到 N_2;也可以在制 H_2 过程中加入空气,使空气中的 O_2 与可燃性物质反应而除去,得到 N_2。

H_2 来源于水蒸气和含碳氢化合物的各种燃料。工业上普遍采用焦炭、煤、天然气、重油、轻油等燃料在高温下与水蒸气作用制得 H_2;焦炉气或石油炼制等废气中含有大量 H_2;电解水可直接得到 H_2,但此法能耗大,故其工业生产应用受到限制。

2. 原料气的净化

工业生产中无论采用哪种原料制取 H_2,制得的原料气中均含有硫化物、CO、CO_2 等杂质。它们不仅腐蚀设备和管道,而且能使合成氨生产中所用的催化剂中毒。因此,造气工序制得的 H_2、N_2 原料气必须进行净化处理,除去其中的杂质气体。净化处理一般包括脱硫、一氧化碳变换、二氧化碳脱除、少量 CO 和 CO_2 的清除四道工序。

3. 原料气的压缩与氨的合成

首先将精制后的氢氮混合气压缩到氨合成所需要的压力,然后送氨合成工序。氨合成工序的任务是在适当温度、压力,并有催化剂存在的条件下,将精制的氢氮混合气直接合成为氨。因合成率较低,一般为 13%~20%,需要将所生成的氨气从混合气中冷凝分离出来,得到产品液氨,分离氨后的氢氮混合气,再补加新鲜氢氮气,循环合成。

本步骤包括气体的压缩与氨的合成两道工序。

【知识链接】

一、氨的性质及用途

1. 氨的物理性质

常温常压下,氨是无色、具特殊刺激性气味的气体,有毒。当空气中含有 0.5%(体积分数)的氨时,人将因窒息而死。氨比空气轻,易液化,在常压 -33.5 ℃ 条件下或在常温下,将氨气加压到 0.7~0.8 MPa 时,氨就液化为无色液体,并放出大量冷凝热。人与液氨接触时,会严重冻伤皮肤。

液氨易气化,气化时吸收大量气化热。在工业生产中利用氨的这一性质常用做制冷剂。氨极易溶于水,氨的水溶液叫氨水,呈弱碱性。通常可制成含氨 10%~20%(质量分数)的商品氨水。

2. 氨的化学性质

氨的化学性质较活泼,能与酸或酸酐作用生成各种铵盐。如与硝酸(HNO_3)反应生成硝酸铵,与盐酸(HCl)反应生成氯化铵,与硫酸(H_2SO_4)反应生成硫酸铵,与 CO_2 和水反应生成低效氮肥碳酸氢铵。氨与干燥的 CO_2 反应生成氨基甲酸铵(NH_4COONH_4),脱水后得到高效氮肥尿素。在铂(Pt)催化剂存在条件下,氨氧化生成一氧化氮,一氧化氮可继续氧化生成二氧化氮,二氧化氮与水作用制得硝酸。

氨的自燃点为 630 ℃,氨与空气或 O_2 混合达到一定极限后遇火能爆炸。常温常压下,氨在空气中的爆炸范围为15.5%~28%,在O_2中的爆炸范围为13.5%~82%。

3. 氨的用途

氨是重要的化工产品之一,用途甚广。我们知道氮元素是植物生长的第一要素,空气中含氮量约79%,但空气中的氮是呈游离态存在的,不能被植物直接吸收,植物只能吸收化合态的氮,故必须把空气中游离态的氮转变成化合态的氮。工业上把游离态氮转变为能被植物直接吸收的化合态氮的过程称固定氮。

在农业方面,液氨本身就是一种高效氮肥,可直接使用。目前世界上氨产量的85%~90%用于生产各种氮肥,如尿素、碳酸氢铵、氧化铵、硝酸铵等。

在工业方面,氨又是重要的化工原料。它广泛用于生产硝酸、纯碱、含氮无机盐、制药、炼油、生产染料、人造丝、丙烯腈、酚醛树脂等工业的原料。此外,氨还是常用的制冷剂。在国防和尖端技术中,用于生产多种炸药,生产导弹、火箭的推进剂和氧化剂。

二、合成氨工业的发展概况

自1754年发现氨,到1912年在德国奥堡巴登苯胺纯碱公司建成了世界上第一个年产1万t的合成氨厂,至今已有100多年的历史。第一次世界大战后,德国因战败而被迫将合成氨技术公开,在此基础上,世界各国作了进一步技术改进,直至第二次世界大战后,合成氨工业开始迅速发展。特别是20世纪60年代后,由于开发了多种活性好的催化剂,反应热的回收利用更加合理,生产操作高度自动化,生产规模大型化,促进合成氨工业高速发展。目前世界每年合成氨产量已达到1亿t以上。

我国合成氨工业起步于20世纪30年代,中华人民共和国成立前只有两个规模不大的小型合成氨厂,年产量不超过5万t。由于我国人口众多,粮食用量大,因而氮肥需求量很大。中华人民共和国成立后,合成氨工业迅速发展。2008年,我国合成氨年总产量约为5 000万t,约占全球总产量的1/3,位居世界第一。2010年以来我国合成氨产能过剩率超过30%,随着我国资源约束加强及节能环保压力不断加大,我国合成氨行业迎来转型升级发展的关键时期。据中国氮肥工业协会统计,截至2021年底,全国合成氨产能合计6 488万t/a,同比减少49万t/a。

第二节 氨合成基本原理

一、氨合成原理

在一定温度、压力,并有催化剂存在的条件下,H_2与N_2直接化合生成氨。反应式为:

$$N_2 + 3H_2 \rightleftharpoons 2NH_3 + 92.44 \text{ kJ} \tag{8-2}$$

该反应特点是可逆、放热、气体体积缩小的反应，反应速率相当慢，只有在催化剂作用下，反应才有较快速率。实践证明，没有催化剂存在时，在300~500 ℃下，氨合成反应需要若干年才能达到平衡。

二、氨合成反应的化学平衡

1. 平衡常数

不同温度、压力及纯氢氮混合气（$H_2/N_2=3$）下的化学平衡常数 K_p 值见表8-1。

表8-1　不同温度、压力及纯氢氮混合气（$H_2/N_2=3$）下的化学平衡常数 K_p 值

温度/℃	压力/MPa				
	10.33	15.20	20.27	30.39	40.53
350	2.9796×10^{-1}	3.2933×10^{-1}	3.5270×10^{-1}	4.2346×10^{-1}	5.1357×10^{-1}
400	1.3842×10^{-1}	1.4742×10^{-1}	1.5759×10^{-1}	1.8175×10^{-1}	2.1146×10^{-1}
450	7.1310×10^{-2}	7.7939×10^{-2}	7.8990×10^{-2}	8.8350×10^{-2}	9.9615×10^{-2}
500	3.9882×10^{-2}	4.1570×10^{-2}	4.3359×10^{-2}	4.7461×10^{-2}	5.2259×10^{-2}
550	2.3870×10^{-2}	2.4707×10^{-2}	2.5630×10^{-2}	2.7618×10^{-2}	2.9883×10^{-2}

氨合成反应是可逆放热的、气体体积缩小的反应，由表8-1也可看出氨合成反应的化学平衡常数值是随着温度的降低而升高，随着压力的增加而升高。因此降低温度、提高压力，反应平衡向右移动，平衡常数增大。

2. 平衡氨含量

反应达到平衡时，氨在合成混合气中的百分含量称为平衡氨含量。它是在一定操作条件下，氨合成反应所达到的最大浓度。

3. 影响平衡氨含量的因素

（1）温度和压力。根据化学平衡移动原理，降低温度、提高压力，平衡氨含量增加。实际生产中，氨合成反应是在加压下进行的。同时在所用催化剂活性温度范围内，适当降低温度从而提高平衡氨含量。当氢氮比为3、惰性气体含量为0时，不同温度、压力下的平衡氨含量见表8-2。

表8-2　不同温度、压力下，$r=3$、$y^*=0$ 时，平衡氨含量 $y^*_{NH_3}$

温度/℃	压力/MPa					
	0.101	10.13	15.20	20.27	30.40	40.53
360	0.72	35.10	43.35	49.62	58.91	65.72
380	0.54	29.95	37.89	44.08	53.50	60.59
400	0.41	25.37	32.83	38.82	48.18	55.39
420	0.31	21.36	28.25	33.93	43.04	50.25

续表

温度/℃	压力/MPa					
	0.101	10.13	15.20	20.27	30.40	40.53
440	0.24	17.92	24.17	29.46	38.18	45.26
460	0.19	15.00	20.60	25.45	33.66	40.49
480	0.15	12.55	17.51	21.91	29.52	36.03
500	0.12	10.51	14.87	18.81	25.80	31.90

（2）氢氮比。氢氮比 r 对平衡氨含量有着显著影响。由氨合成反应原理可知，当 $r=3$ 时，平衡氨含量 $y^*_{NH_3}$ 为最大。但由于气体组成对化学平衡常数 K_p 的影响，使得具有最大平衡氨含量的氢氮比略小于3，在2.6～2.9，且平衡氨含量随压力的增加而增大，500 ℃时平衡氨含量与氢氮比及压力的关系如图8－2所示。

（3）惰性气体含量。氨合成系统的惰性气体是指氢氮混合气中不参加氨合成反应的甲烷及Ar。惰性气体的存在，降低了氢氮气的有效分压，使平衡氨含量降低，在30.40 MPa、$r=3$时，不同温度、不同惰性气体含量下的平衡氨含量如图8－3所示。由图8－3可知，平衡氨含量随惰性气体 y^* 含量的降低而增加。故生产中应尽量降低合成系统惰性气体含量。

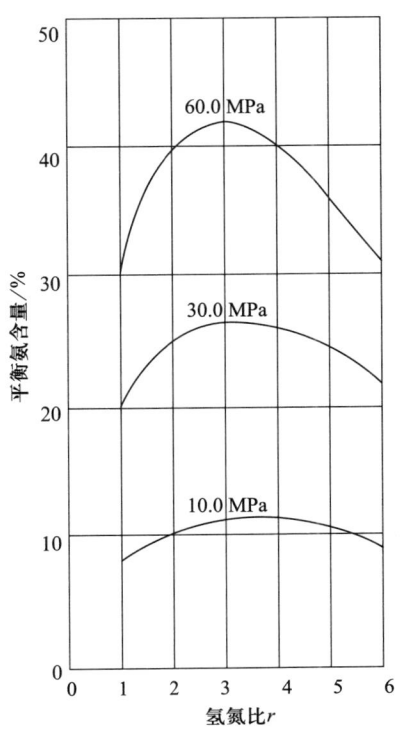

图8－2 500 ℃时平衡氨含量与氢氮比及压力的关系

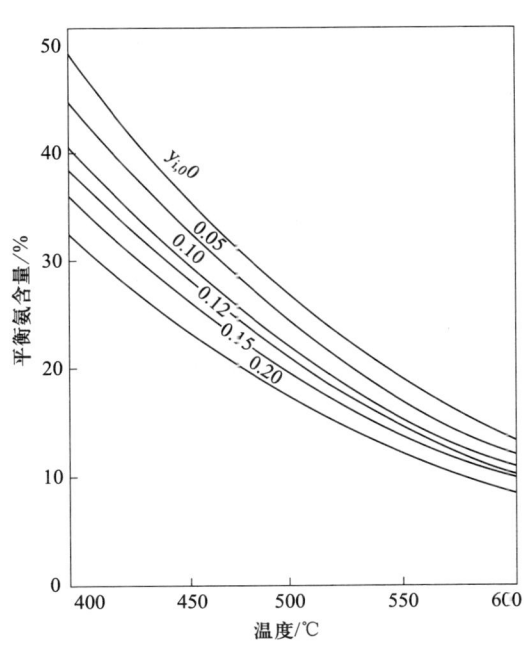

图8－3 在30.40 MPa、$r=3$时，不同温度、不同惰性气体含量下的平衡氨含量

综上所述，提高平衡氨含量的措施为降低温度，提高压力，保持循环气氢氮比略小于

3，降低惰性气体含量。

三、氨合成动力学

1. 反应机理

氨合成反应是典型的气-固相催化反应，其过程是由外扩散过程、内扩散过程、化学动力学过程组成，具体步骤如下：

（1）气体反应物扩散到催化剂外表面；

（2）反应物自催化剂外表面向毛细孔内表面扩散；

（3）反应物被催化剂的活性表面吸附；

（4）吸附态的反应物，在催化剂表面上进行化学反应生成产物；

（5）产物自催化剂表面解吸；

（6）解吸后的产物自催化剂毛细孔向外扩散；

（7）产物由催化剂外表面扩散至气相空间。

以上七步中（1）（7）为外扩散过程，（2）（6）为内扩散过程，（3）（4）（5）为化学动力学过程。

氨合成反应机理：N_2 与 H_2 自气相空间向催化剂表面接近，其绝大部分自外表面向毛细孔的内表面扩散，并在表面上进行活性吸附。吸附氮与吸附氢及气相氢进行化学反应，依次生成 NH、NH_2、NH_3，NH_3 自表面脱吸后进入气相空间。

在上述反应过程中，当气流速度相当大、催化剂粒度足够小时，外扩散与内扩散因素对反应速率影响很小，而在氨合成铁催化剂上，氮的活性吸附速率在数值上接近于氨合成反应速率，即氮的活性吸附速率最慢，是决定氨合成反应速率的关键。故氨合成反应速率是由化学反应步骤中氮的活性吸附速率所控制的。

2. 加快氨合成反应速率的措施

反应速率是单位时间内反应物浓度的减少量或生成物质浓度的增加量。影响氨合成反应速率的主要因素有温度、压力、氮的活性吸附、惰性气体含量及内扩散。

（1）温度。由于氨合成反应为可逆放热反应，因而温度对化学平衡和反应速率的影响是相互矛盾的，故存在着最适宜温度。在最适宜温度下，氨合成反应速率最大，氨产率最高。

（2）压力。提高压力可加快氨合成反应速率。其原因是提高压力，气体体积缩小，密度增大，缩短了反应物分子间的距离，使分子间的有效碰撞次数增多，即反应速率加快。

（3）氮的活性吸附。由氨合成反应机理可知，氨合成反应速率取决于氮的活性吸附速率。故适当提高循环气中 N_2 的浓度，增加氮的活性吸附，可加快氨合成反应速率。

（4）惰性气体含量。惰性气体的存在，使氢氮的有效碰撞次数减少，导致反应速率减慢。

（5）内扩散。当气流速度足够大、催化剂粒度足够小时，氨合成反应速率主要受氮的活性吸附步骤控制，而内扩散对反应速率影响较小。但实际生产中，为防止氨合成塔阻力过大，催化剂粒度不可能过小，同时氨合成铁催化剂的内表面比外表面大万倍以上。使得反应主要在内表面进行，故内扩散对氨合成反应的影响是不可忽视的。

因此，实际生产中，在合成塔结构和催化剂层阻力允许的情况下，应采用粒度较小的催化剂，减小内扩散影响，从而加快氨合成反应速率。

四、氨合成生产基本步骤

工业上采用的氨合成工艺流程、设备结构及工艺操作条件各不相同，但实现氨合成过程的基本工艺步骤是相同的。

1. 气体的压缩和除油

由于氨合成为气体体积缩小的反应，分离氨后的循环气压力有所降低，为了将循环气压缩到氨合成所要求的压力，需要在流程中设置压缩机。当使用往复式压缩机时，在压缩过程中，气化的润滑油呈细雾状悬浮在气流中。不仅使氨合成催化剂中毒，且附着在换热器壁上，降低传热效率，因此必须将其分离干净。除油的方法是在压缩机每段出口处设置滤油器，并在氨合成系统中设置滤油器。若采用离心式压缩机或无油润滑的往复式压缩机时，可取消滤油设备。

2. 气体的预热与合成

压缩后的氢氮混合气需加热到催化剂的起始活性温度，才能送入催化剂层进行氨合成反应。正常情况下，加热热源主要是氨合成放出的反应热。即在换热器中，利用反应后的高温气体预热反应前的氢氮混合气。在系统开工或反应不能自热时，采用塔内电加热炉或塔外加热炉供给热量。达到催化剂的起始活性温度的氢氮混合气，入催化剂层，借助催化剂的作用进行氨的合成反应。

3. 氨的分离

进入氨合成塔催化剂层的氢氮气，只有少部分合成为氨，出塔口气体中氨含量一般为10%~20%（体积分数），故需要把产品氨从平衡混合气中分离出来。

目前工业上分离循环气中的氨主要采用冷凝法。冷凝气体的过程是在水冷器和氨冷器中进行的。在水冷器和氨冷器之后设置氨分离器，分离出的氨液经减压后，送至液氨储槽。在冷凝过程中，部分氢氮气及惰性气体溶解在液氨中，当液氨在储槽内减压后，溶解的气体大部分释放出来，称为"储罐气"。

气体的压力越高、温度越低，氨从气体中的分离则越完全。当采用高压法合成时，只采用水冷将合成气冷却至20 ℃，气体中氨含量可降至4.5%（体积分数）以下，可达到氨分离的目的。当采用中压30 MPa合成时，用水冷却至20 ℃，再进一步用液氨作制冷剂，将气体温度冷却至0 ℃以下，才能使气相中的氨含量降至3%（体积分数）以下。当采用低压法15~20 MPa合成时，需经过2~3级的氨冷，将气体温度降至-20 ℃以下，才能达到氨分离的目的。

4. 气体的循环

因氢氮混合气经氨合成塔后，只有一小部分合成为氨。分离氨后剩余的氢氮气，除为降低惰性气体含量而少量放空外，大部分与新鲜原料气汇合后，重新返回合成塔，进行循环合成。由于气体在设备、管道内流动时，产生压力损失，为补偿此损失，流程中设置循环压缩机。其进出口压差为 2~3 MPa。

5. 惰性气体的排除

进入合成系统的氢氮混合气中，含有少量惰性气体，它们既不参加氨合成反应，也不毒害氨合成催化剂，当在系统中的积累量达到一定浓度后，将会对氨合成反应速率及合成率造成影响，故氨合成循环气中的惰性气体达到一定浓度后，必须进行排除。通常生产中主要采用放空部分循环气的办法来排除惰性气体，此外，还有少部分溶解在液氨中被带出。

放空时部分氢氮气及氨被带出系统而造成损失，为减少因放空而造成的损失，故生产中放空的位置应选在氨已大部分分离之后，而又在新鲜气加入之前。放空气中的氨可加以回收，其余气体一般用作燃料。

6. 反应热的回收利用

因氨合成反应是放热的，必须回收利用其反应热。目前回收利用氨合成反应热的方法主要有以下三种。

（1）预热反应前的氢氮混合气。即在塔内设置换热器，用反应后的高温气体预热反应前的冷气体，使其达到催化剂的活性温度。此法简单，但热量回收不完全。目前小型氨厂及部分中型氨厂采用此法。

（2）预热反应前的氢氮混合气和副产蒸汽。即在塔内设置换热器预热反应前的氢氮混合气，再利用余热副产蒸汽。按副产蒸汽锅炉安装位置的不同，可分为内置式副产蒸汽合成塔和外置式副产蒸汽合成塔。目前多用外置式副产蒸汽合成塔。

根据反应后气体排出塔外位置的不同，外置式副产蒸汽合成塔又分为前置式、中置式和后置式三种。前置式：自催化剂床层出来的高温气体，先入塔外副产蒸汽锅炉，产生 2.5~4.0 MPa 蒸汽，再返回塔内换热器，预热反应前的冷气体。中置式：将塔内换热器分为两段，反应后的高温气体，先经第一段换热器后，入塔外副产蒸汽锅炉，产生 1.3~1.5 MPa 蒸汽，再返回塔内第二段换热器内。后置式：反应后的高温气体，先入塔内换热器，再到塔外副产蒸汽锅炉，以产生 0.4 MPa 左右的低压蒸汽。

此法热量回收较完全，同时副产蒸汽。目前中型氨厂多采用此法。

（3）预热反应前的氢氮混合气和预热高压锅炉给水。反应后的高温气体，先经塔内换热器预热反应前的冷气体，再入塔外换热器预热高压锅炉给水。此法优点是减小了塔内换热器的面积，从而减小了塔的体积，热能回收完全。目前大型氨厂多采用此法。

第三节　氨合成催化剂

氨合成催化剂主要含有铁、铂、钨、锰等物质。其中铁催化剂具有原料来源广、价格低廉、活性较好、抗毒能力强、使用寿命长等特点。故目前国内外广泛采用铁催化剂。

一、氨合成铁催化剂的组成及各组分的作用

1. 组成

氨合成铁催化剂的主要成分是三氧化二铁（Fe_2O_3）和氧化亚铁（FeO）的混合物，载体为氧化铝，助催化剂为氧化钾、氧化钙、氧化镁、氧化硅等。

当催化剂中 Fe^{2+}/Fe^{3+} 的离子比 $=0.5$ 时，即 FeO/Fe_2O_3 的摩尔比 $=1$，相当于 Fe_3O_4 组成时，还原后活性最好。但加入助剂后，FeO 的最佳含量不一定如此，可根据条件不同，在 24%~38%（质量分数）范围内变动，对催化剂活性影响不大，且催化剂的热稳定性和机械强度随低价铁离子含量的增加而增大。

2. 各组分的作用

主要成分氧化铁还原为 α-Fe 后，对氨合成反应起催化作用。Al_2O_3 能与 Fe_2O_3 形成固熔体。当铁的氧化物被还原时，Al_2O_3 不被还原，起骨架作用，防止铁细晶长大，从而增大了催化剂的表面积，提高了活性。例如，含有 Al_2O_3 2%（质量分数）的铁催化剂，比纯铁催化剂的表面积约大 10 倍，但加入 Al_2O_3 后，会减慢催化剂的还原速度，并使催化剂表面生成的产品氨不易解吸。

氧化钾有利于氮的活性吸附，从而提高催化剂活性，并减小 Al_2O_3 对氨的吸附作用。

一般铁催化剂用熔融法制造，但熔融态氧化铁黏度大，氧化铝不易分布进去。加入氧化钙后，可降低熔点和黏度，有利于 Al_2O_3 的均匀分布，使催化剂的活性、抗毒性及热稳定性均有所提高。

3. 主要性能

氨合成铁催化剂是一种黑色、具有金属光泽、带磁性、外形不规则的固体颗粒。在空气中易受潮，从而引起可溶性钾盐的析出，使活性下降。催化剂还原后，Fe_2O_3 被还原成细小的铁晶体，疏松地附着在 Al_2O_3 骨架上，成为多孔的海绵状结构，孔隙率很大，其内表面约为 $4\sim16\ m^2/g$。还原后的铁催化剂，若暴露在空气中将迅速氧化，立即失去活性。各类催化剂都有一定的起始活性温度、最佳反应温度和耐热温度。几种常见氨合成铁催化剂的组成及一般性能见表 8-3。

表 8-3　　常见氨合成催化剂的组成及一般性能

国别	型号	组成	外形	堆密度/(kg/L)	使用温度/℃	主要性能
中国	A109	Fe_3O_4、Al_2O_3、K_2O、CaO、MgO、SiO_2	不规则颗粒	2.7~2.8	380~500	350℃还原已明显
	A110	Fe_3O_4、Al_2O_3、K_2O、CaO、MgO、SiO_2、BaO	不规则颗粒	2.7~2.8	380~490	还原温度 350℃
	A201	Fe_3O_4、Al_2O_3、K_2O、CaO、Co_3O_4	不规则颗粒	2.6~2.9	360~490	易还原，低温活性高
	A301	FeO、Al_2O_3、K_2O、CaO	不规则颗粒	3.0~3.25	320~500	低温、低压、高活性，极易还原

续表

国别	型号	组成	外形	堆密度/(kg/L)	使用温度/℃	主要性能
英国	ICI35-4	Fe_3O_4、Al_2O_3、K_2O、CaO、MgO、SiO_2	不规则颗粒	2.65~2.85	350~530	530 ℃以下活性稳定
美国	C73-2-03	Fe_3O_4、Al_2O_3、K_2O、CaO、Co_3O_4	不规则颗粒	2.88	360~500	500 ℃以下活性稳定

二、使用条件

1. 使用前需要还原

（1）还原原理。催化剂的主要成分 Fe_2O_3，不能加速氨合成反应速率，必须将其还原成 α-Fe 后才具有催化活性。其还原方法是将催化剂装入氨合成塔或预还原器内，通入氢氮混合气，在一定温度下，使 Fe_2O_3 被氢气还原生成金属铁。主要反应式为：

$$FeO(s) + H_2(g) \rightleftharpoons Fe(s) + H_2O(g) - Q \qquad (8-3)$$

$$Fe_2O_3(s) + 3H_2(g) \rightleftharpoons 2Fe(s) + 3H_2O(g) - Q \qquad (8-4)$$

还原过程生成的金属铁晶格越小、表面积越大，还原得越彻底，还原后的活性则越高。

（2）还原条件的控制。催化剂的活性，不仅与还原前的化学组成及制造方法有关，且与还原过程的操作条件有关。

1）还原温度。还原反应为可逆吸热反应，提高还原温度，能加快还原反应速率，缩短还原时间。但温度过高，生成的铁结晶粒大、表面积小，活性则低。故实际还原温度一般不超过正常使用温度。还原过程所需热量除由氨合成反应热补充外，均由塔内电加热炉或塔外加热炉提供。

2）H_2 的浓度。提高还原气中 H_2 的浓度，降低蒸汽含量，对还原反应有利。蒸汽含量高，可把已还原的催化剂反复氧化，造成晶粒变粗，活性降低，为此应及时除去还原过程生成的水。

催化剂还原的程度可用还原度来表示。即还原前催化剂中铁的氧化物被还原的百分率称为还原度。一般用实际还原出水量与理论还原出水量的比值来衡量。

（3）催化剂的预还原。为使氨合成系统在短时间内投入生产，将催化剂在合成塔外预先进行还原的过程称为催化剂的预还原。因预还原是在专用设备内进行的，还原时可严格控制其各项指标，故还原后催化剂活性较好。经预还原后的催化剂，再经轻度表面氧化即可卸出待用。使用前只需短时间还原，即可投入生产，从而避免了在合成塔内不适宜还原条件对催化剂活性的损害，保证了催化剂的活性。故对催化剂进行预还原，是强化氨合成生产的一项有效措施。

2. 催化剂的钝化

已还原的催化剂与空气接触之前，要进行缓慢氧化，使催化剂表面形成一层氧化物保护膜的过程称为催化剂的钝化。因活性组分金属铁遇空气后会发生强烈的氧化反应，放出的热量会使催化剂超温烧结而失去活性。而经钝化后的催化剂，再遇空气时就不易发生氧化燃烧反应，当再次使用时，只需稍加还原即可投入生产。

钝化的方法如下：首先将系统压力降至 0.5~1 MPa，温度降至 50~90 ℃，用 N_2 置换系统合格后，再向 N_2 中逐渐加入空气，使 N_2 中 O_2 体积分数由 0.2% 逐渐增加到 20%，当催化剂层温度不再上升，合成塔进出口气体中氧含量相等时，即钝化结束。在纯化过程中，应严格控制催化剂层温度，一般不超过 130 ℃。

3. 防中毒与防衰老

（1）防中毒。入合成塔的新鲜混合气，虽然经过了净化与精制，仍含微量有毒气体，导致催化剂缓慢中毒，活性降低。

能使氨合成铁催化剂永久性中毒的物质有油雾、硫及硫化物、砷及砷化物、磷及磷化物等。它们使铁催化剂中毒后，不能再恢复其活性。

能使氨合成铁催化剂暂时中毒的物质有水蒸气、CO、CO_2 和 O_2 等。原因是氧及氧化物能与金属铁生成氧化铁，使催化剂失去活性。当用较纯净的氢氮气通入催化剂层时，氢气又能将氧化铁还原成金属铁。

（2）防衰老。催化剂经长期使用后，活性逐渐下降，生产能力逐渐降低的现象称为催化剂的衰老。衰老的原因有以下几种：

1）长期处在高温下，使催化剂的细小晶粒逐渐长大，表面积减小，活性下降；

2）在生产操作过程中，温度波动过大，甚至超温，使催化剂衰老；

3）进塔气中含少量暂时中毒的毒物，使催化剂表面反复进行氧化还原反应，导致催化剂衰老。

（3）防止催化剂中毒与衰老的措施。催化剂的中毒与衰老是不可避免的，但选用耐热性和抗毒性能较好的催化剂，改善气体质量，稳定操作条件，可大大延长催化剂的使用寿命。

第四节　氨合成工艺条件的选择

氨合成生产中，为了达到优质、高产、低消耗的目的，应合理选择工艺操作条件。影响氨合成生产的主要条件有压力、温度、空间速率、合成塔进口气体组成和催化剂，其中催化剂相关内容已在第三节中介绍。

一、压力

提高压力，对氨合成反应的平衡和反应速度均有利。在一定空间速率下，合成压力越高，出口氨浓度则越高，氨净值（合成塔出入口氨含量之差）越大，合成塔的生产能力也越大。

氨合成压力的高低,是影响氨合成生产能耗的主要因素。氨合成系统的能耗主要包括原料气压缩功、循环气压缩功和氨分离的冷冻功。提高操作压力,原料气压缩功耗增加。但提高压力,氨净值增加,使单位氨成品所需的循环气量减少,因而循环气压缩功耗减少。同时压力高有利于氨的分离,在较高温度下,氨气即可冷凝为液氨,使得冷冻功耗减少。

氨合成压力高,设备紧凑,流程简单,但对设备的材质和制造要求高。同时,高压下催化剂使用寿命缩短,操作管理较困难,故压力不宜过高。

实践证明,操作压力在 15~32 MPa 时氨合成的总能耗较低。

二、温度

1. 氨合成反应温度必须维持在催化剂的活性温度范围内。铁催化剂的活性温度范围在 400~530 ℃。

2. 使反应过程尽可能在接近最适宜温度条件下进行。因催化剂在使用初期活性较强,反应温度可低些;使用中期活性减弱,操作温度要比初期提高 8~10 ℃;使用后期活性衰退,操作温度要比中期更高一些。

由于反应初期,氨含量很低,合成反应速率很高,故不能按最适宜温度进行。如当合成塔入口气体中氨体积分数为 4% 时,相应的最适宜温度为 653 ℃,超过了铁催化剂的耐热温度。

为了保证入口温度,实际生产中,催化剂床层的前半段不可能按最适宜温度操作,而是在反应气体达到催化剂活性温度的前提下(一般为 380~420 ℃)入催化剂层,进行绝热反应,依靠反应放热,使催化剂床层温度尽可能快地升高,以达到最适宜温度。在催化剂床层的后半段,按最适宜温度分布曲线相应地移出反应热,使氨合成反应在接近最适宜温度曲线的条件下进行。

综合几方面因素的影响,实际生产中,氨合成反应温度一般控制在 470~520 ℃ 为宜。

三、空间速率

当操作压力、温度及入塔气组成一定时,对既定结构的氨合成塔增加空间速率,气体通过催化剂床层的速度加快,气体与催化剂接触时间缩短,将使出塔气中氨含量降低,即氨净值降低。但由于氨净值降低的程度比空间速率增大的倍数少,因此当空间速率增大时,氨产量有所提高。但空间速率增加,使系统阻力增大,循环气的压缩功耗增加,氨分离的冷冻功耗也增大。同时,单位循环气的产氨量减少,反应热也相应减少。当单位循环气的反应热降到一定程度时,会使合成塔"自热"难以维持。

操作压力在 30 MPa 左右的中型氨厂,空间速率一般在 20 000~40 000 h^{-1} 间。大型氨厂为充分利用反应热、降低功耗及延长催化剂使用寿命,通常采用较低的空间速率,一般为 10 000~20 000 h^{-1}。

四、合成塔进口气体组成

合成塔进口气体组成包括氢氮比、惰性气体含量及入口氨含量。

1. 氢氮比

从氨合成反应机理可知，氮的活性吸附为氨合成反应过程的控制步骤，因此适当提高循环气中 N_2 的浓度，可加快氨合成反应速度。故实际生产中，进塔循环气的氢氮比控制在 2.5～2.9 为宜。但由于氨合成时氢氮比是按 3:1 消耗的，故合成系统补充新鲜气的氢氮比应控制为 3，否则会造成循环系统氢氮比的失调。

2. 惰性气体含量

氨合成系统的惰性气体有甲烷和 Ar。这两种气体既不参加反应，也不毒害催化剂，但它们的存在会降低氢氮气的分压，对化学平衡和反应速率不利，导致氨的合成率下降。同时，当它们通过合成塔时，会将塔内热量带走，使催化剂层温度下降。此外还使压缩机作虚功。

惰性气体来自新鲜气。随着循环合成反应的进行，生成的产品氨不断被分离送出系统。惰性气体残留在系统的循环气中，新鲜气又在不断地补充进入系统，因而循环气中的惰性气体含量则越积越多，故实际生产中，需要降低惰性气体含量。

通常采用不断排放少量循环气的办法来降低惰性气体含量。增加放空量，可降低循环气中惰性气体含量，从而提高合成率，但氢氮气损失也增大。故循环气中惰性气体含量控制的过高或过低对生产都不利。

循环气中惰性气体含量的控制，还与操作压力及催化剂的活性有关。当操作压力高，催化剂活性较好时，惰性气体含量可控制的高一些。一般控制在 10%～18%（体积分数）为宜。

3. 入口氨含量

目前，一般采用冷凝法分离合成塔出口气体中的氨，由于存在气液相氨平衡，不可能把氨全部冷凝下来，因而返回合成塔的气体中，还含有一定量的氨。合成塔入口氨含量主要决定于氨分离的压力、冷凝温度和分离效率。当压力一定，冷凝温度越低，氨分离器的分离效果越好，入口氨含量就越低。降低入口氨含量，可加快氨合成反应的速率，提高氨净值及催化剂的生产能力。但若将入口氨含量降得越低，所需氨冷温度就越低，冷冻功耗就越大。

当氨合成压力高，反应速率快时，入口氨含量可控制高一些；当氨合成压力低时，为保持一定的反应速率，进口氨含量应控制低一些。当操作压力在 30 MPa 左右时，入口氨体积分数一般控制在 3.2%～3.8%；当操作压力为 15～23 MPa 时，体积分数控制在 2%～3% 为宜。

第五节　氨合成工艺流程及主要设备

一、氨合成工艺流程

各合成氨厂采用的操作压力、氨分离的冷凝级数及热能回收形式各不相同，故氨合成工艺流程也不同。氨合成操作压力可在很大范围内选择。操作压力在 60~100 MPa 称为高压法，在 20~40 MPa 称为中压法，在 15 MPa 左右称为低压法。中压法氨合成工艺流程在技术及经济上均较优越，故目前国内外多采用中压法。

1. 中压氨合成工艺流程

传统中压氨合成工艺流程如图 8-4 所示。由压缩工序来的温度为 30~50 ℃、压力为 32 MPa 的新鲜氢氮气，先入滤油器与循环机与带有氨气的循环气汇合，在此除去气体中的油、水及碳酸氢铵等杂质，自滤油器排出，入冷凝塔上部换热器管内，被从冷凝塔下部氨分离器上升的冷气体冷却后，入氨冷器的高压管内，液氨在管外吸热蒸发，使循环气体进一步被冷却至 -8~0 ℃，气体中的氨气则冷凝为液氨。

从氨冷器出来的带有液氨的循环气，入冷凝塔下部氨分离器，分离出夹带的液氨。同时气体中残余的微量水蒸气、油分及碳酸氢铵也被液氨洗涤除去。分离氨后的循环气，含氨量为 2.8%~3.8%（体积分数）。上升到冷凝塔上部换热器管间，被加热至 20~40 ℃，由冷凝塔上部排出，分两路入氨合成塔，大部分经主阀由塔顶入塔，少部分经副阀自塔底入塔，以调节催化剂层温度。

自塔顶部入塔的循环气，沿内件与外筒的环隙，自上而下流动，以降低合成塔外壁温度，延长其使用寿命，同时以减少热损失。气体至塔下部入换热器管间，被管内反应后的高温气体预热至催化剂活性温度 380~420 ℃后，入催化剂床层内进行放热的氨合成反应。

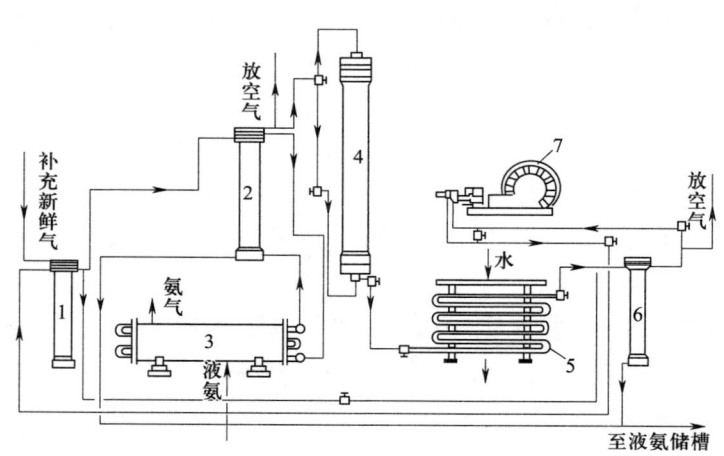

图 8-4　传统中压氨合成工艺流程图

1—滤油器；2—冷凝塔；3—氨冷器；4—氨合成塔；5—水冷器；6—氨分离器；7—循环机

反应后 470~500 ℃ 的热气体，入塔下部一段换热器管内，加热管间的冷气体，温度降至 400 ℃ 以下排出塔外，入副产蒸汽锅炉管内，加热锅炉水，以产生 1.2~1.4 MPa 饱和蒸汽，气温降至 300 ℃ 以下，再返回合成塔，入二段换热器管内，继续加热反应前的冷气体，而本身温度降至 230 ℃ 以下，由塔底出塔。

自合成塔出来的气体，温度在 230 ℃ 以下，氨含量为 13%~17%（体积分数），经水冷器被冷却至 25~50 ℃，使部分氨气冷凝为液氨。带有液氨的循环气，入氨分离器，沿环隙盘旋而下至器底,再折流而上,经填料层或多层套筒,分离出液氨后,从上部引出。

为降低系统中惰性气体含量,在氨分离之后设有气体放空管,可定期排放部分循环气。大部分经循环压缩机补偿压力后,重新返回滤油器与新鲜气汇合,开始下一个循环。

氨分离器及冷凝塔下部分离出的液氨,降压至 $1.4 \sim 1.6$ MPa 后,由液氨总管输送液氨储槽。

氨冷器所用液氨由液氨产品仓库供给。气化后的氨气,经分离器除去液氨雾滴后,由氨气总管送冰机压缩后,再经水冷器冷凝为液氨后循环使用。

此流程特点:①放空位置设在氨分离器之后、新鲜气加入之前,气体中氨含量较低,而惰性气体含量较高,可减少氨及氢氮混合气的损失;②循环机位于氨分离器之后,此时循环气温度较低,有利于气体的压缩;③新鲜气在滤油器前加入,在二次氨分离时,可利用冷凝下来的液氨除去气体中夹带的油、水分及 CO_2,达到进一步净化气体的目的。

近年来,中压氨厂合成流程进行了如下几项技术改进。

(1) 为充分回收氨合成反应热,降低能耗,中压氨厂除设置中置式副产蒸汽锅炉外,出塔气再经锅炉给水预热器,再入水冷器。有的氨厂的出塔气,先入后置式副产蒸汽锅炉,产生 $0.2 \sim 0.4$ MPa 的蒸汽,再经水加热器,然后入水冷器。也有厂在塔后不设副产蒸汽锅炉,而只设水加热器。

(2) 先将新鲜气温度由 $30 \sim 50$ ℃ 降至 $0 \sim 5$ ℃,经分离器分离出冷凝下来的油及水,从而降低新鲜气中水分及油雾含量,从而防止催化剂中毒。

(3) 新鲜气加入位置改在氨冷器之前,使水分、油雾及碳酸氢铵被液氨洗涤下来,从而解决了滤油器堵塞及系统阻力大的问题。

(4) 设置分子筛吸附器,除去新鲜气中的水分、CO、CO_2 及油雾等杂质后,由氨合成塔入口加入系统,使得合成塔压力高,从而提高氨产量。

(5) 采用无油润滑的往复式压缩机,消除了气体带油现象,从而取消滤油器,并将循环压缩机设在合成塔之前,从而提高合成塔操作压力。

(6) 有些厂采用二级氨冷,从而降低合成塔入口氨含量。

2. 大型氨厂合成系统工艺流程

凯洛格氨合成工艺流程如图 8-5 所示,由甲烷化工序来的新鲜 H_2、N_2(2.5 MPa,38 ℃)入离心式压缩机的低压缸,压力升至 6.5 MPa,温度升至 170 ℃ 左右。先后经甲烷化换热器、水冷器及氨冷器,逐步冷却至 8 ℃,经段间气水分离器分离出水分后,再入压缩机高压缸。高压缸内有 8 个叶轮,气体经 7 个叶轮压缩后,与含氨约 12%(体积分数)的循环气在缸内混合,继续在最后一个叶轮压降至 15.5 MPa,温度 69 ℃。

压缩机出口气体,先入两台并联的水冷器,冷却至约 38 ℃,汇合后又分两路,一路经 13 ℃ 的一级氨冷器,使气体温度降至 22 ℃,再经 -7 ℃ 的二级氨冷器,使气体温度降至 1 ℃;另一路气体在冷热交换器中,与高压氨分离器来的约 -23 ℃ 的气体换热,温度降至 -9 ℃。两路气体混合后温度为 -4 ℃,再经三级氨冷器与 -33 ℃ 的液氨换热,使气体温度降至 -23 ℃,大部分氨气冷凝为液氨,入高压氨分离器进行氨的分离。分离氨后的气体含

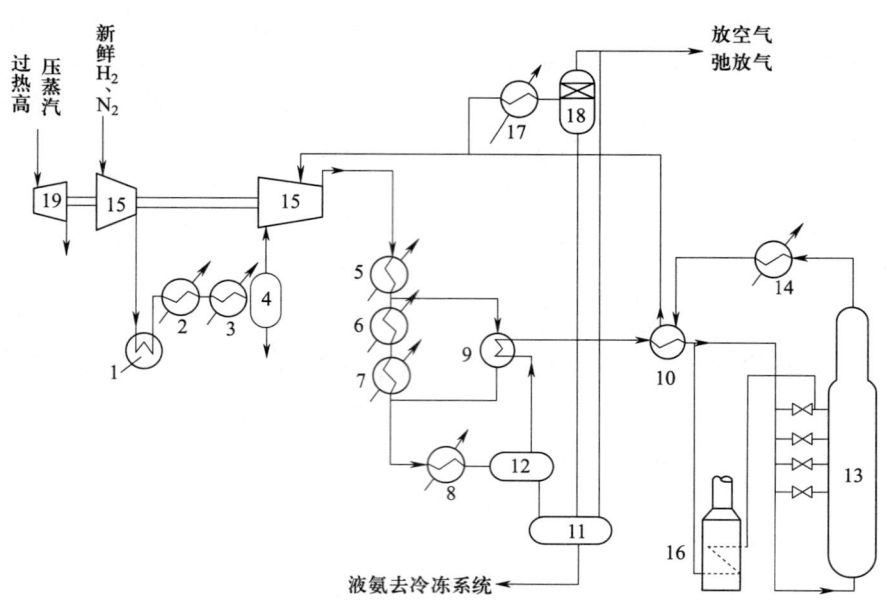

图8-5 凯洛格氨合成工艺流程图

1—甲烷化换热器；2、5—水冷器；3、6~8—氨冷器；4—冷凝液分离器；9—冷热交换器；
10—塔前换热器；11—低压氨分离器；12—高压氨分离器；13—氨合成塔；14—锅炉给水预热器；
15—离心式压缩机；16—开工加热炉；17—放空氨气冷器；18—放空气分离器；19—汽轮机

氨2%（体积分数）左右，温度约-23 ℃，经冷热换热器和热热换热器，加热至141 ℃，入轴向冷激式氨合成塔。

合成塔上部为换热器，内装四层催化剂，为控制各层温度，设有一条冷副线和三条冷激线，少部分未经预热的气体，直接入第一、二、三、四层催化剂入口。合成塔出口气体含氨12%（体积分数）左右，温度约284 ℃，经锅炉给水预热器，温度降至约166 ℃，再经热热换热器降至约43 ℃，入压缩机高压缸的最后一片叶轮，与补充的新鲜气混合，进行下一循环。

为控制循环气中惰性气体含量，在压缩机前放空部分循环气。放空气在氨冷器使大部分氨冷凝，经放空气分离器分离回收氨后，送燃料系统。

该流程特点：①采用汽轮机驱动离心式压缩机，气体中不含油雾，可将压缩机设在氨合成塔之前；②氨合成反应热除预热反应前冷气体外，还用于加热锅炉给水，热能回收较完全；③采用三级氨冷，逐级将气体温度降至-23 ℃；④放空位置选在压缩机循环段之前，此时惰性气体含量最高，但氨含量也最高，因放空气回收氨、故氨损失不大；⑤在压缩机后进行氨的冷凝分离，可进一步清除气体中夹带的密封油、CO_2 等杂质。其缺点是循环功耗较大。

二、氨合成塔

氨合成塔是氨合成系统的关键设备。其作用使精制的氢氮混合气在高温、高压下，在塔内催化剂层内合成为氨。要求氨合成塔既要具有较高的机械强度，又应具有在高温下抗蠕变和抗松弛的能力。同时在高温、高压下，H_2、N_2 对碳钢设备有明显的腐蚀作用，使得合成塔的工作条件更为复杂。

氢腐蚀的原因：一是氢脆，即 H_2 溶解于金属晶格中，使钢材缓慢变形而发生脆性破坏；二是氢腐蚀，即 H_2 渗透到钢材内部，使碳化物分解并生成甲烷。

$$Fe_3C + 2H_2 \Longrightarrow 3Fe + CH_4 \quad (8-5)$$

生成的甲烷聚积于晶格的微观孔隙内，形成局部压力过高、应力集中而出现裂纹，并在钢材中聚积形成鼓泡，使钢结构被破坏，机械强度下降。在高温、高压下，N_2 与钢材中的铁及许多合金元素生成硬而脆的氮化物，使钢材力学性能降低。

1. 结构特点

为适应氨合成反应条件，通常将氨合成塔制成内件和外筒两部分，内件外侧设有保温层，以减少向外筒散热。入合成塔的冷气体，先流经内件与外筒间的环隙被预热。故外筒只承受高压，不承受高温，因而可用普通低合金钢或优质碳钢制作。正常情况下，使用寿命可达 50 年以上。内件在 500 ℃ 左右高温下工作，只承受高温，不承受高压。即只承受环隙气流与内件气流的压差，一般为 1~2 MPa。从而可降低对内件材料及强度的要求，一般选用合金钢制作。内件使用寿命比外筒短得多。内件一般由催化剂筐（触媒筐）、热交换器、电加热器三部分构成。大型氨合成塔的内件一般不设电加热器，而由塔外加热炉供热。

2. 分类

合成塔在结构上要求简单可靠，并能满足高温、高压要求。在工艺方面必须使氨合成反应在接近最适宜温度条件下进行，以求得较大生产能力和较高氨合成率，同时塔的压力降要低，以减少循环气的动力消耗。

由于氨合成反应为可逆放热反应，随着反应的进行，需要移出反应热，降低反应温度。目前合成塔种类繁多，按照降温方法的不同，氨合成塔可分为冷管式、冷激式和间接换热式三类。

（1）冷管式氨合成塔。催化剂层内设置冷管，使反应前的冷气体在冷管内流动，借助管壁与催化剂层内的高温气体换热，移出反应热。同时将冷原料气预热到反应的起始温度后，入催化剂层，借助催化剂作用进行氨合成反应。

根据冷管结构的不同，冷管式氨合成塔又分为单管并流式、双套管并流式、三套管并流式。冷管式氨合成塔结构复杂，一般用于直径为 500~1 000 mm 的中小型氨合成塔。

（2）冷激式氨合成塔。该类合成塔是将催化剂分为几层（一般不超过 5 层），气体经每层催化剂进行绝热反应，气温升高后，在层间与冷的原料气汇合，降温后，再入下一层催化剂，继续进行绝热反应。冷激式氨合成塔结构简单，但加入冷的原料气后，使氨合成率降低，一般多用于大型合成塔，近年来有些中小型合成塔也采用冷激式氨合成塔。

按气体在催化剂内流动方向的不同，冷激式氨合成塔又分为轴向塔和径向塔。即气体沿塔的轴向流动称为轴向塔，气体沿塔径方向流动称为径向塔。

（3）间接换热式合成塔。该类合成塔是将催化剂分为几层，在层间设置换热器，经上一层反应后的高温气体，入换热器降温后，再入下一层催化剂继续进行反应。此种塔的氨净值较高，节能降耗效果明显，近年来在生产中应用逐渐广泛，并成为一种发展趋向，但结构较为复杂。

3. 中小型氨厂合成塔结构

（1）冷管式氨合成塔。

1）三套管并流式氨合成塔内件结构如图8-6所示。

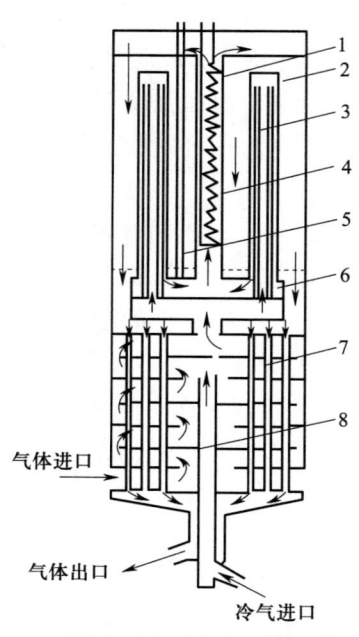

图8-6　三套管并流式氨合成塔内件结构图
1—中心管；2—催化剂筐；3—冷管；4—电加热炉；5—温度计套管；
6—分气盒；7—热交换器；8—冷副线管

气体流程如下：温度为20~40℃的循环气由塔顶入塔，沿外筒与内件间环隙顺流而下，至底部入换热器管间，被管内反应后的高温气体加热到300℃左右。另一部分气体由副阀入塔，经冷气管直接入分气盒下室，与换热器管间来的热气体汇合后，入各冷管内管。上升至内管顶部，沿内外管环隙折流而下，与管外催化剂层气体并流换热，被预热到400℃左右。经分气盒及中心管入催化剂层，借助催化剂作用进行氨合成反应。反应后的气体温度为480~500℃，入热交换器管内，将热量传给刚入塔的冷气体，自身温度降至230℃以下，由塔底引出。

内冷管为双层，中间的滞气层起了隔热作用，因而气体在内冷管中温升很小，出内冷管后折入内外冷管环隙时，气体温度较低，与催化剂床层的温差较大，换热效果较好。并流三套管式内件催化剂床层的温度分布较合理，生产强度高、结构可靠、操作稳定、适应性强。但结构复杂，冷管与分气盒所占空间较多，催化剂装填量少，升温还原时床层底部催化剂还原不彻底。此类内件适用于直径为600 mm以上的中小型氨合成塔。

2）单管并流式氨合成塔。单管并流式氨合成塔的催化剂筐结构及轴向温度分布如图8-7所示。

冷气体经合成塔下部热交换器预热后，经2~3根升气管送至催化剂床层上部分气环内，分配至各冷管内自上向下流动,与催化剂层中热气体并流换热后,汇合至下集气管,经中心管入催化剂层进行氨合成反应。反应后的热气体经换热器降温后从塔底引出。

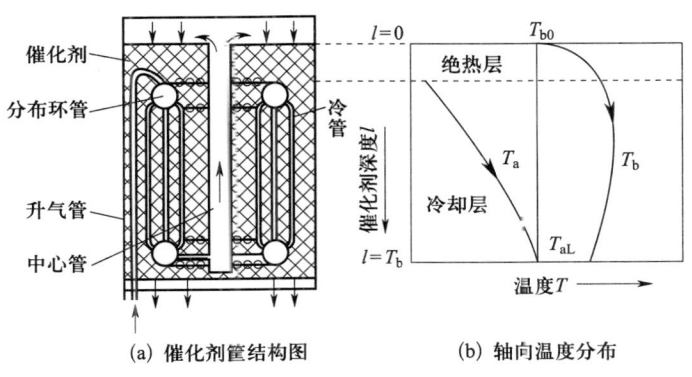

图 8-7 单管并流式催化剂筐结构图及轴向温度分布

3) ⅢJ 型内冷式氨合成塔结构如图 8-8 所示。

催化剂层中部设有冷管,将催化剂层分为上绝热层、冷却层和下绝热层。塔下部为换热器。30~40 ℃的循环气分两路入塔,占总气量 35%~45% 的循环气,由顶部两根导气管入催化剂层中的单冷管内,与催化剂层的高温气体换热后,沿导管由下而上到达催化剂层顶部。占总气量 55%~65% 的另一路循环气,由塔上侧入塔(一进),沿外筒与内件的环隙流至塔底,由塔下部出来(一出),入塔外换热器管内被加热至 170~180 ℃后,再入塔(二进)下部换热器的管间,被反应后的热气体加热到反应温度,经中心管上升到催化剂层顶部。两路气体在催化剂顶部汇合后,入催化剂层,由上而下经上绝热层、冷管层、下绝热层进行氨合成反应后,入塔下部换热器管内,预热反应前的冷气体后,由塔底引出(二出)。

(2) 轴径向氨合成塔。轴径向塔的结构有多种,如一轴一径式、二轴一径式和一轴二径式等。二轴一径式氨合成塔结构如图 8-9 所示。

催化剂分三层装填,第一、二层为轴向层,气体沿轴向流动,第三层为径向层,气体沿径向流动。

原料气从塔顶 A 进入(一进)外筒与内件之间的环隙,由塔底 B 去(一出)塔外换热器换热,换热后的气体再从塔底 C 进入(二进)塔内,经下部换热器加热至反应温度,通过中心管进入第一轴向层进行氨合成反应。反应后气体温度升高,然后向第一、二层间的菱形分布器通入冷激气体 F(未反应的冷原料气),使气体温度降低后进入第二轴向层进行反应。反应后温度升高的气体,再进入层间换热器内被冷却后,进入径向层(一径)反应,气体自内向外沿径向流动,最后进入塔下部换热器管内,与管外冷原料气换热后离开氨合成塔(二出)。

菱形分布器和层间换热器的冷原料气,均由塔顶引入。进入层间换热器的冷原料气被加热后,沿中心管的外套管自下而上流至中心管上部,与(二进)主气流混合后一起进入第一催化剂层。

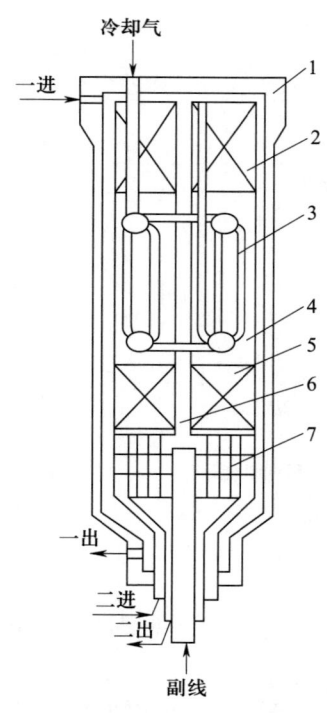
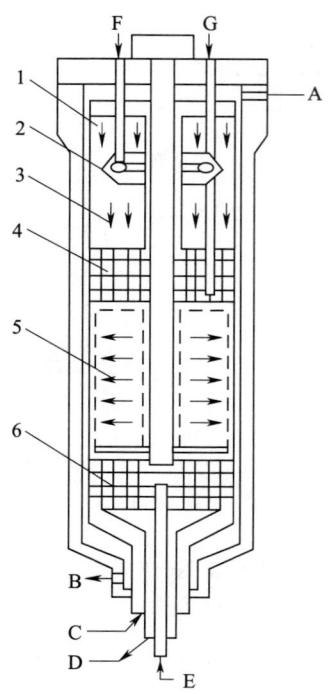

图8-8　ⅢJ型氨合成塔结构图
1—外筒；2—上绝热层；3—冷管；4—冷管层；
5—下绝热层；6—中心管；7—换热器

图8-9　二轴一径式氨合成塔结构图
1—第一轴向层；2—菱形分布器；3—第二轴向层；
4—层间换热器；5—径向层；6—下部换热器；
A—一次入塔气；B—一次出塔气；C—二次入塔气；
D—二次出塔气；E—塔底冷副线；F—层间冷激气；
G—层间冷却气

轴径向塔的优点：大大降低了塔的阻力，从而可选用小颗粒催化剂，提高了氨产量，同时因塔不用冷管，结构简单，避免了冷管效应，又可多装催化剂，有利于提高氨净值。

4．大型氨厂合成塔

（1）轴向冷激式氨合成塔结构如图8-10所示。塔外筒形状为上小下大的瓶式结构，在缩口部位密封，克服了大塔径不易密封的困难。缩口部分的筒体内径为1.118 m，主体内径3.188 m，总高约27 m。上段较细部分为列管式换热器，下面是催化剂筐。催化剂分四层装填，每层催化剂上面均设有冷激气管。

气体由塔底入塔，经内件与外筒间环隙，自下而上流动，以冷却外筒，入上部列管式换热器管间，被预热至400 ℃左右，入第一催化剂层进行绝热反应后，气体温度升至500 ℃左右，在第一、二层间与冷激气汇合降温，再入第二催化剂层。依此类推，最后气体由第四催化剂层底部排出，折流向上经中心管，入换热器管内加热反应前的冷气体，然后由塔顶排出。

（2）径向冷激式氨合成塔如图8-11所示。该合成塔平顶盖，球形封底，外筒高约17.6 m，内径2.035 m。内件下部为换热器，上部为催化剂筐。催化剂分两层装填，中间用隔板隔开。催化剂筐由三个同心圆筒组成。

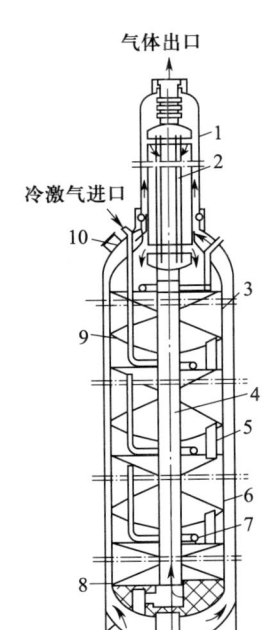

图 8-10 轴向冷激式氨合成塔结构图
1—上筒体；2—列管式换热器；3—催化剂筐；4—中心管；
5—卸料管；6—下筒；7—冷激气管；8—氧化铝；
9—筛板；10—人孔

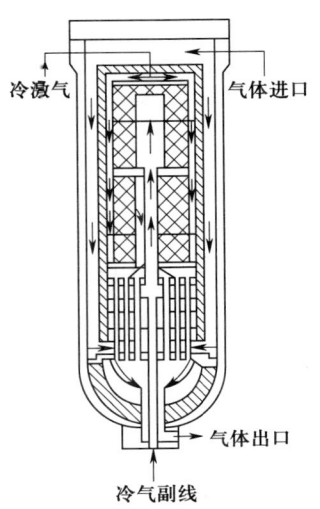

图 8-11 径向两段冷激式氨合成塔

内件外层是密封的外筒，中间有一个喷嘴，内层为多孔板筒体。二者焊在一起，构成双层的催化剂内筒。在多孔板内壁设有金属丝网，防止催化剂漏出。冷原料气大部分自塔顶入塔，由上而下经外筒与内件间环隙，入换热器管间，被预热至约 400 ℃，与由塔底冷副线来的冷气体汇合后，沿中心管入第一催化剂层。由内向外气体沿径向流过第一催化剂层，温度升至约 525 ℃，与塔顶来的冷激气汇合，温度降至约 425 ℃，再由外向内沿径向穿过第二层催化剂，温度升至约 500 ℃。经中心管外的环形通道，入换热器管内，加热刚入塔的冷气体后，温度降至约 325 ℃。自塔底出塔。

第六节 冷冻及液氨的储存

一、冷冻

冷冻又称为制冷，是将被冷物料的温度降至比水或周围空气温度低的操作。合成氨厂设置冷冻工序，是利用液氨在氨冷器内蒸发吸热，将经水冷后的循环气进一步冷却至常温以下，使氨气冷凝为液氨。在铜洗工序中也需要用液氨冷却铜氨液。在大型氨厂，用液氨冷却弛放气及其他工艺气。蒸发后的氨气再经压缩、冷凝，重新转变为液氨循环使用。

1. 液氨的蒸发及氨气的液化

液氨的蒸发温度与压力有关。压力越低，其蒸发温度也越低。液氨的蒸发温度越低，其饱和蒸汽压则越小，气化热越大。故实际生产中，可根据所需要的冷冻温度，确定液氨的蒸发压力。因而在氨冷器中，可通过控制液氨的蒸发压力，达到所需要的制冷温度。

液氨蒸发为氨气后，必须使之重新液化，循环使用。氨气的冷凝温度随压力的增加而升高。当将氨气压缩到一定压力后，采用水冷就可使之液化。故氨气的液化主要是氨气压缩和冷凝过程。

2. 冷冻循环

合成氨生产中的冷冻系统是由氨压缩机（冰机）、水冷器、减压阀和氨冷器等组成，并构成一个冷冻循环，其冰机一般为往复式。为了节省压缩功耗，可根据冷冻温度的需要，采用不同的蒸发压力，进行多级氨冷。实际生产中，一般采用 2~3 级氨冷。

3. 冷冻系数

在冷冻过程中，冰机做了机械功。制冷剂自被冷物料取出的热量与所消耗的机械功之比称为冷冻系数，用 ε 表示。冷冻系数 ε 越大，表示消耗单位机械功所获得的冷冻量越大，则越经济。

在生产中，为了降低冷冻功耗，提高冷冻效率，一方面要降低冷却水温度，另一方面在满足被冷物料冷却温度前提下，尽量提高液氨的蒸发温度。

4. 冷冻能力

制冷剂每小时从被冷物料吸收的热量称为冰机的冷冻能力。冷冻能力不仅与冰机的大小及转数有关，还与冷冻循环操作条件有关。如制冷剂的蒸发温度越高，冷却水的温度越低，制冷量则越大。

二、液氨的储存

由于氨合成与氨加工工序之间的不均衡性，过剩的液氨需要储存，因此，需要设产品液氨储槽，储槽的操作压力主要是由温度决定的。液氨储存在密闭储槽中，部分会转化为氨气，从而使储槽内压力升高。温度越高，液氨蒸发越多，储槽内压力越大。当蒸发过程持续到液氨温度与其蒸气压相适应时为止，即达到气与液"相平衡"状态（在单位时间内，液氨蒸发为氨气量与氨气液化为液氨量相等），故压力不再升高。由于液氨的温度越低，其饱和蒸汽压也越低，因此，在常压下储存液氨时，必须降低液氨温度；在常温下储存液氨时，必须提高储槽压力。

目前中小型氨厂一般在常温下储存液氨。当液氨温度为 40 ℃时，储槽的压力为 1.554 MPa。由于夏季最高室温一般不超过 40 ℃，故液氨储槽的操作压力一般为 1.57 MPa，最大容量为 200 t 氨。

大型氨厂需要容量较大的液氨储槽，因此，需要降低液氨温度，采用耐压能力较低的氨球或常压立式储槽。氨球的操作压力（绝）约为 0.49 MPa，温度为 3~4 ℃，最大容量为

3 000 t氨。常压立式槽的温度约为-33 ℃，容量一般为5 000~10 000 t氨。槽底与地面相隔1.5 m，避免地下水结冰而胀坏槽底。这两种储槽外面均设有保温层。储槽内蒸发出来的氨气送往冰机，此外在储槽旁还应单独设置小冰机，在大冰机不运转时使用。

液氨储槽内不能充满液氨，必须在上部留有一定空间，作为氨气容积，否则，当温度升高、液氨膨胀后，会使储槽压力升高引起爆炸事故。故规定液氨储槽内储存液氨量，不允许超过其容量的80%。

【知识链接】

一、合成氨厂的储罐气概述

在氨气的冷凝过程中，一定量的H_2、N_2、CH_4和Ar等气体，在高压下溶解于液氨内，当液氨在储槽内减压后，溶解的气体大部分从液氨中解吸出来，同时，部分液氨也随之气化，通常称为储罐气或弛放气。储罐气约含H_2 32%（体积分数）、N_2 12%（体积分数）、CH_4 6.5%（体积分数）、Ar 4.5%（体积分数）和氨45%（体积分数）。此气体在储槽内的积累逐渐增多，则使储槽内压力升高。故需要不断排出罐外。

二、氨合成排放气体的回收

氨合成排放气是指氨合成系统的放空气和液氨储槽的储罐气，其排放量和组成与生产工艺过程及操作条件有关。排放量一般为150~240 m^3/t氨，含H_2 55%~65%（体积分数）、N_2 18%~22%（体积分数）、CH_4 9%~15%（体积分数）、氨4%~6%（体积分数）、Ar 3%~5%（体积分数）。若采用水吸收其中的氨制成氨水，吸收后的气体则用作燃料烧掉，十分浪费。而将排放气回收利用，可节能约58 000 kJ/t。将排放气中的H_2回收，可增产合成氨3%~5%，年产30万t氨厂，可增产氨0.9万~1.5万 t/a。故回收用排放气，是合成氨厂节能降耗的重要措施之一。目前，大型氨厂及部分中小型厂均设了回收装置。

排放气的回收通常分为两步。第一步回收排放气中的氨，第二步回收排放气中的H_2。

1. 排放气中氨的回收方法

目前回收排放气中氨的方法有冷冻法和水吸收法两种。①所谓冷冻法是将排放气在氨冷器中冷却至一定低温后，使氨气冷凝为液氨，经氨分离将氨回收。由于受到冷冻温度和气流相平衡的限制，此法只能回收部分氨，回收氨后的气体中，仍含有2%~3%（体积分数）的氨。②水吸收法是用水吸收排放气中的氨制成氨水，排放气中的氨可降到0.3%（体积分数）以下，经分子筛或硅胶吸附器除去水分及残余的氨。生成的氨水有两种处理方法：一是作为农用氨水直接出售；二是将氨水蒸馏得到氨气，再经冷凝后得到液氨。氨水蒸馏虽然投资较大，但氨回收率高。

2. 排放气中H_2的回收

从排放气中回收H_2的方法有多种，常用的有以下几种。

（1）深冷法。排放气中H_2的沸点最低，且与其他组分相差较大，因此采用深冷法将排放气温度降低后，CH_4、N_2和Ar大部分被液化，从而与未液化的H_2分离。

其工艺过程如下：排放气先经水吸收塔除去其中的氨，生成的氨水经蒸馏得到纯氨。再经分子筛吸附器，除去水分及残余的氨，避免在深冷设备中冻结而堵塞设备。干燥的排放气经氨冷器后，使 CH_4、Ar 及大部分 N_2 液化，分离后得到纯度 86%～94%（体积分数）的 H_2，经换热器回收冷量后，用作合成氨原料气，返回压缩机。含 CH_4、N_2 和 Ar 的液体混合物，经节流膨胀回收冷量后，用作燃料。

深冷法的特点：利用排放气的节流膨胀产生冷量，能量利用率高，氢回收率高达 90%～94%，且回收的 H_2 纯度高。

（2）变压吸附法。其原理是依据排放气中 CH_4、N_2 和 Ar，在分子筛吸附剂上吸附能力较强，且随着压力的增高而显著增大，而 H_2 的吸附能力则最弱，压力增高对其吸附能力几乎没有影响。故在加压下使排放气通过分子筛吸附器，CH_4、N_2 和 Ar 等被吸附，从而得到纯度较高的 H_2。当吸附剂吸附达到一定程度后，停止吸附操作，降低吸附器压力，解吸出被吸附的气体，得到含 CH_4 等的解吸气，用作燃料，吸附剂重新使用。

变压吸附装置通常由若干个吸附器组成，操作压力为 0.7～5.6 MPa，可得到纯度为 98%（体积分数）的 H_2，但 H_2 回收率较低，为 75%～80%。

（3）薄膜渗透法。此法是选用具有渗透特性的聚砜纤维薄膜，制成空心管束，将其安装在受压外壳内而成为分离器。当排放气进入分离器后，由于 H_2 渗透能力强，H_2 通过空心管薄膜时，由管外渗透到管内，而 CH_4、N_2 和 Ar 渗透能力弱，则在空心管外，从而将 H_2 分离出来。提高空心管内外的压差，可提高 H_2 的渗透能力，但压差不宜过大，否则将损坏纤维管。排放气进入空心管前，用水洗法除去所含的氨。薄膜渗透法 H_2 回收率为 85%～95%，H_2 纯度约 90%（体积分数）。

实训七 氨合成生产操作实训

以传统中压氨合成工艺流程为例。

一、冷态开车操作

1. 开车前准备工作

（1）检查设备、管道安装是否达到要求的技术条件与技术规程。

（2）按照流程图，仔细核对设备、管道、阀门、仪表与信号是否齐全，位置是否正确，检查其质量与技术文件记载是否相符。

（3）检查与外工序连接的管道是否已接通，电源是否已接好，开车的技术文件（如方案、图表、操作法等）是否齐全，发现问题，认真消除。

2. 系统吹净

在安装和检修过程中，设备及管道内残留有灰尘、油泥、棉纱或木屑等杂物，必须吹除干净。对新建系统，每台设备、每根管道都要吹净；对大修后系统，只对检修部分用 N_2 进行吹净,若没有 N_2 也可用空气。气体压力为 3~5 MPa。按照吹净流程图,分段进行吹净。

(1) 把设备入口处、阀门前及流量计孔板处法兰拆开,安上挡板,以防杂质吹入阀体及设备内。

(2) 吹净后,连接法兰,吹下一段。

(3) 塔内装填催化剂后,用干净 N_2 吹除催化剂粉末。

吹除干净的标志是气流畅通,并用缠有白纱布的木棒在排气口试探,白纱布上没有粉尘出现为合格。

(4) 若大修后,合成塔内已装填催化剂,吹净时应将塔与系统隔开,塔后吹净可由系统副线将气体导入。

3. 单机运转

包括循环压缩机及电加热炉的试运转,有副产蒸汽系统的还包括高压水泵的试运转。一般单机试车是安装好一台,试运转一台。

(1) 循环机单机试车包括电动机空转、无负荷试车及有负荷试车,润滑系统是否正常及设备振动情况等。

1) 电动机空转试车 1~2 h,以检查电气及机械部分安装是否合格。

2) 循环机无负荷试车 6~8 h,全负荷运转 6~8 h。在运转中,经常检查各传动摩擦部分温度、进出口压差等,注意进出口阀是否有泄漏,润滑情况是否良好,前后填料是否有发热及漏气现象。若发现问题,停车处理,再重复试车至合格。

(2) 电加热炉的试运转。

1) 将电炉线吊在塔外特制钢架内。

2) 测量其绝缘电阻和冷却电阻。

3) 进行通电耐压试验。

4) 通过调压器输入电流,使电炉丝逐渐升温,测定不同电压、电流下电炉丝温度,核算在不同温度下电炉丝的电阻系数,作为以后的使用依据。

4. 第一次气密试验

气密试验是指在规定的最高操作压力下,以静压试验系统中设备、管道的连接处有无泄漏的一种试验方法。新建系统的气密试验可分第一次气密试验和第二次气密试验两步进行。对大修后的开车,只需进行第二次气密试验。

(1) 合成塔的内件吊装好后,先不装催化剂。将 20 MPa 的空气送入系统缓缓升压。压力分 5、10、15、20 MPa 四个阶段进行,每个阶段都要仔细检查,若发现高压容器顶盖、管道法兰、高压阀等处漏气时,应标下记号,停止送气,降压处理,然后再加压试验。

(2) 可用耳听手摸进行查漏。因系统内压力很高,漏气时气体摩擦声较大。对于细微的漏气,可用肥皂水涂在设备或接管法兰处,以观察是否有气泡出现来判定。

(3) 当系统压力升至 20 MPa 时,若全面检查不漏,且压力表的读数不下降,即气密试验合格。

(4) 试压后压力不必卸掉，直接进行系统的联动试车。

5. 联动试车

(1) 检查循环机输入气量及在负荷下的工作情况。

(2) 检查各设备、管道及阀门安装质量，检查各处阻力降及振动情况。

(3) 检查各仪表是否正确灵敏。

(4) 检查与外工段联系的水、电、气等管路是否接好畅通。

(5) 检查锅炉系统水泵的输送能力等。

6. 装填催化剂

催化剂装填的好坏，直接影响到催化剂层阻力和温度分布，对合成塔的生产能力有直接关系，故需认真做好此项作业。

(1) 打开合成塔大盖和催化剂筐盖。

(2) 把外筒和内件间的环隙及热电偶套管，用白布堵塞起来。

(3) 清除中心管内的水分及油污。

(4) 用带丝扣的盲盖将中心管堵死。

(5) 装至催化剂筐上部多孔板处为止。

(6) 去掉白布及中心管盲盖。

(7) 装好并焊死催化剂筐盖。

(8) 清理一切杂物及灰尘。

(9) 上好大盖，压好中心管和大盖间隙处的石棉填料，并上好小盖。

(10) 拆掉合成塔出口管道，用 1~2 MPa 的氮气或空气进行吹净，以除去催化剂层中的粉尘。

(11) 装好出口管和电加热炉及小盖。

7. 置换

(1) 将压缩机送来的 2~3 MPa 的氮气导入系统，在塔后放空，反复充压、卸压几次，当系统内氧含量小于2%（体积分数）时，初步合格。

(2) 用新鲜氢氮气置换，直至系统内气体中氧含量小于0.2%（体积分数）时，置换合格。在排收气体时切不可猛开阀门，以免产生静电火花而发生爆炸。

8. 气密试验

合成塔装填好催化剂后，且系统用新鲜氢氮气置换已合格。压力依次分 10、15、20、25、30 MPa 五个阶段进行提升。每次加压后应切断气源稍停一会儿，待各处压力均衡后进行检查。其检查方法与处理方法同第一次气密试验。待试验合格后，即可进行催化剂的还原。

9. 催化剂的升温还原

(1) 还原条件的选择。

1) 温度的选择。升温速率必须慢和稳，以防止出水速率过快，气体中蒸汽浓度过大，使已还原的催化剂反复进行氧化，降低催化剂活性，故还原温度的控制主要是参照出水速率。在还原过程中，不仅使整个催化剂层均达到所需的还原温度，且尽量缩小催化剂层上、下温差及同一平面的温差，以缩短还原时间，使催化剂还原彻底，以提高其活性。

2）压力的选择。还原过程应在 5～12 MPa 压力下进行。还原后期，当电炉能力不足时，可适当提高压力，利用反应热提高催化剂下层温度。

3）空间速率及电炉安全输气量的选择。实际操作中，空间速率应根据加热炉的能力、氨反应热的多少及循环机的能力，按照热量平衡情况加以确定。在还原主期，一般空间速率可维持在 10 000～20 000 h^{-1}。

在升温还原过程中，空间速率不可过小，否则进塔气量小，气体温度和电炉丝温度过高，使电炉丝有被烧断的危险。使电炉安全运转，不致被烧毁所必须保证的进塔气量，称为电炉安全输气量。在操作中，实际进塔气量必须大于电炉丝在一定功率下的安全输气量，以保证对电炉丝的冷却。

4）蒸汽浓度及氨冷温度的选择。若还原反应速度快，会造成出塔气体中水蒸气浓度过高，使催化剂反复氧化机会增多，则生成的晶粒大，从而降低了催化剂活性。但水蒸气浓度过低，还原反应速度慢，还原时间过长，对催化剂活性不利。一般蒸汽质量浓度控制在 0.7～1.0 g/m^3 为宜。

出塔气中的水分，采用冷凝分离法除去，然后给气体中补充适量新鲜氢氮气，循环使用。故氨冷器后气体温度越低，蒸汽分离效率则越高，入塔气体蒸汽含量则越低，对催化剂还原越有利。一般氨冷器后气体温度控制在 -20～-10 ℃ 为宜。

还原过程生成的氨，在氨冷器中与蒸汽一同被冷凝下来生成氨水，由氨分离器排出。氨水浓度越大，其冰点越低。

为防止分离出的水在氨冷器中产生冻结现象，氨水浓度应保持在 15% 以上。在催化剂还原初期，生成的氨少，为防止分离出来的氨水浓度过低而发生冻结事故，应向循环气中补加氨，使氨含量维持在 0.5%～1%。此时所得氨水浓度在 25% 以上。

5）气体成分的选择。增加还原气中 H_2 的含量，可加快还原速度，缩短还原时间。故 H_2 含量的选择应适当，一般在升温时氢气 >68%（体积分数），还原时氢气 >72%（体积分数）。

还原循环气中惰性气体含量应尽可能低，为降低放空量，一般维持在 12%（体积分数）左右。其他有毒气体（如 CO、CO_2 等）含量，也越少越好。

(2) 催化剂还原操作过程，分为升温阶段、还原初期、还原主期、还原末期及轻负荷五个进行阶段。

1）升温阶段。逐步开大加热炉，控制适当循环量，将热量带入催化剂层。温升速度为 30～40 ℃/h，系统压力控制在 4～6 MPa。尽量减少催化剂床层中的温差，要求同平面温差不超过 10 ℃，顶、底温差不超过 60 ℃。当升温至 100 ℃ 左右时，将氨冷器温度逐渐降至 -5～0 ℃。

2）还原初期。当温度升至 350～430 ℃ 时，开始出水，并有微量氨生成。控制升温速度在 5～10 ℃/h，压力维持在 5～8 MPa，氨冷器温度控制在低于 -10 ℃，循环气中 H_2 含量大于 70%，催化剂同平面温差小于 10 ℃，氨水体积分数保持在大于 15%。

3）还原主期。当温度升至480~515 ℃，在水蒸气浓度低于1 g/m³条件下，控制升温速率为1~2 ℃/h，将压力逐渐提升至8~12 MPa。在保持温度不变的前提下，尽量加大空间速率，密切关注出水情况，并尽量降低氨冷器温度。

4）还原末期。把温度升至催化剂的最终还原温度，维持4~6 h。

5）轻负荷阶段。当出水量达95%以上，还原过程基本结束。此时逐步降至正常操作温度至480 ℃左右，在轻负荷下运转1~2天，使少量未还原催化剂继续还原。在此阶段将各项指标逐渐控制在正常操作范围，转入正常生产。

二、正常操作管理

1. 温度的控制

因氨合成反应是放热反应，所以必须维持塔内自热平衡，并使温度控制在催化剂活性温度范围内，且温度分布合理。

（1）热点温度的控制。催化剂层温度的调节主要是指热点温度。

1）催化剂使用初期，活性较强，热点温度可控制低些，且热点位置在催化剂上部。

2）催化剂使用后期，活性降低，热点位置下移，热点温度应提高，以加快反应速度。

3）在操作中，热点温度应尽量控制低些，既可延长催化剂的使用寿命，又可减少H_2、N_2在高温下对设备的腐蚀。此外，热点温度应尽量保持平稳，波动幅度小于10 ℃，波动速率要求小于5 ℃/15 min。

（2）催化剂层入口温度的控制。催化剂层入口温度高，反应速率快，放出热量多，热点及整个催化剂层温度则升高。若入口温度过高，则反应剧烈，易使催化剂超温。若入口温度过低，则达不到催化剂的活性温度，生产无法进行。

故当催化剂活性好、气体成分正常及压力高情况下，入口温度可维持低些，而催化剂活性差、内件损坏、压力低及空间速率大的情况下，应保持较高的入口温度。

（3）在调节合成塔温度时，要注意进出口气体的温差，获得最大温差的操作温度，则是最有利的操作温度。

（4）催化剂层温度的调节方法。催化剂层温度应尽量保持稳定，减少温度波动幅度。一般要求正常时，温度波动幅度不超过10 ℃，波动速率小于2 ℃/15 min。

1）塔副阀的调节。打开塔副阀，不经热交换器预热的气量增加，因而进入催化剂层的气体温度低，反应速度减慢，催化剂层温度则会下降。塔副阀调节不可幅度过大。

2）循环量的调节。当温度波动幅度较大时，应以循环量调节为主，用塔副阀配合调节。关小循环机副阀，增加循环量，即增加空间速率，催化剂层温度则下降。

3）冷激气量的调节。冷激气的直接加入，使催化剂床层的调节十分迅速和方便。

4）其他方法的调节。通过降低入塔循环气中的氨含量、惰性气体含量，使用电加热炉等方法，均能提高催化剂床层温度。

不论采用哪种方法调节，必须缓慢进行，否则将会导致催化剂床层温度大幅度波动，造成过冷或超温的急剧变化而损坏合成塔内件。

2. 压力的控制

（1）系统压力不能超过设备所允许的操作压力，当合成操作条件恶化，系统超压时，应迅速减少新鲜气量，必要时开放空阀，卸掉部分压力。

（2）正常操作条件下，尽量降低系统压力，从而提高循环机的输气量，使合成塔操作压力稳定。在夏天，若冷冻能力不足，而合成塔能力又有潜力情况下，可维持合成塔在较高压力下操作，以节省冷冻量，降低冷冻功耗。

（3）在合成塔能力不足的情况下，应将系统压力维持在指标的高限进行生产，以获得高的氨产量。但此时操作不易控制，应特别注意其他操作条件的变化，及时配合减少新鲜气量，控制压力不超指标。

（4）有时新鲜气的供给量大幅度减少，系统压力降得很低，合成塔反应差，催化剂层温度难以维持，此时可减少循环量，适当提高氨冷器温度，从而使合成塔温度得到维持。

【注意】

调节压力时，必须缓慢进行，以保护合成塔内件。若系统压力急剧变化，会使设备及管道法兰接头和循环机填料密封遭破坏。一般规定，在高温下压力升降速率为 0.2 ~ 0.3 MPa/min。

3. 循环量的控制

循环量的大小，标志着合成塔负荷的大小和生产能力的高低。增大循环量，可提高氨产量。但循环量的增加存在以下不利情况。

（1）气体与催化剂接触时间短，反应不完全，带出热量多，会造成温度下降，热点位置下移。

（2）气体流速加快，系统阻力增大，相应增加了压缩机的功耗。

（3）气体流量增大，使冷冻系统负荷增加，从而增加了冰机的功耗。

故生产中，应在催化剂层温度稳定、冷冻量有余和循环机合理使用情况下，增加循环量至接近规定系统压力差，充分发挥设备生产能力，提高氨产量。

可通过调节循环机的副阀或系统副阀来调节循环量。对离心式循环机，则可调出口阀。

4. 入塔气体成分的控制

（1）入塔氢氮比的控制。氢氮比控制在 2.5 ~ 2.9 为宜。过高或过低，均使氨合成反应速度减慢，使系统压力升高。调节方法如下：

1）关小塔副阀或减少循环量，保持温度不下降；

2）联系压缩工序减少送气量或适当加大放空量，防止压力过高，与有关工序联系，调节好氢氮比。

（2）入塔气体中氨含量控制。入塔气体氨含量越低，对氨合成反应越有利。入塔气体氨含量主要决定于氨冷器温度，影响氨冷器温度的主要因素是氨气的蒸发压力和液氨的液位。

1) 氨气蒸发压力低,则液氨蒸发温度低,冷却效率高。但蒸发压力过低,不但冷冻功耗增加,且影响氨加工系统正常操作,故一般控制在 0.1~0.2 MPa 为宜。

2) 氨冷器液位高,则冷却效率高。但液位过高,蒸发空间小,反而降低冷却效率。

(3) 入塔气体中惰性气体含量控制。应根据催化剂活性和操作条件,即温度、压力及气体成分来决定。若催化剂活性高,惰性气体含量可控制高些,一般为 16%~23%(体积分数)。当催化剂活性差或操作条件恶化时,则控制低些,一般为 10%~14%(体积分数)。

(4) 有毒气体的控制。有毒气体随 H_2、N_2 带入合成塔,使催化剂中毒。活性下降,使催化剂层温度、出塔气体中氨含量下降,系统压力则增高。故操作中应防止有毒气体进入合成塔。

三、短期停车后的开车操作

(1) 通知压缩工序送气,开新鲜气导入阀,以 0.4 MPa/min 的升压速率,缓慢使系统压力升至 6 MPa。

(2) 启动循环机,开启系统进路阀及循环机回路阀,气体打循环。

(3) 开电加热炉或开工加热炉,以每小时 30~40 ℃ 的升温速率,将催化剂层温度升至 350 ℃,同时逐渐将系统压力升至操作压力。

(4) 当催化剂层温度大于 200 ℃ 时,开水冷器;温度大于 300 ℃ 时,开氨冷器;温度大于 400 ℃ 时,氨分离和冷凝塔底开始排液氨。

(5) 当温度升至催化剂活性温度后,将升温速率减缓至 5 ℃/h,逐步加大新鲜气补充量及循环气量,缩小催化剂层轴向温差。

(6) 当催化剂层温度升至正常操作温度时,切断电加热护或开工加热炉,转入正常生产。

四、停车操作

1. 正常停车

(1) 停车前 2 h 逐渐关小氨冷器加氨阀,直至关闭,且应将氨冷器内液氨用完。

(2) 关闭新鲜气阀。

(3) 排放氨分离器内的液氨后,关闭放氨阀。

(4) 以 40 ℃/h 的降温速率,逐渐降低催化剂层温度,当温度降至 300 ℃ 时,使其自然降温,停循环机。

(5) 开合成塔后放空阀,系统逐渐卸压。

(6) 若停车后,检修合成塔,对催化剂进行钝化处理。钝化方法如下:

1) 当温度降至 50~60 ℃,压力降至 0.5~0.6 MPa 时,用惰性气体或氮气置换系统。

2) 向系统加入少量空气进行钝化,钝化初期,控制氧含量为 0.05%~0.1%(体积分数),在催化剂层温度低于 100 ℃ 条件下,逐渐增加氧含量至 0.3%~0.5%(体积分数)。

3) 钝化后期,增加氧含量至 20%(体积分数),待塔温不再上升,合成塔进出口气体中氧含量相等时，钝化结束。

若停车后不检修合成塔，催化剂不需要钝化，只关闭合成塔进出口阀，并在塔进、出口处安装挡板。由塔进口取样管处加入氮气，使塔内保持正压。

（7）关闭液氨储槽进出阀、弛放气放空阀，并注意其压力变化。

（8）拆开有关法兰，用惰性气体或蒸汽对系统进行置换，直至合格，方可检修。

2. 临时停车操作

临时停车操作是指停车后短期内又可恢复生产，系统保压、保温的停车。

（1）关闭新鲜气阀、各放空阀、取样阀，通知压缩工段停止送新鲜气。

（2）启用电加热炉或开工加热炉，维持小流量循环，尽量使催化剂层温度缓慢下降。

（3）关闭氨分离器和冷凝塔放氨阀及氨冷器加氨阀。

（4）当系统压力降至 5 MPa 时，停电加热炉，停循环机，关闭合成塔进气阀。

思考与练习

1. 氨合成反应原理是什么？反应特点有哪些？
2. 提高平衡氨含量的措施有哪些？
3. 影响氨合成反应速率的因素有哪些？工业上加快氨合成反应速率的措施有哪些？
4. 氨合成铁催化剂还原前的主要成分及各组分的作用是什么？
5. 氨合成铁催化剂使用前为什么要进行还原？原理是什么？
6. 决定合成氨生产条件最主要的因素有哪些？
7. 氨合成的基本工艺步骤有哪些？
8. 工业生产中如何采用冷凝法分离循环气中的氨？
9. 简述中型氨厂氨合成工艺流程。
10. 氨合成塔结构特点有哪些？生产中常用氨合成塔主要有哪几种？
11. 什么是冷冻？合成氨厂为什么要设置冷冻系统？
12. 在冷冻系统中，为什么要尽量降低冷凝温度和适当蒸发温度？
13. 为什么规定储槽内液氨存量不允许超过容积的 80%？

第九章

甲醇的合成

学习目标

1. 了解甲醇的性质、用途、生产的基本过程。
2. 掌握甲醇合成的基本原理。
3. 熟悉甲醇合成催化剂的分类、组成及使用条件。
4. 掌握甲醇合成工艺条件的选择依据，中、低压法甲醇合成工艺流程，典型合成塔的结构。
5. 掌握粗甲醇中杂质的分类、危害及精制的目的、原理。

第一节 概 述

甲醇是极为重要的有机化工原料和清洁液体燃料，是碳一化工的基础产品，由于甲醇及其衍生物有着广泛的用途，市场需求量巨大，甲醇化工已成为化学工业中一个重要的领域。

一、甲醇的性质和用途

1. 甲醇的性质

（1）物理性质。甲醇分子式为 CH_3OH，是饱和醇中最简单的一元醇，因为它最早是由木材和木质素干馏制得，故俗称"木醇""木精"。甲醇相对分子质量为32.04，常温常压下为无色透明、高度易挥发、易燃、略带醇香气味的有毒液体，具有与乙醇相似的气味。熔点

为 -97.8 ℃，沸点为 64.6 ℃，闪点为 12.22 ℃，蒸气与空气混合物爆炸极限为 6% ~ 36.5%。其一般性质见表 9-1。

甲醇是强极性化合物，可以与水、乙醇、乙醚、苯、酮、卤代烃和许多其他有机溶剂相混溶，但不能与脂肪烃类化合物互溶。甲醇可以和水以任何比例互相溶解，但不与水形成共沸混合物，因此，可以用分馏方法来分离甲醇和水。甲醇水溶液的密度随甲醇浓度和温度的增加而减少，沸点随液相中甲醇浓度的增加而降低。

表 9-1 甲醇的一般性质

性质	数据	性质	数据
密度（0 ℃）	0.810 0 g/mL	热导率	2.09×10^{-3} J/(cm·s·K)
相对密度	0.791 3 (d4°)	表面张力	22.55×10^{-3} N/cm (22.55 dyn/cm) (20 ℃)
沸点	64.6 ℃	折射率	1.328 7 (20 ℃)
熔点	-97.8 ℃	蒸发潜热	35.295 kJ/mol (64.7 ℃)
闪点	12.22	熔融热	3.169 kJ/mol
自燃点	473 ℃（空气中），461 ℃（氧气中）	燃烧热	727.038 kJ/mol（25 ℃液体），742.738 kJ/mol（25 ℃气体）
临界温度	240 ℃	生成热	238.798 kJ/mol（25 ℃液体）,201.385 kJ/mol（25 ℃气体）
临界压力	79.54×10^5 Pa (78.5 atm)		
临界体积	117.8 mL/mol		
临界压缩系数	0.224	膨胀系数	0.001 10 (20 ℃)
蒸气压	$1.287\ 9 \times 10^4$ Pa (98.6 mmHg) (20 ℃)	腐蚀性	在常温无腐蚀性，对于铅、铝例外
比热容	2.51~2.63 J/(g·℃) (20~25 ℃液体)，45 J/(mol·℃) (25 ℃气体)	爆炸性	6.0%~36.5%（体积分数）（在空气中爆炸范围）
黏度	5.945×10^{-4} Pa·s (0.594 5 cP) (20 ℃)		

许多气体在甲醇中具有良好的溶解性，工业上广泛利用这一性质采用甲醇作为吸收剂来除去工艺气体中的杂质。例如，用低温甲醇（-60 ~ -20 ℃）洗涤合成气中的 H_2S 和 CO_2。在高压下，常温甲醇对 H_2S 也有很高的吸收能力。

甲醇比水轻，是易挥发的液体，具有很强的毒性；内服 5~8 mL 有失明的危险，30 mL 以上能使人中毒死亡，故操作场所空气中允许最高甲醇蒸气质量浓度为 0.05 mg/L。甲醇蒸气与空气能形成爆炸混合物，爆炸范围为 6.0%~36.5%，燃烧时呈蓝色火焰。

（2）化学性质。甲醇是最简单的饱和脂肪醇，因此具有脂肪醇的化学性质，可进行氧化、酯化、羰基化、胺化、脱水等反应。甲醇不具有酸性，其分子组成中虽然有碱性极微弱的羟基，但也不具有碱性，对酚酞和石蕊均呈中性。

1) 甲醇可在银催化剂上，在 600~650 ℃下进行气相氧化，或脱氢生成甲醛。这是工业上生产甲醛的主要方法。

$$CH_3OH + \frac{1}{2}O_2 = HCHO + H_2O \quad \Delta H = -159 \text{ kJ/mol} \quad (9-1)$$

$$CH_3OH \xrightarrow{-H_2} HCHO \quad \Delta H = 83.68 \text{ kJ/mol} \quad (9-2)$$

或用其他固体催化剂如铜、铁、钼等。甲醇在铁钼催化剂上的氧化温度为 320~350 ℃。

2）甲醇分子羟基中的氢可以被碱金属钠取代而生成甲醇钠。

$$2CH_3OH + 2Na \longrightarrow 2CH_3ONa + H_2 \qquad (9-3)$$

甲醇钠在没有水的条件下才稳定，因为水可以使它水解生成甲醇和氢氧化钠。工业上生产甲醇钠的方法，是将甲醇和氢氧化钠在 85~100 ℃下连续反应脱水制得。

$$CH_3OH + NaOH \longrightarrow CH_3ONa + H_2O \qquad (9-4)$$

3）高温下，在催化剂上进行甲醇的分子间脱水，制得二甲醚。

$$2CH_3OH \longrightarrow CH_3OCH_3 + H_2O \qquad (9-5)$$

二甲醚再脱水生成乙烯。

4）加压下，在370~400 ℃有脱水催化剂存在时，甲醇与氨生成一甲胺、二甲胺、三甲胺的混合物。

$$NH_3 \xrightarrow[-H_2O]{+CH_3OH} CH_3NH_2 \xrightarrow[-H_2O]{+CH_3OH} (CH_3)_2NH \xrightarrow[-H_2O]{+CH_3OH} (CH_3)_3N \qquad (9-6)$$

（一甲胺）　　　（二甲胺）　　　（三甲胺）

然后，经萃取、精馏，将一甲胺、二甲胺、三甲胺进行分离。

5）在硫酸存在下，甲醇与芳胺作用生成甲基胺。例如，在 200 ℃ 和 30.40×10^5 Pa（30 atm）下，甲醇与苯胺反应生成二甲基苯胺。

$$C_6H_5NH_2 + 2CH_3OH \longrightarrow C_6H_5N(CH_3)_2 + 2H_2O \qquad (9-7)$$

6）甲醇可与酸发生酯化反应。例如，甲醇与甲酸反应生成甲酸甲酯。

$$HCOOH + CH_3OH \longrightarrow HCOOCH_3 + H_2O \qquad (9-8)$$

氯乙酸与甲醇在 90 ℃以上进行酯化反应，生成氯乙酸甲酯。

$$CH_2ClCOOH + CH_3OH \longrightarrow CH_2ClCOOCH_3 + H_2O \qquad (9-9)$$

丙烯酸与甲醇在离子交换树脂催化剂存在下进行酯化反应，生成丙烯酸甲酯。

$$CH_2=CHCOOH + CH_3OH \longrightarrow CH_2=CHCOOCH_3 + H_2O \qquad (9-10)$$

甲醇与三氧化硫作用很容易生成硫酸二甲酯。

$$2CH_3OH + 2SO_3 \longrightarrow (CH_3)_2SO_4 + H_2SO_4 \qquad (9-11)$$

7）甲醇与氢卤酸反应得到甲基卤化物。

$$CH_3OH + HCl \longrightarrow CH_3Cl + H_2O \qquad (9-12)$$

甲醇与亚硝酸作用生成烈性炸药硝基甲烷。

$$CH_3OH + HNO_2 \longrightarrow CH_3NO_2 + H_2O \qquad (9-13)$$

8）在 20.27×10^5 Pa（20 atm）下，150~170 ℃时，在碱金属的醇化物存在下，甲醇与乙炔作用生成甲基乙烯基醚。

$$CH_3OH + CH \equiv CH \longrightarrow CH_3OCH=CH_2 \qquad (9-14)$$

9）在 30.40×10^5 Pa（30 atm）下，150~220 ℃时，在铑催化剂的存在下，CO 和甲醇可以合成乙酸。

$$CH_3OH + CO \longrightarrow CH_3COOH \qquad (9-15)$$

10) 以离子交换树脂作催化剂，在100℃以上，甲醇与异丁烯进行液相反应，生成甲基叔丁基醚，加在汽油里可以提高辛烷值而取代有害的烷基铅。

$$CH_3OH + CH_3-\underset{CH_3}{\underset{|}{CH}}=CH_2 \longrightarrow CH_3O-\underset{CH_3}{\underset{|}{\overset{CH_3}{\overset{|}{C}}}}-CH_3 \qquad (9-16)$$

11) 在常温下，甲醇是稳定的，在350~400℃和常压下，在催化剂上甲醇可分解成CO和H_2。

12) 在一定温度下，在催化剂上甲醇可以合成芳烃。

$$CH_3OH \xrightarrow{Ag/ZSM-5} \bigcirc \qquad (9-17)$$

13) 在一定温度、一定压力下，甲醇可以生产低碳烯烃。

$$2CH_3OH \xrightarrow{0.1~0.5 \text{ MPa},300~500℃} CH_2=CH_2 + 2H_2O \qquad (9-13)$$

2. 甲醇的用途

甲醇是一种重要的有机化工原料，应用广泛，可以用来生产甲醛、二甲醚、醋酸、甲基叔丁基醚（MTBE）、二甲基甲酰胺（DMF）、甲胺、氯甲烷、对苯二甲酸二甲酯、甲基丙烯酸甲酯、合成橡胶等一系列有机化工产品。甲醇在有机合成工业中，是仅次于乙烯和芳烃的重要基础原料。甲醇也是生产敌百虫、甲基对硫磷、多菌灵等农药的原料。

甲醇不但是重要的化工原料，而且是优良的能源和车用燃料，可以加入汽油掺烧或代替汽油作为动力燃料；甲醇作为汽油添加剂可起到节约芳烃、提高辛烷值的作用。

另外，甲醇是较好的人工合成蛋白的原料，蛋白转化率较高，发酵速率快，无毒性，价格便宜。

近年来，甲醇制烯烃技术发展势头强劲，已成为甲醇最重要的下游需求。我国开发的甲醇制烯烃（DMTO）技术为甲醇合成低碳烯烃开辟了一条新途径，正在改变我国低碳烯烃供应的战略和结构框架，对于平衡低碳烯烃的供需、减少我国对原油进口的依赖以及促进国家能源安全具有重大现实意义。

此外，随着碳一化工的发展，由甲醇出发合成乙二醇、乙醛、乙醇等工艺路线正日益受到关注。

总之，甲醇在化学工业、医药工业、轻纺工业以及能源、运输业、生物化工中都有着广泛的用途，在国民经济中占有十分重要的地位。

二、甲醇工业的发展历程

1923年德国巴斯夫公司首先用合成气在高压下实现了甲醇的工业化生产，直到1965年，这种高压法工艺是合成甲醇的唯一方法。

1966年英国卜内门化学工业公司（ICI）开发了低压法工艺，接着又开发了中压法工艺。1971年德国的鲁奇公司相继开发了适用于天然气-渣油为原料的低压法工艺。由于低压法比高压法在能耗、装置建设和单系列反应器生产能力方面具有明显的优越性,所以从 20 世纪 70 年代中期起,国外新建装置大多采用低压法工艺。

世界上典型的甲醇合成工艺主要有 ICI 工艺、鲁奇工艺和三菱瓦斯化学公司(MCC)工艺。

我国甲醇工业开始于 20 世纪 50 年代,以煤为主要原料,采用高压法锌铬催化剂合成甲醇技术。我国第一套高压法锌铬催化剂甲醇合成装置设备于 1957 年在吉林化学工业公司投产使用,设计能力为 100 t/d,继而在兰州、太原、西安等地也陆续建厂投产。在 60 年代,上海吴泾化工厂自己建造了以焦炭和石脑油为原料的甲醇装置;同时在南京化学工业公司研究院研制成功联醇用中压铜基催化剂,推动了具有中国特色的合成氨联产甲醇工业的发展。自 2002 年年初以来,我国甲醇市场受下游需求强力拉动,以及生产成本的提高,甲醇价格一直呈现一种稳步上升走势。甲醇生产的利润相当可观,因而甲醇生产厂家纷纷扩大生产和新建,由此我国甲醇的产能急剧增加。现在,我国已经成为世界上最大的甲醇生产国与消费国,同时也是甲醇生产增长最快的国家之一,并将继续高速的发展。从发展趋势来看,今后以煤炭为原料生产甲醇的比例会上升,煤制甲醇作为液体燃料将成为其主要用途之一。

第二节 甲醇合成技术

一、甲醇生产方法

1. 干馏法

1661 年英国 R. 玻意耳首先在木材干馏的液体产品中发现甲醇,这成为工业上获得甲醇最古老的方法。在 1924 年以前,甲醇差不多全部是用木材或其废料的分解蒸馏来生产。木材蒸馏提取的甲醇中含有丙酮和其他杂质,从甲醇中除去这些杂质是非常困难的,并且甲醇的产率也很低。此方法在工业上已经被淘汰。

2. 水解法

1857 年法国 M. 贝特洛用一氯甲烷水解制得甲醇。反应方程式为:

$$CH_3Cl + NaOH \longrightarrow CH_3OH + NaCl \tag{9-19}$$

因水解法价格昂贵,没有在工业上得到发展。

3. 部分氧化法

甲烷可采用部分氧化法生产甲醇,这种制备甲醇的方法工艺流程简单,建设投资少,但是其氧化过程不易控制,常因深度氧化生成碳的氧化物和水,而使原料受到很大的损失。因此,甲烷部分氧化法制取甲醇的方法仍未实现工业化。

4. 合成法

合成甲醇的工业生产开始于 1923 年。德国巴斯夫公司的研究人员试验用 CO 和 H_2 在

300~400 ℃温度和30~50 MPa压力下通过Zn-Cr催化剂合成甲醇，并于当年首先实现了工业化生产。1971年德国鲁奇公司开发了另一种甲醇低压合成工艺，简称Lurgi低压法。20世纪70年代中期，世界各国新建与改造的CH_3OH装置几乎全部用Lurgi低压法。

合成甲醇按操作压力的不同分为高压法、低压法和中压法。

合成甲醇过程由煤的气化、煤气的净化、甲醇合成、粗甲醇精制等工序组成。煤的气化和煤气的净化在前面章节已讲有述，本章主要对甲醇合成、粗甲醇精制进行介绍。

二、甲醇合成反应

合成甲醇的主要化学反应是CO、CO_2与H_2在催化剂的作用下进行反应：

$$CO_2 + 3H_2 \rightleftharpoons CH_3OH + H_2O + Q \tag{9-20}$$

$$CO + 2H_2 \rightleftharpoons CH_3OH + Q \tag{9-21}$$

以上反应有如下四个特点。

1. 放热反应

甲醇合成是一个可逆放热反应，为了使反应过程能够向着有利于生成甲醇的方向进行，适应最佳温度曲线的要求，以达到较好的产量，要求采取措施移走热量。

2. 体积缩小反应

从化学反应可以看出，无论是CO还是CO_2分别与H_2合成CH_3OH，都是体积缩小的反应，因此压力增高，有利于反应向着生成CH_3OH的方向进行。

3. 可逆反应

即在CO、CO_2和H_2合成生成CH_3OH的同时，CH_3OH也分解为CO_2、CO和H_2。

4. 催化反应

在有催化剂时，合成反应才能较快进行，没有催化剂时，即使在较高的温度和压力下，反应仍极慢地进行。

反应过程除生成甲醇外，还生成少量的烃、醇、醛、醚和酯等化合物。这些副反应的产物还可以进一步发生脱水、缩合、酰化或酮化等反应，生成烯烃、酯类、酮类等副产物。当催化剂中含有碱类化合物时，这些化合物的生成更快。副产物不仅消耗原料，而且影响甲醇的质量和催化剂的寿命。特别是生成甲烷的反应为一个强放热反应，不利于反应温度的操作控制，而且生成的甲烷不能随着产品冷凝，甲烷在循环系统中循环，更不利于主反应的化学平衡和反应速率。

三、甲醇合成工艺条件

1. 气体组成

（1）氢碳比。合成甲醇时，氢碳比是重要的控制指标。从式（9-20）、式（9-21）可以看出，H_2与CO、CO_2合成甲醇的物质的量比分别为2:1、3:1，当CO与CO_2都存在时，原料气中氢碳比（f或M）有以下两种表示方法：

$$f = \frac{n(\mathrm{H_2}) - n(\mathrm{CO_2})}{n(\mathrm{CO}) + n(\mathrm{CO_2})} = 2.05 \sim 2.15 \qquad (9-22)$$

$$M = \frac{n(\mathrm{H_2})}{n(\mathrm{CO}) + 1.5n(\mathrm{CO_2})} = 2.00 \sim 2.05 \qquad (9-23)$$

不同原料采用不同工艺所制得的原料气组成往往偏离 f 值或 M 值。以煤为原料所制得的粗原料气氢碳比太低，需要设置变换工序使过量的 CO 变换为 H_2 和 CO_2，再将过量的 CO_2 除去。按化学计量比值计算，f 值或 M 值约为 2，实际生产中合理的氢碳比略高于 2，即保持略高的 H_2 含量，以减少五羰基铁与高级醇、高级烃和还原物质的生成，提高粗甲醇的浓度和纯度，也可减少 H_2S 中毒和延长催化剂寿命。生产过程中，氢碳比一般会选择 2.05~2.15。

（2）CO_2 含量。甲醇合成中应保持合理的 CO_2/CO 比例。原料气中一定量的 CO_2，能促进铜基催化剂上甲醇合成的反应速率，适量 CO_2 可使催化剂呈高活性。此外，CO_2 与 H_2 反应放出的热量比 CO 与 H_2 放出的反应热小，有利于催化剂床层温度的控制，抑制二甲醚等副产物生成，对防止生产过程中催化剂超温及延长催化剂使用寿命有利。但 CO_2 含量过高，会造成粗甲醇中含水量增多，降低压缩机生产能力，增加了气体压缩和精馏粗醇的能耗。CO_2 在原料气中的最佳含量应根据甲醇合成所用催化剂与甲醇合成操作温度作相应调整。一般 CO_2 含量为 3%~5%（体积分数）较好。

（3）惰性气体含量。甲醇原料气中除有效成分 CO、CO_2、H_2 外，还有少量 CH_4、N_2、Ar 等惰性气体存在，它们会在合成系统中反复循环逐渐累积增多，从而降低 CO、CO_2、H_2 有效气体分压，反应速率减慢，降低甲醇合成反应的转化率和吸收率，同时使循环动力和压缩机消耗增大。生产中降低惰性气体含量的方法是排放粗甲醇分离后的部分循环气体，若惰性气体含量太低，会损失过多的有效气体。一般操作时，在催化剂使用初期活性较好，或者是合成塔的负荷较轻，操作压力较低时，可将循环气中的惰性气体含量控制在 20%~25%（体积分数），反之控制在 15%~20%（体积分数）。

2. 温度

在甲醇合成过程中，温度对反应混合物的化学平衡和反应速率都有很大的影响。

甲醇的合成为可逆放热反应，从化学平衡考虑，提高温度会使平衡常数数值降低，对化学平衡不利；但从化学动力学考虑，提高温度会使分子运动加快，分子间的有效碰撞增多，从而增加了分子有效结合的机会，使甲醇合成反应速率加快。因此，甲醇合成存在一个最适宜温度，催化剂床层的温度分布要尽可能接近最适宜温度曲线。

由于不同的催化剂有不同的活性温度，操作温度须维持在催化剂的活性温度范围内。一般锌铬催化剂的活性温度为 320~400 ℃，铜基催化剂的活性温度为 200~290 ℃。对每种催化剂在活性温度范围内都有较适宜的操作温度区间，如锌铬催化剂为 370~380 ℃，铜基催化剂为 250~270 ℃。为了防止催化剂因高温而加速老化，在催化剂使用初期，反应温度可维持在催化剂的活性温度范围内较低的数值，随着使用时间增长，应逐步提高反应温度，以提高催化剂的活性。

另外，甲醇合成反应温度越高，则副反应越多，生成的粗甲醇中的有机杂质组分的含量越多，给后期甲醇的精馏加工带来困难。

由于甲醇合成是强烈的放热反应，必须在反应过程中不断地将热量移走，反应才能正常进行。因此，严格控制反应温度并及时有效地移走反应热是甲醇合成反应器设计和操作的关键问题。对于管壳式反应器，一般利用管子与壳体间副产中压蒸汽来移走热量，所以，合成反应温度可利用副产品中压蒸汽压力来控制。

3. 压力

压力也是甲醇合成反应过程的重要工艺条件之一。从热力学分析，甲醇合成是体积缩小的反应，因此增加压力对平衡有利，可提高甲醇平衡产率。在高压下，因气体体积缩小了，则分子之间相碰撞的机会和次数就会增多，甲醇合成反应速率也会加快。因而，无论对于反应的化学平衡或反应速率，提高压力对甲醇合成均有利。但是，过高的压力对设备制造、工艺管理及操作都带来困难，不仅增加了建设投资，而且增加了生产中的能耗。

根据使用的催化剂的不同，工业上一般采用高压法、中压法、低压法生产合成甲醇。最初采用锌铬催化剂，因其活性温度较高，合成反应在较高的温度下进行，相应的平衡常数小，则需采用高压法，压力一般为 25~30 MPa。在较高的压力和温度下，CO 和 H_2 生成二甲醚、甲烷、异丁醇等副产物，这些副反应的反应热高于甲醇合成反应，使床层温度提高，副反应加速，如果不及时控制，会造成温度猛升而损坏催化剂。目前普遍使用的铜系催化剂，其活性温度低，可采用低压法，操作压力降至 5 MPa。但是当生产规模更大时，低压流程的设备与管道比较庞大，而且对热能的回收也不利。为解决这一问题，开发了中压流程，压力为 10~15 MPa，也采用铜系催化剂。

4. 空速

空速是指单位时间内，单位体积催化剂所通过的气体流量。其单位是 $m^3/(m^3·h)$，简写为 h^{-1}。空速用来表示反应器的生产能力，空速越高，单位体积催化剂处理能力越大，生产能力就越大。

甲醇生产时，气体一次通过合成塔仅能得到 3%~6%（质量分数）的甲醇，甲醇合成率较低，因此原料气必须循环使用。

增加空速，可增大甲醇的生产能力，并有利于移走反应热，防止催化剂过热。但空速太高，转化率降低，循环气量增加，操作费用增加。若采用较小空速，反应过程中气体混合物组成与平衡组成较接近，单位甲醇产品所需循环气量小，消耗动力小，热能利用好。但由于催化剂生产强度低，太小的空速则不能满足生产任务要求。

适宜空速的选择与催化剂活性、反应温度及进料组成有关，另外还要由循环机动力、循环系统阻力与生产任务来决定。一般用锌铬催化剂时，空速为 35 000~40 000 h^{-1}；用铜基催化剂时，空速为 10 000~20 000 h^{-1}。当然，不同反应器，空速不同。对于管式反应器，空速要更低一些，一般控制在 8 000~10 000 h^{-1}。

四、甲醇合成催化剂

甲醇合成中，催化剂的选用决定了合成反应的操作条件，即合成压力和温度，同时影响甲醇的生成速率和 CO 的单程转化率，目前工业上使用的主要有锌铬催化剂和铜基催化剂。

1. 锌铬催化剂

锌铬催化剂（ZnO/Cr_2O_3）的主要成分是氧化锌和三氧化二铬，它是德国巴斯夫公司于 1923 年首先开发成功的。

锌铬催化剂是用锌和铬的硝酸盐溶液，用碱沉淀，经洗涤、干燥后成型。也有将铬酐溶液加入氧化锌悬浮液中，充分混合后分离脱水、烘干，掺入石墨成型。

锌铬催化剂活性比较低，为获得较高的转化率，就需要较高的操作温度和压力，其活性温度为 320～400 ℃，操作压力为 30～50 MPa。此催化剂主要特点是耐热性好，机械强度高，使用寿命长，但是活性比较低，选择性也比较差。锌铬催化剂不耐硫及硫化物，原料气中的杂质（如硫化物、油、碱金属等）会降低催化剂的活性和选择性，在气体入塔前要严格控制。由于铬是一种对人体有毒的重金属，因此它对环境的危害非常严重。锌铬催化剂主要应用在高压甲醇合成工艺中。

2. 铜基催化剂

铜基催化剂系列品种较多，有铜锌铬系（$CuO/ZnO/Cr_2O_3$）、铜锌铝系（$CuO/ZnO/Al_2O_3$）、铜锌硅系（$CuO/ZnO/Si_2O_3$）和铜锌锆系（$CuO/ZnO/ZrO$）等。20 世纪 60 年代英国卜内门化学工业公司和德国鲁奇公司先后研制成功铜基催化剂。

铜基催化剂一般采用共沉淀法制备，可用硝酸盐或乙酸盐共沉淀制得，沉淀终止时控制 pH 值小于 10，将沉淀物清洗、烘干、煅烧、磨碎成型。

制成的铜基催化剂，需经还原后才具有活性。工业上使用 H_2、CO 或甲醇蒸气作为还原剂，还原气体中需含少量 CO_2，并在较低压力下操作。在此过程中，一般认为，氧化铜被还原为一价铜或金属铜。

$$CuO + H_2 =\!=\!= Cu + H_2O + 84.9 \text{ kJ} \tag{9-24}$$

此反应为剧烈的放热反应。还原操作的关键是升温和还原速率不能太快，以免破坏催化剂的结构和超温烧结。

工业上用出水速率控制还原操作的进程。将催化剂加热到 110～120 ℃ 时，出水 9%～12%（质量分数），温度到达 120～140 ℃ 时进行缓慢的还原，而到达 140～160 ℃ 则还原激烈。在此温度区间内需要长时间的保温，每小时最高出水量不大于 2 kg/t（cat）。均匀的出水保证了均匀的还原速率，当从 160～170 ℃ 加热到 180～200 ℃ 时可放出 15%～20%（质量分数）的水。从催化剂升温开始到反应气体进料总共约需 120 h。检验还原是否完全的方法是逐步提高还原剂的体积分数至 5%～10%，此时出水速率如不高于还原时的出水速率，则认为还原完全，可以转入正常生产。

还原后的催化剂遇空气会自燃，因此使用后的废触媒应使其钝化，即表面缓慢氧化后卸出。方法是在氮气中加入少量空气，使其在反应器内循环，用进口气中的氧浓度来控制温度，开始时进口氧浓度为 0.1%（体积分数）左右，催化剂床层的温度则不超过 60 ℃，钝化结束时循环气中氧的浓度要增至 19%（体积分数）以上，如果温度不变则说明钝化已完成。铜基催化剂也可以在反应器外进行预还原，经钝化后再装入反应器内，在反应器内还原钝化过的催化剂比还原新的催化剂快得多。

铜基催化剂在低温下表现较高的活性,大大降低了反应温度和压力,其活性温度为220~290 ℃,操作压力为5~10 MPa。铜基催化剂对硫中毒十分敏感,原料气中硫含量应小于0.1 cm^3/m^3。同时,其耐热性较差,要防止超温操作,才能延长其寿命。铜基催化剂活性好,选择性高,易得到高纯度精甲醇。铜基催化剂是目前工业上甲醇合成主要的催化剂。

新型催化剂的发展方向是研制出能进一步提高催化剂活性,增加其热稳定性和延长使用寿命的产品。同时,由于H_2S、CS_2等含硫化合物的存在极易使催化剂中毒,因此钼系含硫甲醇催化剂($MoS_2/K_2CO_3/MgO-SiO_2$)的研制引起人们注意,但目前因使用该催化剂的甲醇选择性太低,只有53.2%,且副产物后处理复杂,所以还没有投入工业生产。

五、甲醇合成工艺流程

甲醇的合成是在高温、高压、催化剂存在下进行的,是典型的复合气-固相催化反应过程,生产流程长,工艺复杂。

高压法是发展最早的工业合成甲醇技术,该流程是在压力为30 MPa,温度为300~400 ℃下,使用锌铬催化剂合成甲醇。自从1923年第一次使用高压法合成甲醇成功后,世界上甲醇生产都曾沿用过这种方法。但是因该法压力过高、动力消耗大、设备复杂、投资费用高、产品质量较差,随着催化剂技术的发展已逐渐被淘汰。本节主要讲述低压法和中压法。

1. 低压法合成甲醇工艺流程

低压法是在操作压力为5 MPa,反应温度为230~270 ℃,使用铜基低温高活性催化剂生产甲醇的工艺。该法有英国卜内门化学工业公司法(简称ICI低压法)、德国鲁奇公司法、丹麦托普索公司法和日本三菱重工法。其中ICI低压法占世界总产量的70%以上,各方法的区别主要是反应器结构不同。

低压法生产甲醇是甲醇生产技术的一次重大突破,与高压法相比较,装置的主要设备减少13%,副产物产率低达2%,压缩机动力消耗降低40%,热效率可达64%,甲醇能耗下降30%。

(1)ICI低压甲醇合成工艺流程。1966年,英国卜内门化学工业公司(ICI)采用低压法合成甲醇,合成压力为5 MPa,采用铜基催化剂,操作温度为230~270 ℃。

ICI低压甲醇合成工艺流程图如图9-1所示。合成气经离心式压缩机升压到5 MPa,与循环压缩后的循环气混合,大部分的混合气经过热交换器预热后,在230~245 ℃时进入合成塔,一小部分混合气作为合成塔内的冷激气,控制床层反应温度,在合成塔内,气体在低温高活性的铜基催化剂表面上合成甲醇,反应在230~270 ℃及5 MPa压力下进行,整个过程副反应比较少,粗甲醇当中的杂质含量比较低。合成塔出口气体中甲醇含量约4%(体积分数)。合成塔出口气经热交换气换热后,再经过水冷分离,得到粗甲醇,分离出来的未反应气体返回循环压缩机进行压缩,完成一次循环,为使合成回流中的惰性气体含量在合理范围内,在进入循环压缩机前要弛放一股气体。粗甲醇在闪蒸器当中降压至0.35 MPa,使溶解的气体闪蒸,这部分气体可作为燃料使用。催化剂升温还原时需用开工加热器。

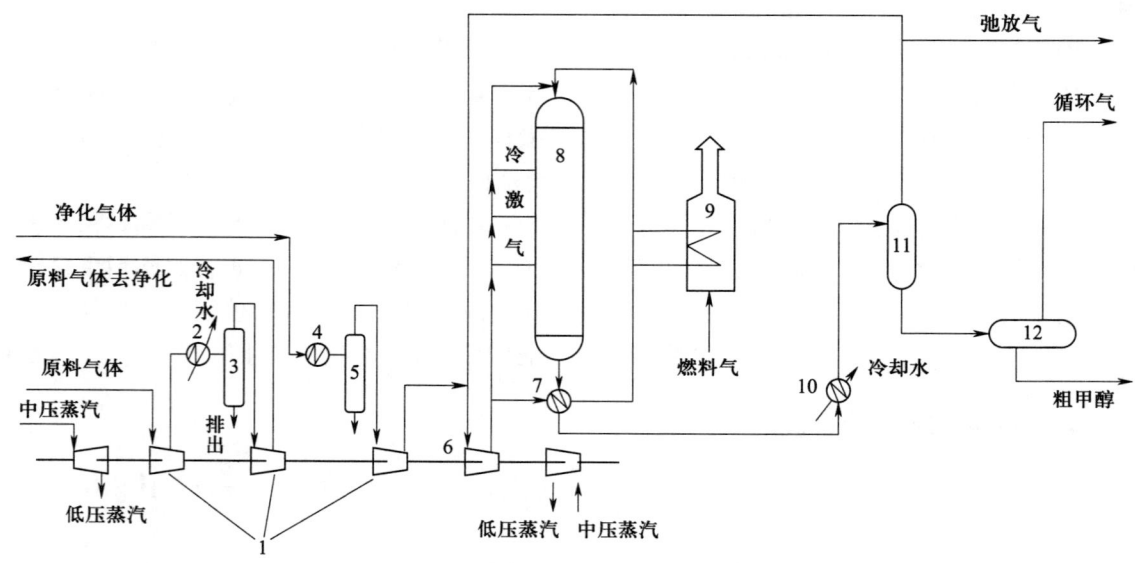

图 9-1 ICI 低压甲醇合成工艺流程图

1—原料气压缩机；2—冷却器；3—分离器；4—冷却器；5—分离器；6—循环气压缩机；7—热交换器；8—甲醇合成塔；9—开工加热器；10—甲醇冷凝器；11—甲醇分离器；12—中间储槽

ICI 低压甲醇合成工艺有如下特点。

1）合成塔结构简单。ICI 工艺采用多段冷激式氨合成塔，结构简单，催化剂装卸方便，可以直接通入冷激气调节催化剂床层温度。

2）粗甲醇中杂质含量低。由于采用了低温、活性高的铜基催化剂，低温低压的合成条件抑制了强放热的甲烷化反应及其他副反应，因此粗甲醇中杂质含量低，减轻了精馏负荷。

3）合成压力低。由于合成压力低，合成气压缩机在较小的生产规模下，可选用离心式压缩机。在用天然气、石脑油等为原料，蒸汽转化制气的流程中，可用副产的蒸汽驱动透平，带动离心式压缩机，降低了能耗。离心式压缩机排出压力仅为 5 MPa，设计制造容易，也安全可靠。而且蒸汽驱动透平所用蒸汽的压力为 4~6 MPa，压力不高，所以蒸汽系统较简单。

4）能耗低。使动力消耗减至高压法的一半左右，节省了能耗。

由于 ICI 低压法具有以上特点，目前世界上现有的低压法合成甲醇，大部分还是采用此工艺。

（2）Lurgi 低压甲醇合成工艺流程。20 世纪 70 年代左右，德国鲁奇公司（Lurgi）开发了低压法甲醇合成工艺。Lurgi 低压法甲醇合成工艺与 ICI 低压法甲醇工艺的主要区别在于合成塔的设计，该工艺采用管壳型合成塔，催化剂装填在管内，反应热由管间的沸腾水移走，并副产中压蒸汽。

Lurgi 低压甲醇合成工艺流程图如图 9-2 所示。合成气经透平循环压缩机升压到 5.15 MPa，与循环压缩后的循环气混合，温度约为 60 ℃，进入热交换器预热，预热后的气体进入甲醇合成塔进行合成甲醇反应。甲醇合成塔内，管程装铜基催化剂，壳程走锅炉水。在管程内，反应气与催化剂直接接触合成甲醇，并放出热量。甲醇合成塔出口气体温度为 220~260 ℃，

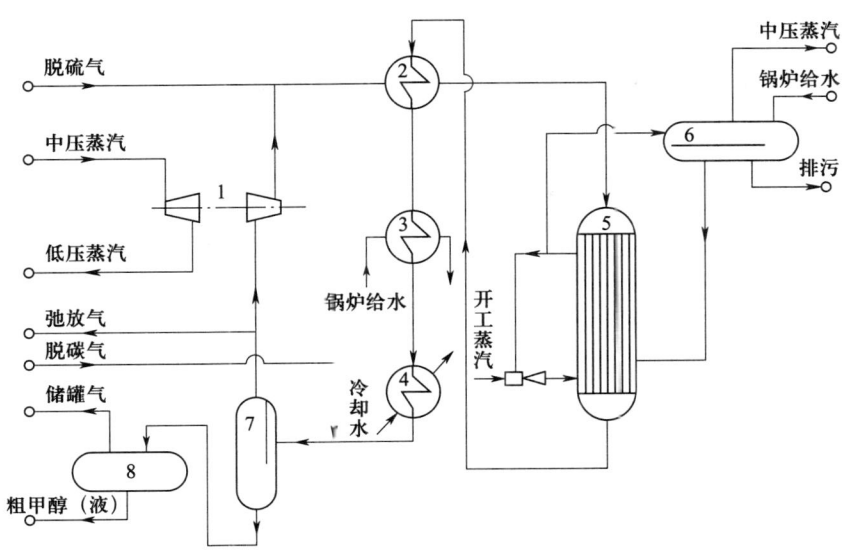

图 9-2 Lurgi 低压甲醇合成工艺流程图

1—透平循环压缩机；2—热交换器；3—锅炉水预热器；4—水冷器；5—甲醇合成塔；
6—汽包；7—气液分离器；8—粗甲醇储槽

进入热交换器进行换热降温，温度降至 90 ℃ 左右，此时有少部分甲醇冷凝下来。然后气液混合物再进入水冷器，温度降至 40 ℃ 以下，此时大部分甲醇冷凝下来。气液混合物在气液分离器中进行气液分离，气液分离器顶部出来的气体经压缩机提压，再次进入合成塔进行循环利用。气液分离器底部出来的粗甲醇经液位调节阀控制液位并减压进入粗甲醇储槽进行闪蒸，以除去液体甲醇中溶解的大部分气体。

甲醇合成反应是强放热反应，反应热由甲醇合成塔壳侧的饱和水蒸气移出。甲醇合成塔壳侧副产饱和中压蒸汽，进入汽包，再经调节阀调压后，送饱和中压蒸汽管网，汽包和甲醇合成反应器为自然循环式锅炉。

原料气中含有少量的惰性气体，如 N_2、Ar、CH_4 等，为了防止这些气体在合成循环气中累积，必须把这些气体的一部分从循环气中排放出去，这些要清除的气体从高压分离器后单独抽出，此处惰性气浓度最高。

Lurgi 低压法合成甲醇工艺有如下特点。

1）采用管壳式合成塔。这种合成塔温度容易控制。由于换热方式好，催化剂床层温度分布均匀，可以防止铜基催化剂过热，对催化剂寿命有利。且副反应大大减少，允许含 CO 高的新鲜气进入合成系统，因而单程气体转化率高。出口反应气体含甲醇 7%（体积分数）左右，循环气量较少，其结果是设备、管道尺寸小，动力消耗低。

2）无须专设开工加热炉，开车方便。开工时直接将蒸汽送入甲醇合成塔将催化剂加热升温。

3）合成塔可以副产中压蒸汽，反应热利用合理。

总之，Lurgi 低压法合成甲醇工艺投资和操作费用低，操作简便，但不足之处是合成塔结构复杂，材质要求高，装填催化剂不方便。

2. 中压法合成甲醇工艺流程

中压法是在低压法基础上开发的,在 5~10 MPa 下合成甲醇的方法。该法成功地解决了低压法生产甲醇所需生产设备体积过大、生产能力小、不能进行大型化生产的困难,有效降低了建厂费用和生产成本,同时也解决了高压法压力过高对设备、操作带来的问题。

中压法合成甲醇工艺流程图如图 9-3 所示。合成原料气经转化炉加热后,经换热器进行热量交换后送入合成气压缩机,经压缩与循环气一起,在循环压缩机中预热,然后进入合成塔,其压力为 8.106 MPa,温度为 220 ℃。在合成塔中,合成气通过催化剂生成粗甲醇。合成塔为冷激式塔,回收合成反应热产生中压蒸汽,出塔气体预热进塔气体,然后冷却,将粗甲醇在冷凝器中冷凝下来,气体大部分循环,粗甲醇在粗分离塔和精制塔中,经精馏分离出二甲醚、甲酸甲酯及杂醇油等杂质,即得精甲醇产品。

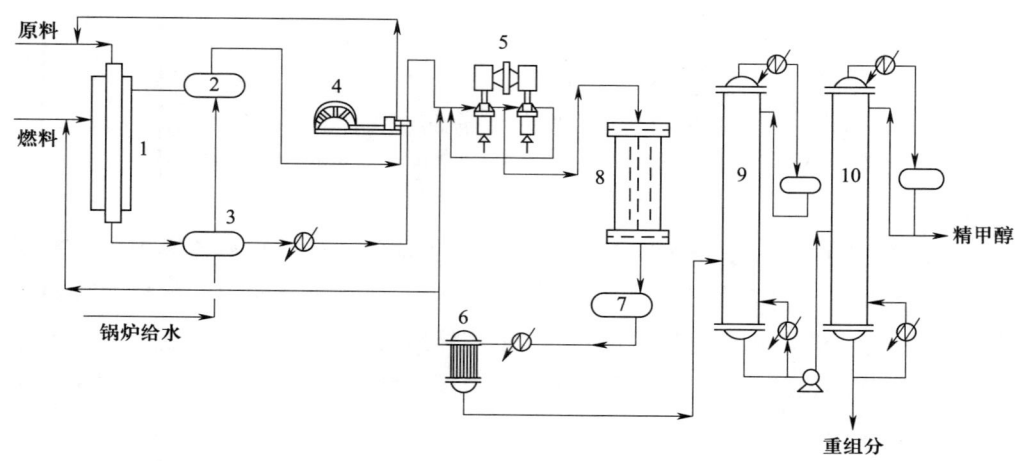

图 9-3 中压法合成甲醇工艺流程图
1—转化炉;2、3、7—换热器;4—合成气压缩机;5—循环压缩机;6—甲醇冷凝器;8—合成塔;
9—粗分离塔;10—精制塔

3. 联醇生产工艺流程

与合成氨联合生产甲醇的工艺称为联醇生产工艺,是针对我国中小型合成氨装置的特点,在铜洗工段前,设置甲醇合成塔,用合成氨原料气中的 CO、CO_2 及 H_2 合成甲醇。操作压力为 10~13 MPa,采用铜基催化剂,催化剂床层温度为 240~280 ℃,合成塔一般采用自热式合成塔。联醇生产工艺充分利用现有合成氨生产装置,由于只需增添甲醇合成与精馏两套设备就可以生产甲醇,所以投资少、上马快。在合成氨厂设置联醇生产,不仅可以使变换工段 CO 指标放宽,变换的蒸汽消耗降低,而且可以使铜洗工段进口 CO 含量降低,铜洗负荷减轻,从而使合成氨厂的变换、压缩和铜洗工段能耗降低,达到实现多种经营的目的,提高经济效益。联醇生产工艺流程简图如图 9-4 所示。

联醇生产工艺与传统的甲醇生产工艺相比具有如下特点。

(1) 由于联醇生产串联在合成氨工艺中,所以既要满足合成氨的工艺条件,又要满足合成甲醇的要求。任何一方工艺条件变化都会影响合成氨与甲醇合成的生产与操作,因此在生产中要有补充的调节手段，以维持两个合成生产的正常进行。

（2）由于联醇生产串联在合成氨工艺中，合成甲醇后的气体还需精制，才能进行合成氨反应，所以原料气经甲醇合成后必须满足合成氨生产的需要。合成甲醇后的气体采用部分循环，另一部分气体送铜洗工段精制后，然后进行合成氨生产。

（3）与合成氨工艺相比，联醇采用铜基催化剂，其抗毒性较差，因此必须采用特殊的净化措施，既保证合成甲醇所必需的 CO、CO_2 及 H_2，又要保证总硫含量小于 1×10^{-6}（体积分数）。

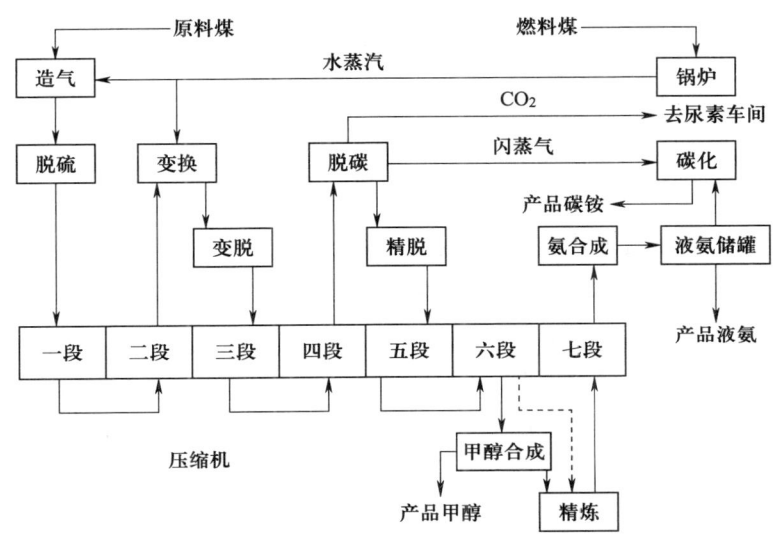

图 9-4 联醇生产工艺流程简图

六、甲醇合成塔

1. 甲醇合成塔的结构

甲醇合成的核心设备是甲醇合成塔，又称甲醇合成反应器。从工艺及生产特点综合分析，对甲醇合成塔的基本要求有以下几项。

（1）在操作上要求催化剂温度易于控制，调节灵活；合成反应器的转化率高；催化剂生产强度大，活性高而且稳定；能回收高位能的反应热；床层中气体分布均匀；压降低。

（2）催化剂升温、还原操作方便，还原充分。

（3）气体能均匀地通过催化剂层，阻力小，甲醇产量高。

（4）结构合理，便于操作、调节、控制、拆装催化剂及检修。

（5）高温、高压下，H_2 对钢材的腐蚀加剧，使设备的机械强度下降，对出口管道的安全带来隐患。因此，出塔气体温度应低于 160 ℃，可以在出口处考虑对高温气体进行换热，降低出口温度。

（6）H_2、CO、甲醇、有机酸等在高温下均对设备有腐蚀作用，因此要有针对性地选择耐腐蚀材料。

甲醇合成塔结构与氨合成塔类似，主要由外筒和内件构成。外筒是一个高压容器，一般由多层钢板卷焊而成，有的则用扁平绕带绕制而成。内件里主要是催化剂筐，有的还包括热交换器和电加热器。设置电加热器目的是开工时对原料气加热使其达到催化剂活性温度和催化剂的升温还原；热交换器是为了对进、出催化剂床层的气体进行热量交换，回收合成气反应后的热量并提高冷原料气的温度。

甲醇合成塔内件的核心是催化剂筐。由于甲醇合成反应是强放热反应，为保证反应温度保持在催化剂活性范围内，合成塔设计的关键技术之一就是必须能及时移出并有效利用反应热，即要求在催化剂筐的设计上，它的形式与结构需尽可能实现催化剂床层内最佳温度分布。

2. 甲醇合成塔的分类

按不同的换热方式，甲醇合成塔可分为连续换热式和多段换热式两大类。

连续换热式是在催化剂筐内安装了冷管，冷管内以冷原料气作为冷却剂，使催化剂床层得到冷却，而冷原料气则被加热到略高于催化剂的活性温度后进入催化剂床层进行反应。其特点是反应过程与换热过程同时进行。连续换热式又分为单管逆流、双套管并流、三套管并流、单管并流以及U形管等形式。

多段换热式是将催化剂分为多层，每两层间对高温气体进行间接或直接降温，所以它又可分为多段间接换热式和多段直接换热式。多段间接换热式反应器的段间换热过程在间壁式换热器中进行；多段直接换热式也称为多段直接冷激式，它是在段间向反应混合气中加入部分冷却剂，两者直接混合，以降低反应混合物的温度。多段换热式的特点是反应气与原料气直接接触，热交换效果好，其段数越多，催化剂层温度控制越好，有利于反应在最佳温度下进行。但段数增加，设备复杂，操作难度增加。

另外，按气体在催化剂层流动方向的不同，甲醇合成塔又可分为轴向塔和径向塔两大类。气体沿塔轴方向流动的塔称为轴向塔，气体沿塔半径方向流动的塔称为径向塔。

3. 典型的甲醇合成塔

甲醇合成塔的类型很多，如三套管并流合成塔、U形管式合成塔、ICI冷激式合成塔、Lurgi管壳式合成塔、MRF多段径向合成塔、Topsoe管壳式合成塔、Linde螺旋管式合成塔、MGC/MH超转化合成塔、Casale轴径向等温合成塔、SPC超级合成塔、林达均温型合成塔等，比较典型的有ICI多层冷激式合成塔和Lurgi管壳式合成塔。

（1）ICI冷激型合成塔。ICI冷激型合成塔是英国卜内门化学工业公司在1966年研制成功的甲醇合成塔，如图9-5所示，它首次采用了低压法甲醇合成，合成压力为5 MPa，这是甲醇合成工艺上的一次重大变革。

该塔由塔体、催化剂床层、气体喷头、菱形分布器等组成。ICI四段冷激型合成塔结构图如图9-6所示。

1）塔体。单层全焊结构，不分内外件，所以筒体为热壁容器，要求材料抗氢蚀能力强，抗热剪应力强度高，焊接性好。

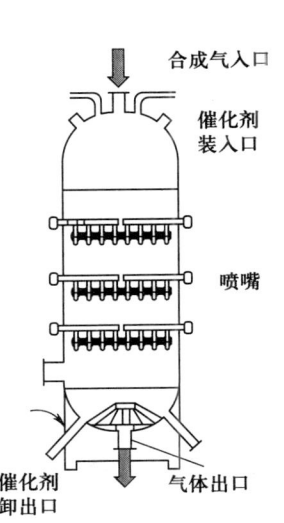
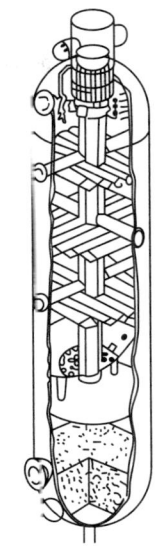

图9-5 ICI冷激型合成塔　　图9-6 ICI四段冷激型合成塔结构图

2) 催化剂床层。床层分为四层,且层间无空隙。

3) 气体喷头。由四层不锈钢的圆柱体组焊而成,并固定在塔顶气体入口处,使气体均匀分布于塔内。此种喷头还可以防止气流冲击催化剂床层而振坏催化剂。

4) 菱形分布器。菱形分布器埋在催化剂床层中,并在催化剂床层的不同高度平面各安装一组,全塔共装三组。它可以使冷激气和反应气体均匀混合,从而达到控制催化剂床层温度的目的,是塔内最关键的部件。

该合成塔内由于采用了特殊结构的菱形分布器,床层的同平面温差仅为2 ℃左右,同平面基本上能维持在等温下操作,对延长催化剂寿命有利。该塔循环气量比较大,反应器内温度分布不均匀,呈锯齿形。

该合成塔的优点是结构简单,制造容易,安装方便;塔内不设置电加热器和换热器,可充分利用高压空间;塔内阻力小;催化剂装卸方便。缺点是反应副产物多,催化剂使用寿命较短,催化剂使用效率低、用量大,甲醇出塔浓度低,循环气冷激气和反应气混合不充分,操作难度大,压缩功耗大。

(2) Lurgi管壳式合成塔。Lurgi管壳式反应塔是德国鲁奇公司研制设计的一种管束型副产蒸汽合成塔,操作压力为5 MPa,温度为250 ℃。Lurgi管壳式合成塔如图9-7所示。

该合成塔结构类似于一般的列管式换热器,列管内装填催化剂,管外为沸腾水,原料气经预热后进入反应器的列管内进行甲醇合成反应,放出的热量很快被管外的沸腾水移走,管外沸腾水与锅炉汽包维持自然循环,汽包上装有压力控制器,以维持恒定的压力,所以管外沸腾水温度是恒定的,于是管内催化剂床层温度几乎是恒定的。

其主要性能特点是:该合成塔反应时触媒层温差小。合成反应几乎是在等温条件下进行,反应器能除去有效的热量,可允许较高CO含量气体,采用低循环气流并限制最高反应

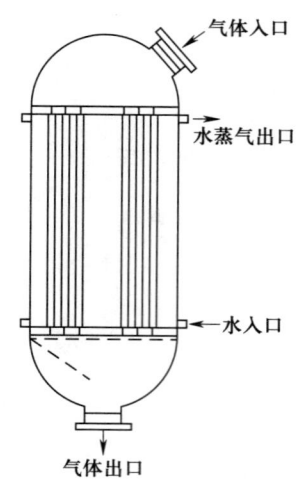

图 9-7 Lurgi 管壳式合成塔

温度，使反应等温进行，单程转化率高，杂质生成少，循环压缩功消耗低，而且合成反应热副产中压蒸汽，便于废热综合利用。可以看出，鲁奇公司正是根据甲醇合成反应热大和现有铜基触媒耐热性差的特点而采用列管式反应器。管内装触媒，管间用循环沸水，用很大的换热面积来移去反应热，达到接近等温反应的目的，故其出塔气中甲醇含量和空时产率均比冷凝塔高，触媒使用寿命也较长。但该反应器比 ICI 反应器结构复杂，上下管板处联结点和焊点多，制作困难，对材料及制造方面的要求较高。反应器催化剂装填系数也不如 ICI 反应器大，且装卸触媒不方便。

Lurgi 管壳式合成塔已在国内不少甲醇厂使用，但在大型化甲醇装置中因结构复杂、反应管数较多、体积大的缺点，需要多套塔串联。产量增大时，反应器直径过大，而且由于管数太多，反应管长度只能做到 10 m，因此在设计与制造时有困难。

第三节 粗甲醇精制

在以 CO 和 H_2 为原料合成甲醇过程中，不论采用锌铬催化剂还是铜基催化剂，受各方面因素的影响，都会不同程度地发生一些副反应，其产品主要由甲醇、水以及有机杂质等组成的混合液，称为粗甲醇。粗甲醇精制工序的目的就是脱除粗甲醇中的杂质，制备符合质量标准要求的精甲醇。

一、粗甲醇的组成

1. 粗甲醇的组成

粗甲醇的组成有 40 多种，包含醇、醛、酮、醚、酸、烷烃等，还发现有易挥发的胺类。

粗甲醇主要组成及沸点见表 9-2。

表 9-2　　粗甲醇主要组成及沸点

序号	组分	标准沸点/℃	序号	组分	标准沸点/℃
1	二甲醚	-23.7	16	正丙醇	97
2	乙醛	20.2	17	正庚烷	98
3	甲酸甲酯	31.8	18	水	100
4	二乙醚	34.6	19	甲基异丙酮	101.7
5	正戊烷	36.4	20	乙酐	103
6	丙醛	48	21	异丁醇	107
7	丙烯醛	52.5	22	正丁醇	117.7
8	乙酸甲酯	54.1	23	异丁醚	122.3
9	丙酮	56.5	24	二异丙基酮	123.7
10	异丁醛	64.5	25	正锌烷	125
11	甲醇	64.7	26	异戈醇	130
12	异丙烯醚	67.5	27	4-甲基戊醇	131
13	正乙烷	69	28	正戊醇	138
14	乙醇	78.4	29	正壬烷	150.7
15	甲乙酮	79.6	30	正烷	174

为了精馏过程便于处理，上述组成大致可分为：

（1）轻组分，如表 9-2 中组分 1~15（甲醇、乙醇除外）；

（2）甲醇；

（3）水；

（4）重组分，如表 9-2 中组分 16~30；

（5）乙醇。

2. 粗甲醇中杂质的分类及危害

粗甲醇中所含杂质的种类很多，但根据其性质可归纳为以下几类。

（1）有机杂质。包含了醇、醛、酮、醚、酸、烷烃等有机物，根据沸点，把它们分为轻组分和重组分。精制的关键就是怎样将甲醇与这些杂质有效地进行分离，使精甲醇中含有少量的有机杂质。

（2）水。粗甲醇中水的含量仅次于甲醇，高达 8%（质量分数）左右。水与甲醇的分离是比较容易的，但水与其中有机杂质混溶，形成水-甲醇有机物多元恒沸物，想彻底分离水分就比较困难。微量的水经常会被带到甲醇中，如果要制取无水甲醇，就需要特殊的精制方法。

（3）还原性杂质。在有机杂质中，有些杂质由于碳碳双键和碳氧双键的存在，很容易被氧化，如果被带入精甲醇中就会影响其稳定性，从而降低精甲醇的质量和使用价值。还原性杂质主要有异丁醛、丙烯醛、二异丙基甲酮、甲酸、甲酸甲酯、胺等。

(4) 增大电导率的杂质。粗甲醇中的胺、酸、金属以及不溶物残渣的存在，都会增大其电导率。

(5) 无机杂质。粗甲醇中除了含有合成反应中生成的杂质以外，还有从生产系统中夹带的机械杂质以及微量其他的杂质，比如由粉末压制而成的铜基催化剂，在生产过程中因受到气流的冲刷，受压而破碎，从而被带入粗甲醇中；由于钢制设备、管道容器受到硫化物、有机酸等的腐蚀，粗甲醇中会有微量含铁杂质。这类杂质虽然量很小，但影响很大，如微量铁在反应中生成的羰基铁混在粗甲醇中与甲醇共沸，就很难处理掉，从而影响精甲醇的质量。

甲醇作为有机化工的基础原料，用它加工的产品种类比较多，有些产品生产需要高纯度的原料，否则有的影响催化剂的使用寿命，有的影响下游产品的质量或单耗，因此粗甲醇必须进行精制。

二、精制方法及原理

将粗甲醇进行精制可以清除其中的杂质，但要将粗甲醇中的杂质全部清除很困难。由于精甲醇中杂质含量极微，并不影响精甲醇的使用价值，可以将其近似为纯净的甲醇。优质甲醇的指标集中表现在沸程短、纯度高、稳定性好、有机杂质含量极少。

1. 精制的方法

根据粗甲醇中杂质的分类及精甲醇的质量要求，工业上粗甲醇的精制大致采用如下两种方法。

(1) 物理方法——精馏。利用粗甲醇中各组分的挥发度（或沸点）不同，通过蒸馏的方法，将有机杂质、水和甲醇混合液进行分离。

粗甲醇中的某些组分如异丁醛，与甲醇的沸点接近，不易分离，可以加水进行萃取蒸馏。甲醇与水可以混溶，而异丁醛与水不相容，这样挥发性较低的水可以改变关键组分在液相中的活度系数，使异丁醛容易除去。

(2) 化学方法。当采用精馏的方法仍不能将其杂质降低至精甲醇的要求时，则需采用化学方法除掉这些杂质。如粗甲醇中的还原性杂质较多时，需采用氧化方法处理。氧化方法一般是用高锰酸钾进行氧化，将还原性杂质氧化成 CO_2 逸出，或生成酯并结合成钾盐与高锰酸钾泥渣一同除去。

为了减少精制过程中粗甲醇对设备的腐蚀，粗甲醇在进入精制设备前，要加入氢氧化钠中和其中的有机酸，这也是化学净化方法。

上述两种精制粗甲醇的方法，以精馏方法为主，除去粗甲醇中绝大部分的有机物和水。而化学净化方法的应用，要取决于粗甲醇的质量。

2. 精馏原理

精馏是将由挥发度不同的组分组成的混合液，在精馏塔内通过同时而且多次进行部分汽化和部分冷凝，使其分离成几乎纯态组分的过程。精馏装置如图 9-8 所示。

在精馏过程中，混合料液由塔的中部某适当位置连续加入，塔顶设有冷凝器，将塔顶蒸

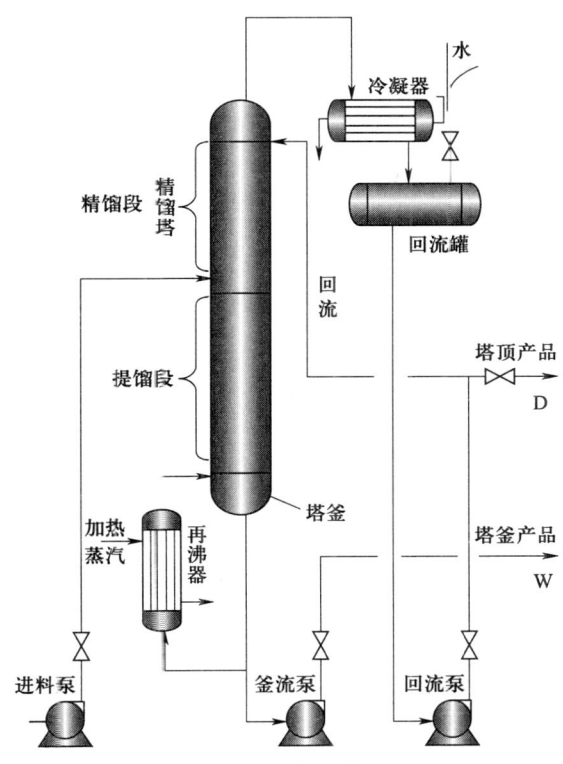

图 9-8 精馏装置

汽冷凝为液体,冷凝液的一部分返回塔顶,进行回流,其余作为塔顶产品连续排出。塔底部装有再沸器以加热液体产生蒸汽,蒸汽沿塔上升,与下降的液体在塔板或填料上进行充分的逆流接触并进行热量交换和物质传递,塔底连续排出部分液体作为塔底产品。在加料位置以上,上升蒸汽中所含的重组分向液相传递,而回流液中的轻组分向汽相传递。如此反复进行,使上升蒸汽中轻组分的浓度逐渐升高。只要有足够的相际接触面和足够的液体回流量,到达塔顶的蒸汽将成为高纯度的轻组分。塔的上半部完成了上升蒸汽的精制,即除去了其中的重组分,因而称为精馏段。在加料位置以下,下降液体中轻组分向汽相传递,上升蒸汽中的重组分向液相传递。这样只要两相接触面和上升蒸汽量足够,到达塔底的液体中所含的轻组分可降至很低。塔的下半部完成了从下降液体中提取轻组分,即重组分的提浓,因而称为提馏段。

三、精馏工艺流程

传统的用锌铬催化剂在 30 MPa 压力下合成粗甲醇的方法,由于产物杂质多,特别是还原性物质多,故一般采用传统的带高锰酸钾反应的精馏流程进行精制,包括以下几个过程:

(1) 加碱中和(化学方法);
(2) 脱除二甲醚(物理方法);
(3) 预精馏(加水萃取蒸馏),脱除轻组分(物理方法);

（4）高锰酸钾氧化（化学方法）；

（5）主精馏，脱除重组分和水，得到精甲醇（物理方法）。

后来，用铜系催化剂在 5 MPa 压力下合成甲醇过程中，副反应明显减少，粗甲醇中不仅还原性杂质含量大大减少，而且二甲醚的含量几十倍地降低，因此在取消化学净化的同时，采用一台精馏塔就很容易获得工业上所需要的燃料级甲醇。

单塔流程适用于合成甲基燃料的分离，得到的甲醇纯度比较低。目前工业上通常采用双塔精馏、三塔精馏、双效法三塔精馏、五塔多效精馏等工艺流程进行精制，一般根据甲醇的用途进行具体选择。

1. 双塔精馏工艺流程

双塔精馏流程分为两个阶段：一是先在预精馏塔中脱除低沸点的轻组分，由于粗甲醇杂质中主要轻组分是二甲醚，所以也把预精馏塔称作脱醚塔；二是在主精馏塔中脱除高沸点重组分，制得纯度在 99.8% 以上的精甲醇。

双塔精馏工艺流程图如图 9-9 所示。来自甲醇合成车间的粗甲醇，在甲醇储槽的出口管上加入含量为 8%～10%（质量分数）的氢氧化钠溶液，使粗甲醇呈弱碱性，pH 值为 8～9，添加氢氧化钠目的是防止粗甲醇中含有的微量酸性物质（甲酸、二氧化碳等）腐蚀管内件，且促进副产物胺类和羰基物的分解。

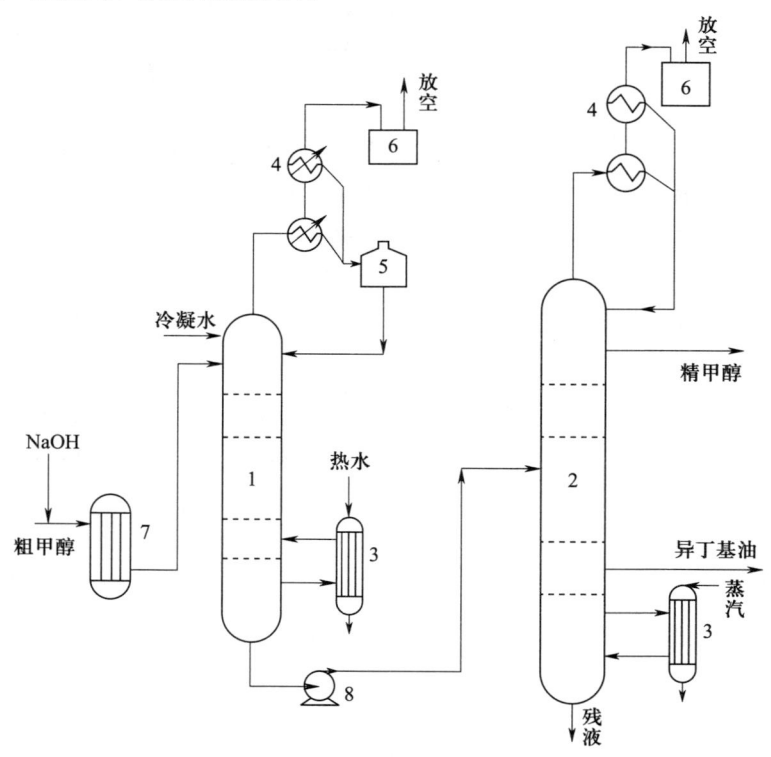

图 9-9 双塔精馏工艺流程图

1—预精馏塔；2—主精馏塔；3—再沸器；4—冷凝器；5—回流罐；6—液封；7—热交换器；8—泵

加碱后的粗甲醇经热交换器加热到60～70℃后进入预精馏塔。为了便于脱除粗甲醇中的杂质，又考虑到甲醇溶于水，根据萃取原理，在预精馏塔上部或进塔回流管上加入蒸汽冷凝水作为萃取剂，一般加入量为粗甲醇进料量的20%。

预精馏塔塔底有再沸器，用蒸汽间接加热塔底液体，塔顶出来的蒸汽66～72℃，含有甲醇、水及以轻组分为主的少量有机杂质，经过冷凝器被冷却。绝大部分甲醇、水和少量有机杂质被冷凝下来送到塔内回流，而以轻组分为主的大部分有机杂质经塔顶液封槽后排空或回收后作为燃料。为提高预精馏后甲醇的稳定性及精制二甲醚，可以在预精馏塔塔顶采用两级或多级冷凝。第一级冷凝温度比较高，较轻组分在此难以冷凝，从而减少了返回塔内的轻组分，也提高了预精馏后甲醇的稳定性；第二级冷凝温度为常温，常温下甲醇也可以被冷凝下来，尽可能回收甲醇，而二甲醚等的轻组分冷凝温度很低，仍以气相形式存在；第三级冷凝要以冷冻剂冷至更低的温度，这样不但可以净化二甲醚，同时又进一步回收甲醇。预精馏塔塔板大多采用50～60层。

预处理后的粗甲醇温度为75～85℃，在预精馏塔底部引出送入主精馏塔。根据粗甲醇的组分、温度以及塔板情况调节进料板位置。塔釜有再沸器，以蒸汽加热供给热源。塔顶部蒸汽出来经冷凝器冷却，冷凝液流入回流罐，再经回流泵加压送至塔顶进行全回流。极少量的轻组分与少量甲醇经塔顶液封槽溢流后，不凝性气体放空。

根据精甲醇质量情况在主精馏塔塔顶适当塔板上采出精甲醇，之后经冷却器冷却到30℃以下的精甲醇送至成品槽。在塔下部8～14块塔板处可采出杂醇油，杂醇油和初馏物都可在事故槽内加水分层，回收其中的甲醇。塔釜残液主要为水及少量高碳烷烃。塔底甲醇残液温度高于110℃，甲醇含量小于1%（质量分数），经过生化处理后将残液排放。主精馏塔塔板大多采用75～85层。

2. 双效法三塔精馏工艺流程

传统的双塔精馏工艺流程对甲醇产品中的乙醇脱除效果不理想，精甲醇中乙醇含量为$(100～600)\times10^{-6}$（质量分数）。为提高甲醇质量，发展出三塔精馏工艺流程，即将三精馏塔增加为两个，所获得的精甲醇纯度可达99.95%以上，精甲醇中乙醇含量小于10×10^{-6}（质量分数）。

三塔精馏工艺流程能耗大、热能利用率低，为了降低蒸汽消耗，发展了双效法三塔精馏工艺流程。此流程可以更合理地利用热量，它采用了两个主精馏塔，第一主精馏塔为加压精馏，第二主精馏塔为常压操作。第一主精馏塔由于加压操作，物料沸点高，顶部气相甲醇液化温度约为121℃，远高于第二常压塔塔釜液体的沸点温度，将其作为第二主精馏塔再沸器的热源，即加压塔的回流冷凝器也同时是常压塔的塔底再沸器，不但降低了常压塔热量消耗，还节省了加压塔的回流冷却用水。双效法三塔精馏工艺流程较双塔精馏工艺流程节约热能30%～40%。

双效法三塔精馏工艺流程图如图9-10所示。来自甲醇合成车间的粗甲醇，加入含量为5%～8%（质量分数）的氢氧化钠后经热交换器加热到60～70℃后进入预精馏塔。为分离出沸点与甲醇相近的烷烃类杂质，可将来自甲醇洗涤塔的脱盐水补入粗甲醇作为萃取剂。预精馏塔塔顶设置两个冷凝器,将塔内上升蒸汽中的甲醇大部分冷凝下来,进入回流槽,经过回流泵送入预精馏塔顶作回流,不凝性气体(如 CO_2、CH_4 等)及低沸点的杂质(如二甲醚、甲酸甲酯等)及少量甲醇蒸汽通过压力调节后,送到加热炉作燃料。预精馏塔塔底有低压蒸汽加热的再沸器向塔内提供热量。

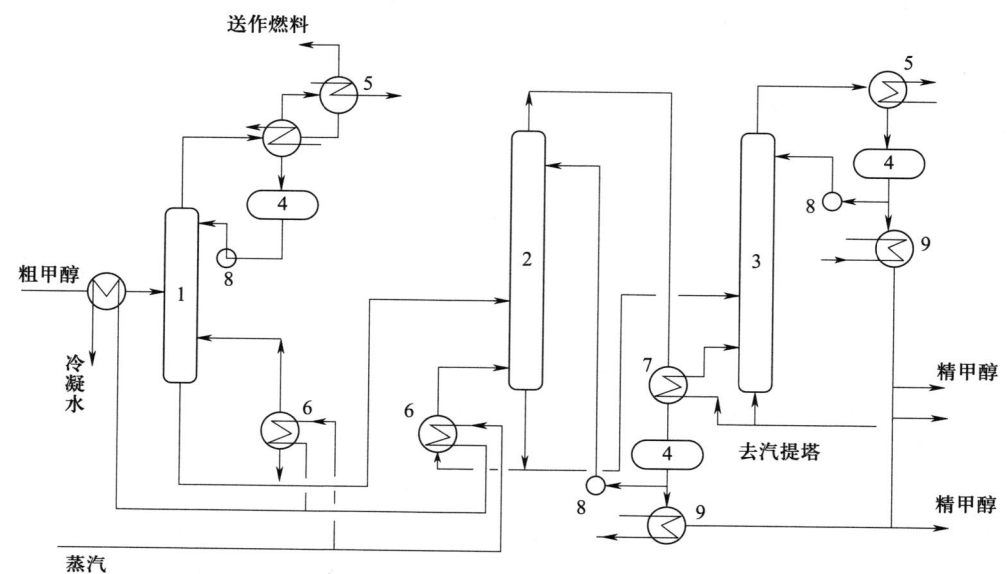

图 9-10 双效法三塔精馏工艺流程图
1—预精馏塔;2—第一精馏塔(加压塔);3—第二精馏塔(常压塔);4—回流罐;5—冷凝器;
6—再沸器;7—冷凝再沸器;8—回流泵;9—冷却器

预精馏塔塔底排出液送往第一精馏塔(加压塔)。塔顶蒸汽进入冷凝再沸器中,作为热源加热了第二精馏塔(常压塔)塔底液体,同时蒸汽也被冷凝为液体进入加压塔的回流液收集槽,一部分送至加压塔塔顶作回流液,另一部分经冷却器冷却至 40 ℃ 后,通过离子交换器脱除甲基胺后再送往精甲醇计量槽。加压塔用低压蒸汽加热再沸器向塔内提供热量,可以通过低压蒸汽的加入量来控制塔的操作温度。加压塔操作压力约为 0.57 MPa,塔顶操作温度约为 121 ℃,塔底操作温度约为 127 ℃。

加压塔塔底排出液进入常压精馏塔,塔顶蒸汽经常压塔冷凝器冷凝后进入常压塔回流罐,一部分送至常压塔顶作回流,其余部分经由常压塔冷却器进一步冷却后送至精甲醇计量槽。常压塔塔底残液送往汽提塔进一步处理。常压塔塔顶操作压力约为 0.006 MPa,塔顶操作温度约为 65.9 ℃,塔底操作温度约为 94.8 ℃。

为了减少废水排放,控制废水中的甲醇含量,有些流程在三塔精馏工艺流程中常压塔后增设甲醇回收塔或废水气提塔,称为四塔精馏工艺流程,进一步回收甲醇。

3. 五塔多效精馏工艺流程

近年来,随着甲醇精馏工艺的不断研究和发展,五塔多效精馏工艺流程已经开始运用,其采用了多效热集成,对热量的利用率更高,能耗更低。

五塔多效精馏工艺流程由预精馏塔、高压塔、加压塔、常压塔和回收塔组成。预热后的粗甲醇在预精馏塔中首先除去不凝气和轻组分；然后依次进高压塔、加压塔、常压塔，三塔塔顶的馏出物冷却后作为甲醇产品；最后常压塔塔釜排出液体进入回收塔，塔顶采出杂醇油，塔釜排出废水。为降低操作能耗，高压塔、加压塔、常压塔三塔之间热集成，加压塔塔顶气相为常压塔塔釜提供所需热量，高压塔塔顶气相为加压塔釜提供所需热量。

五塔多效精馏工艺流程图如图 9-11 所示。加碱后的粗甲醇经热交换器加热到 60~70 ℃后进入预精馏塔，塔顶的甲醇蒸汽经过预精馏塔冷凝器冷凝，将大部分甲醇蒸汽冷凝下来送往预精馏塔回流槽，通过回流泵送预精馏塔塔顶回流。

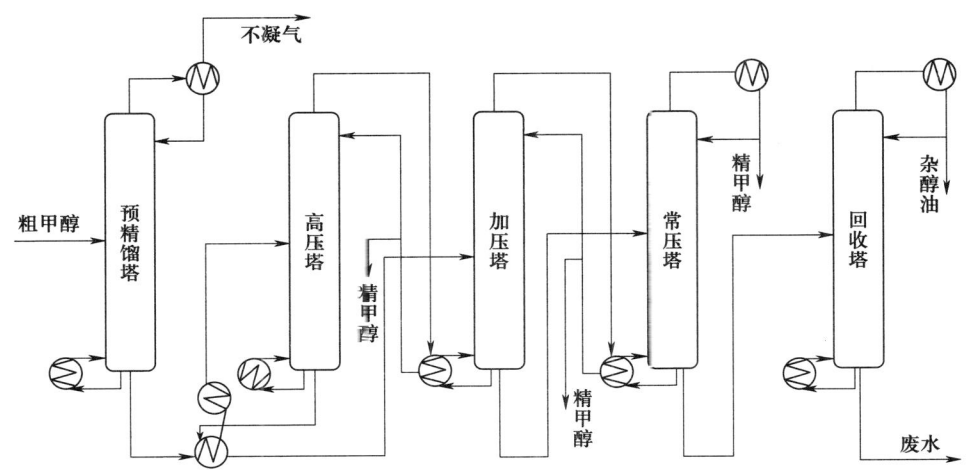

图 9-11　五塔多效精馏工艺流程图

预精馏塔塔底排出的甲醇液体，经高压塔进料泵加压后再经两级预热器分别与高压塔釜液、蒸汽冷凝液换热后送至高压塔精馏。塔顶甲醇蒸汽去加压精馏塔再沸器作热源，冷凝的甲醇液流入高压塔回流槽，一部分送往高压塔作回流液，另一部分作为产品送入精甲醇计量罐。高压塔塔底采用 1.0 MPa 蒸汽给高压塔再沸器提供热量。

由高压塔塔底排出的含醇液，经高压塔进料预热器换热送往加压精馏塔精馏，加压塔塔顶甲醇蒸汽被冷凝后作为常压精馏塔塔底热源，甲醇蒸汽被冷凝成液体后进入加压塔回流槽，然后一部分送往加压塔作回流。其余部分经分析合格后作为产品送入精甲醇计量罐。加压塔塔底采用高压塔塔顶蒸汽提供热量。

由加压塔塔底排出的含醇液送往常压塔。常压塔塔顶排出的甲醇蒸气经常压塔冷凝器冷却，冷却后的甲醇进入常压塔回流槽，一部分作为回流送入常压塔顶部，其余部分经分析合格后作为产品送往精甲醇计量罐。

常压塔塔底排出的甲醇液进入回收塔。回收塔塔顶排出的蒸汽经回收塔冷凝器冷却后进入回收塔回流槽，一部分作为回流送入回收塔的顶部，另一部分送杂醇油收集槽。塔底排出的废水，经废水冷器冷却，然后通过废水泵加压后送往硫回收水洗装置。

四、精馏主要设备

精馏装置包括精馏塔、冷凝器、再沸器、冷却器、泵、储槽等设备。精馏塔是精馏过程中的关键设备,其基本功能是为气液两相提供充分接触的机会和场合,使传热和传质过程迅速而有效地进行,并使气液两相及时分开,互不夹带。它直接影响生产装置的产品质量、生产能力、产品的收率、消费定额及环保等方面。

根据塔内气液接触部件的结构形式,精馏塔可分为板式塔和填料塔两大类。

1. 板式塔

板式塔通常是有一个呈圆柱形的壳体及沿塔高按一定的间距水平设置的若干层塔板所组成,在操作时,液体靠重力的作用由塔顶逐板向塔底排出,并在各层塔板面上形成流动的液层;气体则在压力差的推动下,由塔底向上经过均匀分布的塔板上的开孔一次穿过各层塔板,由塔顶排出。塔内以塔板作为气液两相接触传质的基本构件。板式塔结构简图如图9-12所示。

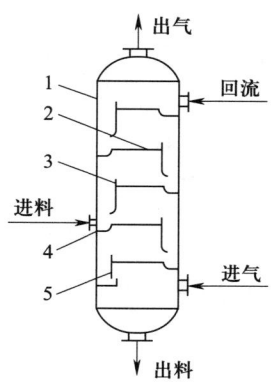

图9-12 板式塔结构简图
1—塔壳;2—塔板;3—出口溢流堰;4—受液盘;5—降液管

板式塔主要由塔体、溢流装置和塔板等组成。

塔体通常为圆柱形,一般用钢板焊接而成。全塔可分成若干节,塔节间用法兰盘联结。溢流装置包括出口堰、降液管、进口堰、受液盘等部件。塔板由出口堰、降液管、受液盘及进口堰组成。为保证汽液两相在塔板上有充分接触的时间,塔板上必须储有一定量的液体。为此,在塔板的出口端设有溢流堰,也称出口堰。降液管是塔板间液流通道,也是溢流液中所夹带气体的分离场所。降液管下方部分的塔板通常称为受液盘,有凹型及平型两种,一般较大的塔采用凹型受液盘,平型受液盘就是塔板面本身。在塔径较大的塔中,为了减小液体自降液管下方流出的水平冲击,常设置进口堰。

2. 填料塔

目前,由新型高效的填料(如丝网波纹填料)填充的填料塔已在甲醇精馏塔得到应用,此种塔与浮阀塔相比,造价低、压降低、塔总高也低。

丝网波纹填料是丝网填料中新发展起来的一种高效填料，是由波纹平行，垂直排列的丝网片组成的盘状规则填料，盘高通常为40～200 mm，波纹方向与塔轴倾斜角为30或45°。上下相邻两盘彼此交错90°排列，其直径比塔径小几毫米，便于紧密的装满塔界面。

丝网的丝径由介质腐蚀程度和填料成型强度来决定，一般为0.1～0.2 mm。丝网的材质可由金属或尼龙丝组成。

丝网波纹填料具有以下特性：

(1) 蒸汽负荷大。丝网波纹填料的液泛点不十分明显，当蒸汽负荷超过液泛点时，其阻力降和滞留量不是直线上升，还能继续运行，处理能力较大。

(2) 液体负荷弹性大。

(3) 效率高。

(4) 压力降低。

(5) 滞留量很小。

(6) 放大效应不明显。

但丝网波纹填料对物料有严格要求，忌堵塞，检修清理困难，且存在波网腐蚀的缺点。

实训八　粗甲醇的精馏生产操作实训

以五塔多效精馏工艺流程为例。

一、冷态开车操作

1. 开车前准备工作

(1) 将检修设备、管道盲板恢复正常开车状态。

(2) 系统气密试验合格后，用氮气置换，使$O_2<0.5\%$。

(3) 工艺检查循环水、脱盐水、1.0 MPa低压蒸汽暖管至入工段大阀前、N_2等接至界区并具备开车条件。

(4) 关闭各塔、槽、泵、管道的导淋及低点放净阀，关闭各放空阀、取样阀、各氮气充压阀。

(5) 打开各压力表的根部阀，检查压力表、温度表、安全阀完好。

(6) 打开各冷凝器、冷却器上回水阀门，并调整好开度（注意排气）。

(7) 打开各调节阀及流量表前后切断阀，关闭副线阀，控制室人员将阀位手动打至关闭位置。

(8) 碱液槽配制好碱液，浓度为2%～3%。

(9) 检查打开预精馏塔进料总阀，外送冷凝液总阀。

2. 开车操作

(1) 预精馏塔开车。

1) 预精馏塔建液位。启动粗甲醇泵将粗甲醇经进料总阀送至预精馏塔。

2) 当液位达到50%时，控制进料，先微开预精馏塔再沸器蒸汽阀，暖管后再开大蒸汽阀，操作人员缓慢通入蒸汽进行升温。保持液位在80%稳定时投自动。

3) 当预精馏塔塔压升至0.03 MPa后，将不凝气送入排放槽（在塔压升至0.01 MPa时，应先打开放空阀放掉塔内的氮气等不凝气）。

4) 当预精馏塔回流槽液位达到30%时，开启预精馏塔回流泵，向塔内打回流，在预精馏塔回流槽液位达到30%时投自动。

5) 根据回流液的温度，调整预精馏塔冷凝器进水回水阀的开度。

6) 启动碱液泵向预精馏塔送碱液，保持塔底溶液的pH值为7~11。

(2) 高压塔、加压塔、常压塔开车步骤。

1) 当预精馏塔建立正常的回流后，运转约30 min开启高压塔进料泵向高压塔进料，当高压塔建立液位达到50%后，（经暖管后）打开高压塔再沸器蒸汽阀，缓慢通入蒸汽，高压塔塔底缓慢升温，并将塔液位逐步升至80%，投自动。

2) 高压塔再沸器投用后，控制粗甲醇预热器的冷凝液量（控制入塔甲醇温度为70 ℃）。

3) 加压精馏塔建立液位，通过向加压精馏塔进料将液位达到80%时，投自动。

4) 常压精馏塔建立液位，通过向常压精馏塔进料将液位达到80%时，投自动，从常压精馏塔底排出的甲醇残液送至回收塔，经回收塔回收精甲醇和杂醇油。

5) 此时调整各塔的进料量，保持各塔液位的稳定。稳定的原则：从前向后，逐步稳定。

6) 控制高压塔塔压为1.6 MPa（在塔压升至50 kPa时，就要开放空阀放掉塔内的氮气等不凝气，防止超压）。

7) 控制加压精馏塔塔压为420 kPa（在塔压升至300 kPa时，就要开放空阀放掉塔内的氮气等不凝气，防止超压）。

8) 控制常压精馏塔塔压为10 kPa（在塔压为正压时，就要开放空阀放掉塔内的氮气等不凝气）。

9) 当高压塔回流槽液位达到30%时，投自动，开启高压塔回流泵向塔内打回流，适时采出部分甲醇送粗甲醇储罐打循环。

10) 当加压塔回流槽液位达到30%时，投自动，开启加压塔回流泵向塔内打回流，适时采出部分甲醇送粗甲醇储罐打循环。

11) 当常压塔回流槽液位达到30%时，投自动，开启常压塔回流泵向塔内打回流，适时采出部分甲醇送往粗甲醇储罐打循环。

12) 及时调整三塔的工艺参数，使之达到工艺指标。

(3) 回收塔开车步骤。

1) 将回收塔进料泵开启向回收塔送料。

2) 当回收塔液位达到50%后,打开蒸汽大阀给回收塔再沸器通蒸汽。

3) 当塔压上升后,及时调整蒸汽量,控制压力的稳定,当塔顶压力升至10 kPa时,打开不凝气外送阀。

4) 当废水合格后(甲醇质量分数≤3%),将废水送往水洗装置,并将回收塔液位在80%打自动。

5) 当回收塔回流槽达到30%液位时,投自动,开启回收塔回流泵,一部分向回收塔内打回流,另一部分采出去粗甲醇储罐,在开车期间每小时取样分析一次,当取样分析合格两次确认后,将精甲醇采出改至精甲醇计量罐。

二、正常操作管理

1. 进料量调节

(1) 当粗甲醇储罐液位下降较快时,要迅速查找原因,若因合成来料不足,可减量生产。

(2) 加减进料量的同时,要向塔釜再沸器加减蒸汽量。

(3) 加减进料量的同时,碱液量也要随之调整,保证预精馏塔塔底取样处pH值为7~11。

2. 温度调节

温度主要受蒸汽加入量的影响。蒸汽加入量增大,塔温上升,重组分上移,水和乙醇共沸物上移,将影响精甲醇的产品质量。蒸汽加入量过大,上升汽速度增快,还有可能造成液泛。蒸汽加入量减少,塔温会下降,轻组分下移,对预精馏塔来说轻组分有可能被带到后面几个产品塔,造成产品的高锰酸钾值和水溶性试验不合格。

3. 回流量调节

当回流量不足时,塔温上升,重组分上移,将影响精甲醇的产品质量,这时应减少采出,增加回流。尤其是在产品质量不合格时应增大回流量。但是回流量过大会增加能耗。

4. 压力调节

(1) 预精馏塔压力过大,温度过高,排放量增大,增大了甲醇的损失。如果预精馏塔塔顶压力较低,温度达不到,轻组分蒸发不出去,将影响精甲醇的酸度和水溶性试验。

(2) 高压塔、加压塔塔顶压力较低,塔顶甲醇蒸汽量减少,从而影响供热量,导致加压塔、常压塔塔底温度下降,甲醇损失较大。

(3) 常压塔压力降低易引起负压,使设备受到损害,引起常压塔回流泵气蚀不打量,导致整个系统的操作紊乱。

如果压力过高,使甲醇在塔底的分压增高,造成塔底废水甲醇含量超标。同时,常压精馏塔塔釜供热量明显增加,有可能导致常压精馏塔及加压精馏塔操作紊乱。

5. 液位调节

(1) 塔釜液位给定太低,釜液蒸发过大,釜液停留时间过短,都会影响换热效果。

（2）塔釜液位给定太高，不仅会影响甲醇汽液的热循环，还容易造成液泛，导致传质、传热效果差。故各塔液位应保持在20%~85%。

（3）正常生产时，回流槽应有足够的合格甲醇以供回流及调节工况，回流槽液位给定30%~60%，投自动。

（4）当液位自动调节阀失灵时，应关闭前后切断阀，用旁路阀控制，现场液位计液位应尽量稳定。

三、停车操作

1. 长期停车

（1）当接到停车指令后，停止向预精馏塔进料；停碱液泵；关闭入工段进料总阀；关蒸汽总阀，并打开蒸汽管末端导淋。

（2）将高压塔、加压精馏塔、常压精馏塔、回收塔的采出切到粗甲醇储罐。

（3）关闭预精馏塔再沸器、高压塔再沸器以及回收塔再沸器蒸汽阀。

（4）视情况各调节阀打至手动关闭位置，各塔进行充氮气保压。

（5）各回流槽液位降至5%~10%时，停回流泵。

（6）回收塔塔底精馏废水经废水冷器冷却后送往硫回收水洗装置。

（7）当预精馏塔液位降至低限5%~10%时停高压塔进料泵。

（8）当高压塔液位降至5%~10%时，停止向加压塔送液。

（9）当加压塔液位降至5%~10%时，停止向常压塔送液。

（10）当常压塔液位降至5%~10%时，停回收塔进料泵。

（11）待回收塔液位降至5%~10%时，停废水泵。

（12）通过各塔、槽、泵、管道的低点导淋逐步将甲醇排入甲醇地下槽。

（13）关闭各冷凝器、冷却器的上水阀。

（14）精甲醇计量罐液位降至低限后停精甲醇泵。

2. 短期停车

（1）停止合成工序进料，将合成的粗甲醇送至粗甲醇槽，关入工段进料总阀，将高压精馏塔、加压精馏塔及常压精馏塔采出切至粗甲醇槽。

（2）关闭各塔再沸器蒸汽阀及蒸汽总阀，打开蒸汽管末端导淋阀。

（3）停泵。

（4）各调节阀打至手动且关闭。

（5）各塔充氮气保护，保持正压，注意不得超过最高工作压力。

思考与练习

1. 简述甲醇的用途有哪些。

2. 写出甲醇合成反应方程式,并分析甲醇合成反应的特点。
3. 甲醇合成催化剂种类有哪些?
4. 影响甲醇合成的因素有哪些?
5. 粗甲醇精制的目的是什么?
6. 粗甲醇中所含杂质根据其性质可归纳为几类?
7. 精馏的原理是什么?
8. 简述双效法三塔粗甲醇精馏工艺流程。
9. 试比较单塔、双塔、双效法三塔、五塔多效甲醇精馏工艺流程的特点。

参考文献

［1］人力资源和社会保障部教材办公室．合成氨生产工艺［M］．北京：中国劳动社会保障出版社，2010．

［2］张子锋，张凡军．甲醇生产技术［M］．北京：化学工业出版社，2007．

［3］刘勇，许祥静．煤气化生产技术［M］．4版．北京：化学工业出版社，2021．

［4］崔世玉．煤气化工艺及设备［M］．北京：化学工业出版社，2015．